METODOLOGIA CIENTÍFICA NA ERA DIGITAL

www.editorasaraiva.com.br

JOÃO MATTAR

METODOLOGIA CIENTÍFICA NA ERA DIGITAL

4ª EDIÇÃO

saraiva uni

Av. Doutora Ruth Cardoso, 7221, 1º Andar
Pinheiros – São Paulo – SP – CEP: 05425-902

SAC | Dúvidas referente a conteúdo editorial, material de apoio e reclamações: sac.sets@somoseducacao.com.br

Direção executiva	Flávia Alves Bravin
Direção editorial	Renata Pascual Müller
Gerência editorial	Rita de Cássia S. Puoço
Coordenação editorial	Fernando Alves
Edição	Ana Laura Valerio Neto Bach Thiago Fraga
Produção editorial	Daniela Nogueira Secondo
Serviços editoriais	Juliana Bojczuk Fermino

Preparação	Elaine Fares
Revisão	Opus Editorial
Diagramação	Desenho Editorial
Capa	Desenho Editorial
Adaptação da 2ª tiragem	Daniela Nogueira Secondo
Impressão e acabamento	xxx

351.452.004.002

ISBN 978-85-472-2031-0

DADOS INTERNACIONAIS DE CATALOGAÇÃO NA PUBLICAÇÃO (CIP)
ANGÉLICA ILACQUA CRB-8/7057

Mattar, João
Metodologia científica na era digital / João Mattar. -- 4 ed. -- São Paulo: Saraiva, 2017.

Bibliografia
ISBN 978-85-472-2031-0
Título anterior: Metodologia científica na era da informática

1. Ciência – Metodologia – Processamento de dados 2. Ciência 3. Pesquisa – Metodologia 4. Redação técnica I. Título II. Mattar, João

CDD 001.42
17-0825 CDU 001.8

Índices para catálogo sistemático:
1. Ciência – Metodologia

4ª edição
1ª tiragem: 2017
2ª tiragem: 2019

COD. OBRA 9058 CL 621358 CAE 621348

Sobre o autor

João Mattar tem pós-doutorado na Universidade de Stanford, Estados Unidos, é doutor em Letras pela Universidade de São Paulo (USP), mestre em Tecnologia Educacional pela Boise State University, Estados Unidos, pós-graduado em Administração pela Escola de Administração de Empresas de São Paulo da Fundação Getulio Vargas (FGV-EAESP), bacharel em Letras pela USP e bacharel em Filosofia pela Pontifícia Universidade Católica de São Paulo (PUC-SP).

É professor, pesquisador e orientador no Mestrado Profissional em Educação e Novas Tecnologias no Centro Universitário Internacional (Uninter) e no Programa de Pós-Graduação em Tecnologias da Inteligência e Design Digital (TIDD) da Pontifícia Universidade Católica de São Paulo (PUC-SP), bem como autor de diversos artigos, traduções e livros, dentre os quais *Filosofia e ética na administração*, publicado pela editora Saraiva.

Prefácio

Tornando as coisas complexas

Que tipo de pensamento é a metodologia científica?

Sempre que utilizamos a palavra **método**, inevitavelmente imaginamos uma configuração composta de dois elementos. Como **método** imaginamos, primeiro, um procedimento, isto é, uma sequência de diferentes comportamentos a serem adotados por um ou vários indivíduos e/ou automatizada até um nível em que seja possível esse procedimento ser "transmitido" e "utilizado" por pessoas que nunca teriam sido capazes de inventá-lo. Mas também imaginamos **método** como um segundo componente, objetivos específicos ou soluções específicas que tal procedimento nos ajudará a (ou poderá até mesmo nos prometer) alcançar. Portanto, uma possível definição para a expressão **metodologia científica** é — que ela deve ser, por indução — conjunto de procedimentos automatizados que utilizamos no mundo acadêmico (científico) sempre que desejamos alcançar esses objetivos e essas soluções que categorizamos como específicos desse próprio mundo.

Mas surge aí o verdadeiro problema. Enquanto podemos nos ajeitar, ao menos por um momento, substituindo a palavra **científica** pela palavra **acadêmica** (isto é, pela referência a uma realidade institucional para a qual podemos apontar), na verdade não é totalmente claro quais seriam as propriedades desses objetivos e soluções que poderíamos desejar atingir aplicando um certo conjunto de métodos **científicos** ou **acadêmicos**. Se falarmos de "objetivos científicos", as coisas parecerão transparentes por um breve instante — até que percebamos que o adjetivo "científicos" é estranhamente neutro em relação ao substantivo "objetivos" (ou seja, até que compreendamos que ele não acrescenta nada de distintivo à sua semântica), enquanto a expressão "objetivos acadêmicos" soa suspeita desde o início (como se estivéssemos falando de objetivos nos quais não acreditamos efetivamente). E as coisas ficam ainda mais complicadas se perguntamos o que um "método especificamente científico" ou uma "metodologia especificamente científica" poderia ser. Como experiente historiador cultural, o autor deste livro acrescenta uma complexidade considerável ao problema ao historicizar (mesmo que implicitamente) a questão: ao escrever um livro sobre metodologia científica "na era digital", ele indica que não há nenhum significado único — meta-histórico — para as palavras em questão. Compreendendo, finalmente, que o significado das palavras *scientific methodology*, em inglês, não é idêntico ao significado das palavras **metodologia científica**, em português (a expressão em inglês inclui apenas as disciplinas "científicas naturais", enquanto, como já afirmamos, a expressão em português pode se referir a qualquer disciplina acadêmica), devemos reconhecer que, na verdade, a variação cultural (isto é, as diferenças entre a situação brasileira e a sueca ou a norte-americana, por exemplo) interfere na variação histórica (a metodologia científica de hoje é diferente, por exemplo, da metodologia científica de 1750).

Portanto, mais uma vez, o que podemos considerar específico a esses métodos que subsumimos sob o conceito **científico**? A vertigem de complexificação que produzimos ao insistirmos nessa questão que, a princípio, parecia tão simples e elementar acaba por ser uma alegoria (ou uma metonímia) da resposta. Uma **metodologia acadêmica** ou um **método acadêmico** ajuda a nos comportar como — ajuda a nos tornar — intelectuais, e isso significa que nos ajuda a fazer com que aquilo em que nos concentramos pareça mais complexo. Admito que fazer as coisas parecerem mais complexas é o exato oposto do que geralmente esperamos de um método ou de uma instituição. Em todos os outros casos — em todos os casos não acadêmicos —, utilizar um método ou operar no contexto de uma instituição ajuda-nos a reduzir a complexidade. Se existe uma infinidade de procedimentos para alcançar um certo objetivo ou uma solução, um método normalmente limita e reduz a ampla gama de tais possibilidades. Se existe uma infinidade de respostas possíveis a uma questão, um método nos ajuda a escolher uma dentre tais respostas. Em geral, instituições e sistemas sociais são, na verdade, mecanismos que reduzem a complexidade.

O universo acadêmico como sistema social, metodologia acadêmica e pensamento acadêmico, entretanto, constitui a grande exceção. Ele nos ajuda a enxergar o mundo de maneira mais complexa e, assim, produz uma série de alternativas que, como um potencial, mantém aberta a possibilidade de alterar nossa maneira normal e institucionalizada de enxergar o mundo. Nesse sentido, a metodologia acadêmica (como forma de aprender a ver as coisas de maneira mais complexa) fornece-nos uma distância — e talvez mesmo uma superioridade — em relação ao mundo como sempre o encontramos, isto é, um mundo existente, factual. Em vez de simplesmente nos fornecer soluções, a metodologia acadêmica nos torna capazes de imaginar soluções alternativas para aquelas que de qualquer forma teríamos encontrado — e, fazendo isso, ela mantém aberta a possibilidade de o mundo mudar.

Essa distância e essa superioridade potencial justificam, e tornam suficientemente valioso, que vocês, leitores deste livro, enfrentem a complexidade sublime, inspiradora e encantadora dos capítulos que seguem. Isso fornecerá ferramentas para tornar o mundo mais complexo, e dessa maneira fará com que vocês cresçam como intelectuais. Não é necessário dizer que a "complexificação" não é sempre um objetivo desejável. Às vezes — ou até quase sempre — encontramo-nos em situações que só podemos dominar tentando reduzir a complexidade. Mas, mesmo nessas situações, ajuda-nos saber que o que é requerido — redução da complexidade — é apenas um dentre dois modos básicos de nos relacionarmos com o mundo. Em outras palavras: adquirir **metodologia acadêmica** inclui um *feeling* para as situações em que é apropriado exaurir seus poderes complexificadores — e para aquelas outras situações em que nos comportarmos como intelectuais pode ser contraprodutivo.

Hans Ulrich Gumbrecht
Universidade de Stanford

Apresentação

Quando da primeira edição deste livro, surgiu a pergunta: mais um livro para cursos de Introdução à Metodologia Científica? Afinal, eis um tema sobre o qual o Brasil podia orgulhar-se de ter produzido tão ampla bibliografia, além das inúmeras traduções disponíveis. Não faltava material de apoio com qualidade aos professores que se propunham a ministrar a disciplina Metodologia Científica, em graduação ou pós-graduação, por todo o país.

Uma característica comum a praticamente todos esses livros era o silêncio quase completo em relação aos progressos das tecnologias da informação e ao papel que elas desempenham hoje nas atividades de ensino e pesquisa de nível superior. O computador era praticamente ignorado na literatura sobre metodologia científica, como se não fosse uma ferramenta de trabalho essencial, mas, sim, dispensável. Tudo se passava como se existissem dois campos de conhecimento distintos e incomunicáveis: de um lado, livros de metodologia científica ensinando-nos a lidar com fichários de papel; de outro, livros de informática ensinando-nos a lidar com poderosos bancos de dados digitais.

Não era mais possível, obviamente, manter esses campos separados; não era mais possível pensar a ciência, a pesquisa e a metodologia científica sem discutirmos os recursos da tecnologia da informação, que revolucionou não apenas a forma de organização dos centros de informação (que hoje se preocupam principalmente em garantir acesso à informação) e de estudo nas universidades, mas também os próprios métodos de muitas ciências: esse era o principal estímulo deste texto.

É claro que essas novas formas de educação, suportadas pelo progresso das tecnologias da informação e da comunicação, exigem novas competências pedagógico-didáticas dos professores, principalmente em relação aos aspectos técnicos das ferramentas a serem manipuladas, competências que muitas vezes precisam ser adquiridas do zero, como um novo processo de alfabetização.

O objetivo desta obra é apresentar os princípios gerais da metodologia científica e ajudar a desenvolver no aluno a capacidade de pensar cientificamente, além de transmitir algumas informações úteis para sua pesquisa. São princípios gerais, que servem, portanto, para trabalhos realizados em qualquer campo científico, já que nos princípios específicos de cada ciência o aluno será treinado, passo a passo, durante sua especialização. Entretanto, além do conteúdo tradicional associado a cursos de metodologia científica, o texto debate também as principais alterações geradas pelo progresso da tecnologia em nossa sociedade, particularmente a computação, em especial nos campos do pensamento, do ensino, do estudo, do aprendizado, da produção do conhecimento e da pesquisa científica.

Procuramos, portanto, discutir conceitos de metodologia e educação, visando fornecer suporte a um trabalho científico que se utilize da computação — não apenas e simplesmente ensinar habilidades com computadores. As novas tecnologias da informação e da comunicação devem ser utilizadas na educação como ferramentas a serviço de objetivos pedagógicos, e não como fins em si mesmas, meramente em função de suas características técnicas. E ainda mais: não basta utilizar a técnica como instrumento de ensino e aprendizagem, é também necessário um projeto educacional que prepare o estudante para atuar em um novo mundo, transformado pelas tecnologias.

Este texto serve, então, como guia, além de chamar a atenção para questões diversas do "fazer ciência". Em alguns momentos, propõe-se a fornecer a receita para uma atividade do aluno, mas, em outros, torna-se metalinguístico, levando o aluno a pensar sobre a atividade que está desenvolvendo; em outros, ainda, assume o próprio professor, mais do que os alunos, como seu leitor.

No primeiro capítulo, há uma discussão sobre as ciências, explorando sua história e as formas de sua classificação.

No segundo capítulo, é abordado o universo dos métodos científicos, por meio de questões de linguagem, lógica (dedutiva e indutiva) e falácias. São ainda brevemente apresentadas as lógicas heterodoxas (ou não clássicas) e a teoria das inteligências múltiplas.

No terceiro, são discutidas a educação e a universidade, inicialmente por meio de uma perspectiva histórica. São também abordados, entre outros assuntos, as distinções entre as atividades de ensino, pesquisa e extensão; a função das instituições de pesquisa; e as estruturas da graduação e pós-graduação no Brasil.

O quarto capítulo estuda a sociedade da informação, destacando as transformações que a tecnologia da informação gerou tanto para a metodologia das ciências e o desenvolvimento de trabalhos científicos quanto para a maneira como encaramos (e utilizamos) o pensamento. Além disso, são explorados conceitos como os de hipertexto, inteligência artificial, realidade virtual, interdisciplinaridade, estudo a distância e estudos individualizados.

O quinto capítulo é dedicado especificamente ao desenvolvimento de trabalhos científicos, principalmente trabalhos de conclusão de curso, monografias, dissertações de mestrado e teses de doutorado. Dentre outros temas, são discutidos os tipos de trabalhos científicos, a escolha do tema, o projeto de pesquisa, as formas de pesquisa, o uso de bibliotecas, a pesquisa na internet, a estrutura e a produção dos trabalhos científicos, a utilização de processadores de texto, o uso de gráficos e tabelas e as formas de comunicação do trabalho.

No decorrer desse capítulo, propomos uma técnica especial para o desenvolvimento do trabalho científico (que envolve a utilização do sumário como hipótese de trabalho e guia para a leitura), a construção do trabalho simultaneamente à pesquisa (por meio da reformulação constante do sumário) e o uso intensivo das tecnologias da informação à disposição do estudante.

O sexto capítulo aborda as regras de normalização para os trabalhos científicos. Ele foi totalmente atualizado segundo as mais recentes normas da ABNT.

É importante ressaltar que este livro não é um trabalho acadêmico. Procuramos seguir quase sempre as normas da ABNT para formatação, porém houve alguns desvios em determinados casos, como nos exemplos de formatação de referências, que têm recuo em relação à margem esquerda para facilitar a leitura. Além disso, foram editadas as fotos de tela do Microsoft Word (versão 2010) que aparecem no Capítulo 5, buscando dar destaque aos recursos que estão sendo apresentados, também com o objetivo de facilitar a compreensão do leitor.

O livro também possui um material de apoio, disponível em **www.saraivauni.com.br**, incluindo breves resenhas (de livros, *softwares*, *sites*, CDs etc.), *links* para *sites* essenciais para a educação e a pesquisa científica (como páginas de buscas avaliadas, bibliotecas e bancos de dados *on-line*, editoras e livrarias, jornais e revistas, dicionários, instituições de pesquisa e instituições de ensino superior) e outras informações úteis para a produção eletrônica de trabalhos científicos.

Este texto é voltado diretamente ao aluno e ao professor de cursos universitários de graduação e pós-graduação. Serve também a todos os que têm interesse em ciências e àqueles que se interessam por computação e, particularmente, pela utilização da internet em educação, redação e pesquisa.

Sumário

CAPÍTULO 2 MÉTODOS CIENTÍFICOS

CAPÍTULO 3 ENSINO UNIVERSITÁRIO

CAPÍTULO 4 A SOCIEDADE DA INFORMAÇÃO

CAPÍTULO 5 O TRABALHO CIENTÍFICO NA ERA DIGITAL

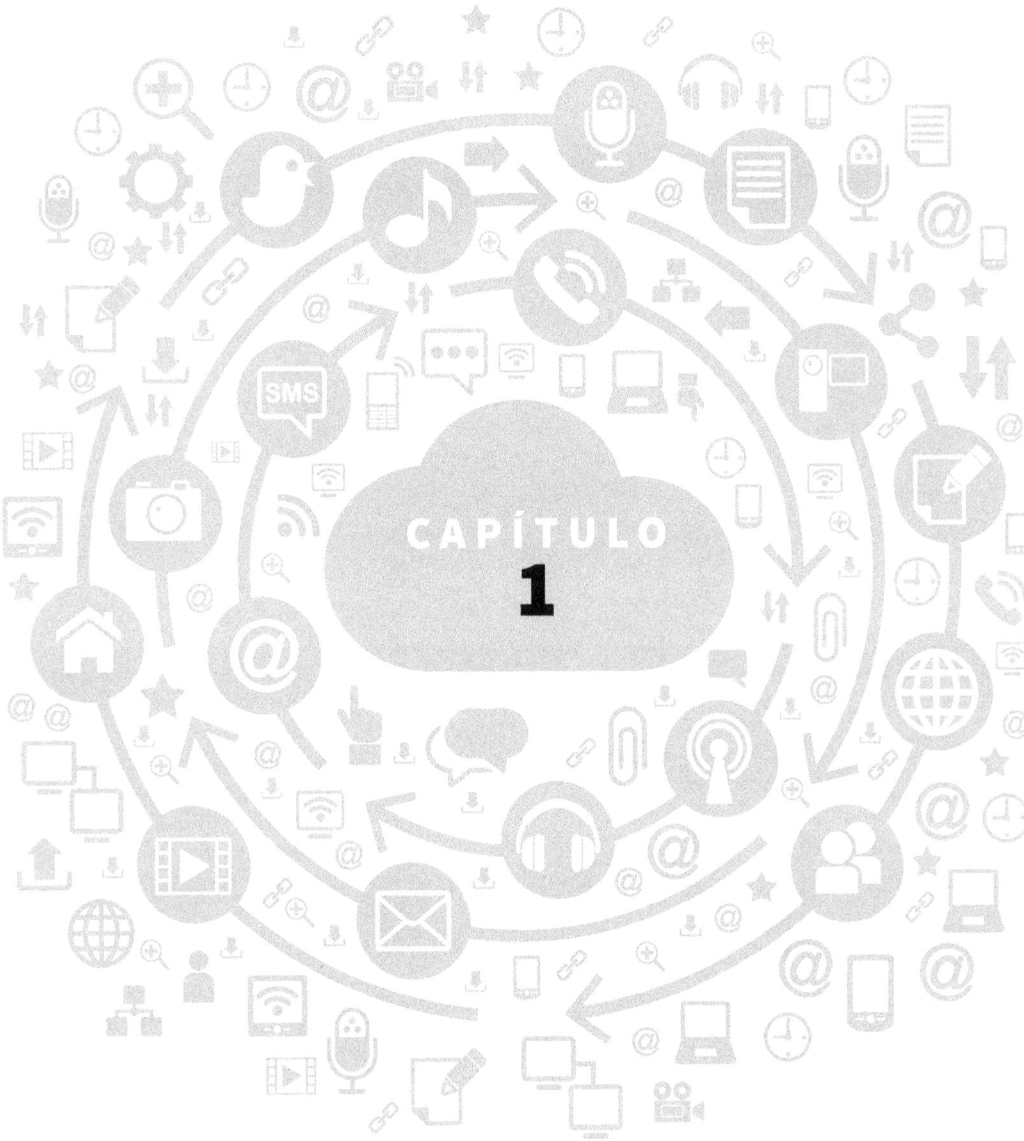

CAPÍTULO 1

AS CIÊNCIAS

OBJETIVOS DO CAPÍTULO

O que você aprenderá neste capítulo:

- Diferenciar níveis de conhecimento;
- O percurso histórico das ciências;
- Como as ciências podem ser divididas.

A ciência é uma forma de conhecimento; não é a ***única*** *forma de conhecimento, nem mesmo a* ***melhor*** *forma de conhecimento em muitos casos.* [1]

1.1 CONCEITO

Definir "ciência" é uma das missões mais ingratas a que se propõem muitos trabalhos sobre metodologia científica, e, em geral, essa definição é incrivelmente breve. Trata-se do exercício de explicação de um conceito que acaba variando consideravelmente, dependendo da formação daquele que o realiza, de sua visão de mundo, das intenções do texto e de seu público-alvo.

Enquanto um filósofo pode classificar a ciência como uma dentre várias formas de conhecimento, para um cientista ela pode ser considerada o conhecimento por excelência. Para aqueles que se opõem aos progressos advindos da industrialização, a ciência é o terror da humanidade, responsável até mesmo por nossa provável autodestruição. Um sociólogo, por sua vez, pode compreender a ciência como o resultado de forças socioeconômicas conflitantes, abordando os aspectos ideológicos que a constituem e envolvem. Já um leigo encara, em geral, muitos ramos da ciência como um bicho de sete cabeças. E assim por diante.

Podemos colocar em dúvida a existência de um conjunto de atividades homogêneas o suficiente para justificar a classificação sob a égide de um só conceito: a **Ciência**. O mais adequado seria, portanto, utilizarmos o termo no plural: existem várias **ciências**, com alguns pontos em comum, mas muitas diferenças. O que torna as diversas disciplinas científicas distintas seria mais intenso e valioso do que, supostamente, o que funcionaria como elemento para a ligação e união delas num conjunto mais amplo, que pudesse ser denominado "ciência".

---

1 SMITH, Mike U.; SCHARMANN, Lawrence C. Defining versus describing the nature of science: a pragmatic analysis for classroom teachers and science educators. *Science Education*, v. 83, n. 4, p. 493-509, 1999. [Tradução nossa.]

Decidimos, portanto, desde o início, abdicar dos esforços para a pura definição conceitual e propomos quatro caminhos tangenciais, com a intenção de penetrar pouco a pouco no universo das ciências.

Em primeiro lugar, podemos utilizar o **recurso da negação**, ou seja, definir o que em geral não é considerado parte das ciências. Isso é possível por meio do que se convencionou chamar de "níveis de conhecimento": ciência não é senso comum, ciência não é religião, ciência não é filosofia.

Em segundo lugar, podemos obter resultados interessantes adotando um **ponto de vista diacrônico**, traçando um panorama histórico das ciências. A ciência pode ser vista como um processo em constante desenvolvimento, um conhecimento nunca pronto, mas sempre inacabado, em contínua elaboração, ampliação e revisão.[2] Nesse sentido, a perspectiva diacrônica nos fornece *insights* sobre o universo científico.

Podemos, ainda, numa **perspectiva sincrônica**, abordar diferentes tentativas de divisão e classificação das ciências, tal como elas se impõem na modernidade, procurando assim responder a questões do tipo: Como podemos separar e agrupar as ciências? Quais critérios devemos utilizar? O que aproxima e diferencia, atualmente, os diversos discursos e as diversas práticas científicas?

Por fim, já no **campo de atuação próprio das ciências**, podemos abordar a diversidade dos métodos científicos. Existe uma variedade tão grande desses métodos nas ciências modernas que se justifica o exercício de estudá-los e diferenciá-los, mesmo que em termos gerais – o que faremos no Capítulo 2.

1.2 OS NÍVEIS DE CONHECIMENTO

A tradicional divisão dos níveis de conhecimento mostra-se, num exame mais acurado, extremamente frágil. Os limites entre os quatro níveis não são claros, e poderíamos até questionar o porquê da não inclusão, por exemplo, das artes como uma forma de conhecimento. Não seria o romance uma forma de mídia para a transmissão de certo tipo de conhecimento? Além disso,

2 Ver a distinção entre "ciência-disciplina" e "ciência-processo" em FREIRE-MAIA, Newton. *A ciência por dentro*. 4. ed. Petrópolis, RJ: Vozes, 1997. p. 17-19; e entre "ciência formalizada/acabada" e "criação científica" em MOLES, Abraham. *A criação científica*. 3. ed. São Paulo: Perspectiva, 1998.

não se estabelece espaço, nessa divisão, para agrupar (e por consequência, explicar) as chamadas pseudociências, como a paranormalidade e a astrologia. E poderíamos ainda perguntar: Como se classificam as ciências humanas? Entre os conhecimentos científicos? Filosóficos? Ou fora do conjunto dos conhecimentos?

Essa divisão, portanto, não deve ser tomada a ferro e fogo. De qualquer modo, como os níveis de conhecimento são temas recorrentes nos textos sobre metodologia, podemos aproveitá-los para algumas breves reflexões iniciais.

1.2.1 Conhecimento popular ou empírico

Também denominado bom senso ou senso comum, é aquele que todo ser humano desenvolve, no contato direto e diário com a realidade. Estrutura-se como um conjunto de crenças e opiniões, utilizadas em geral para objetivos práticos. É basicamente desenvolvido por meio dos sentidos, e não tem intenção de ser profundo, sistemático e/ou infalível. O conhecimento popular não tem a característica da confiabilidade que marca o conhecimento científico, já que não segue uma metodologia científica, além de não ter seus resultados divulgados nem submetidos a julgamento.

1.2.2 Conhecimento religioso ou teológico

O que funda o conhecimento religioso é a fé. Não é preciso ver para crer, e devemos crer mesmo que as evidências apontem para o contrário do que a religião nos ensina. As "verdades" religiosas estão registradas em livros sagrados ou são reveladas pelos deuses (ou outros seres espirituais) por meio de alguns iluminados, santos ou profetas. Essas verdades são em geral tidas como definitivas, e não permitem revisão mediante a reflexão ou a experiência. Nesse sentido, podemos classificar sob esse título os conhecimentos ditos místicos ou espirituais.

1.2.3 Conhecimento filosófico

Milhares de volumes dedicaram-se a definir **Filosofia**, e vários filósofos até se propuseram a impor ao campo da Filosofia o mesmo rigor identificável nas ciências. Um dos maiores patrimônios da Filosofia, sem dúvida, é sua própria história: iniciando-se com os pré-socráticos, na Grécia Antiga, a Filosofia nasce como um tipo de saber que procura diferenciar-se dos mitos, da retórica, dos sofistas, das tragédias e dos poetas, e, a partir de então, estabelece-se por séculos como um espaço de liberdade de pensamento, desafiando a lei de que o conhecimento pode tornar-se ultrapassado ou superado com o tempo, com novas experiências ou com o surgimento de novos instrumentos de observação. Ao contrário, Platão e Aristóteles, por exemplo, continuam fazendo parte dos nomes mais importantes da Filosofia, dialogando em nível de igualdade com os filósofos contemporâneos, não obstante os milhares de anos que nos separam dos gregos, e permanecem sendo nossos mestres, fontes de inspiração e aprendizado. Com a Filosofia ocidental nascem também as ciências, e costuma-se considerar a principal característica da Filosofia os seus raciocínios abstratos e valorativos, em comparação com os métodos científicos mais pragmáticos. Desde o início, entretanto, essas diferenças não eram muito claras, e os primeiros filósofos foram também os primeiros cientistas. A Filosofia é a ciência-mãe da qual foram, pouco a pouco, separando-se formas de pensar e métodos que mais tarde se especializaram e se tornaram independentes, e que atualmente consideramos ciências. Mas, mesmo hoje, essas diferenças que separariam o conhecimento filosófico dos outros campos de conhecimento não são sempre claras.

Com o objetivo de diferenciá-lo do conhecimento científico, poderíamos caracterizar o conhecimento filosófico contemporâneo como um diálogo contínuo com os filósofos precedentes, baseado em raciocínios lógicos e sem a obrigação de aplicação direta à realidade. Não devemos esquecer, entretanto, que mesmo a racionalidade passou a ser decisivamente questionada na modernidade por filósofos como Nietzsche, Foucault e Deleuze, dentre outros.

A Filosofia tem, ainda, um caráter metalinguístico, que Charbonneau[3] aponta como um diferencial em relação às ciências:

> A diferença entre o cientista e o filósofo é, portanto, fácil de perceber. O cientista se fixa sobre o objeto sem olhar a maneira com que o atinge. A maiêutica[4] lhe é, pois, estranha e dispensável. O filósofo centraliza sua atenção sobre o sujeito que conhece e sobre as atividades do espírito, acionadas para apreender seu objeto. Do cientista ao

3 CHARBONNEAU, Paul-Eugène. *Curso de filosofia*: lógica e metodologia. São Paulo: EPU, 1986. p. 15-16.

4 Processo utilizado por Sócrates em seus diálogos, que procurava fazer que o interlocutor analisasse e raciocinasse sobre os fundamentos e pressupostos implícitos em suas próprias afirmações.

> filósofo é completamente diferente a atitude do espírito. A Filosofia é uma reflexão do espírito sobre o trabalho do espírito. A ciência é uma flexão sobre o objeto sobre o qual ele se debruça.

1.2.4 Conhecimento científico

O conhecimento científico, assim como o filosófico, é racional, mas tem a pretensão de ser sistemático e de revelar aspectos da realidade. "[...] em ciência, procuramos relacionar nossas hipóteses e teorias sobre a natureza com fatos, interrogando a natureza por meio de experimentos", como diz Gower.[5] As noções de experiência e verificação, portanto, são essenciais nas ciências; o conhecimento científico deve ser justificado e é sempre passível de revisão, desde que se possa provar sua inexatidão.

Entretanto, não devemos esquecer que a Matemática, por exemplo, é considerada por muitos uma ciência, apesar de grande parte de seus conhecimentos não se referir diretamente à realidade e não poder ser por ela provada ou refutada.

O ciclo do conhecimento científico (especialmente o das ciências empíricas) inclui a observação, a produção de teorias para explicar essa observação, o teste dessas teorias e seu aperfeiçoamento. Há nas ciências, pois, um movimento circular que parte da observação da realidade para a abstração teórica, retorna à realidade e direciona-se novamente à abstração, num fluxo constante entre a experiência e a teoria. Como afirma Robert Neville,[6]

> a investigação nunca começa no início. Não existe problema puro, mas sim algo problemático surgindo de inúmeras convicções relativamente estabelecidas; a investigação encontra-se sempre no meio, corrigindo assunções e inferências prévias, harmonizando hábitos de pensamento ao engajar a realidade com as hipóteses testadas.

5 GOWER, Barry. *Scientific method:* an historical and philosophical introduction. London: Routledge, 1997. p. 10. [Tradução nossa.]

6 NEVILLE, Robert. As contribuições de Charles S. Peirce para a filosofia da religião contemporânea. *Cognitio*: revista de filosofia do Centro de Estudos do Pragmatismo da PUC-SP, São Paulo, ano 2, p. 147-160, 2001.

Podemos, portanto, resumir a tradicional visão dos tipos de conhecimento da maneira apresentada na figura a seguir.

Figura 1.1 – Divisão tradicional dos níveis de conhecimento

Conhecimento popular ou empírico
Conjunto de crenças e opiniões desenvolvidas no contato direto com a realidade e utilizadas em geral para objetivos práticos. Não tem seus resultados divulgados nem submetidos a julgamento.

Conhecimento religioso ou teológico
Fundamenta-se na fé. São "verdades" em geral tidas como definitivas, e não permitem revisão mediante a reflexão ou a experiência.

Conhecimento filosófico
Caracterizado como o diálogo contínuo com os filósofos precedentes, baseado em raciocínios lógicos e sem a obrigação de aplicação direta à realidade. Da Filosofia derivam formas de pensar e métodos que se especializaram e se tornaram independentes, e são atualmente considerados ciências.

Conhecimento científico
É racional, mas tem a pretensão de ser sistemático e revelar aspectos da realidade. Deve ser justificado e é sempre passível de revisão, desde que se possa provar sua inexatidão.

Fonte: elaborada pelo autor.

1.3 BREVE HISTÓRIA DAS CIÊNCIAS

De onde veio a nossa ciência?

> A ciência tal como a conhecemos é, de fato, uma criação dos últimos trezentos anos. Foi feita no mundo e pelo mundo, que estabilizou sua forma por volta de 1660, quando a Europa sacudiu por fim o longo pesadelo das guerras religiosas e se estabeleceu numa vida de exploração comercial e industrial. A ciência está incorporada nessas novas sociedades; foi feita por elas e ajudou a fazê-las. O mundo medieval era passivo e simbólico; via nas formas da natureza a assinatura do Criador. Desde os primeiros balbucios da ciência entre os mercadores aventureiros da Renascença, o mundo moderno tem sido uma ativa máquina. Tornou-se o mundo do dia-a-dia comercial no século XVII, e os instrumentos da ciência foram apropriadamente a Astronomia e os instrumentos de viagem, entre eles o ímã. Cem anos mais tarde, na Revolução Industrial, os interesses transferiram-se para a criação e uso da energia. Manteve-se desde então esse interesse pelo anseio de extensão da força do homem e do que pode fazer-se num dia de trabalho. No século passado [século XIX] passou do vapor para a eletricidade. Depois, em 1905, aquele ano admirável em que, aos 26 anos de idade, Einstein publicou escritos que realizaram notabilíssimos progressos em três diferentes ramos da Física, foram formuladas também pela primeira vez as equações que sugeriam que a matéria e a energia são estados intermutáveis. Cinquenta anos mais tarde, dispomos de um reservatório de poder tão grande como o sol quanto à matéria, e que, ao que agora verificamos, produz o calor que nos fornece precisamente pelo aniquilamento de sua matéria.[7]

Há diversas opções a serem consideradas quando nos propomos a traçar uma história das ciências: apresentar os principais nomes no progresso da ciência; destacar os trabalhos e livros mais importantes; estudar o progresso das teorias científicas; apontar as principais invenções técnicas e acompanhar o desenvolvimento dos instrumentos utilizados nas ciências; listar as descobertas científicas importantes; abordar a história dos métodos científicos;

---

7 BRONOWSKI, Jacob. *O senso comum da ciência*. Tradução de Neil Ribeiro da Silva. Belo Horizonte: Itatiaia; São Paulo: EDUSP, 1977. p. 85-86.

centrar o estudo nas mudanças dos paradigmas científicos; chamar a atenção para a continuidade ou a descontinuidade no desenvolvimento das ciências; ressaltar o contexto das descobertas (social, econômico e outros); e traçar a história do discurso sobre a ciência e sobre o método científico.

Nosso objetivo, a seguir, é simplesmente situar historicamente alguns desses elementos. É importante lembrar que as histórias do alfabeto e da escrita, da imprensa, da educação, da universidade e da informática serão especificamente tratadas em capítulos distintos e, portanto, são aqui abordadas apenas em breves pinceladas.

1.3.1 Antiguidade

Os passos iniciais da ciência são, aos olhos modernos, excessivamente lentos. Há mais ou menos dois milhões de anos, o *Australopithecus* começa a fabricar ferramentas de pedra. São necessários mais de um milhão de anos para que essas ferramentas e as armas de caça sejam aperfeiçoadas e para que o fogo seja descoberto. Somente há dez mil anos, entretanto, o homem abandona sua vida nômade, surgindo, então, a pecuária (domesticação de animais) e a agricultura (cultivo das plantas), que marcam o início da civilização e de nossa ciência. Cada estágio do cultivo de plantas e da domesticação de animais requer invenções, que surgem como inovações técnicas e acabam dando fundamento a princípios científicos.[8]

Vejamos, rapidamente, algumas dessas inovações e invenções. Por volta de 7000 a.C. surge a cerâmica; a metalurgia do cobre aparece cerca de 4000 a.C.; a roda e as canoas são inventadas aproximadamente quinhentos anos depois; por volta de 3000 a.C. desenvolve-se a metalurgia do bronze; cerca de 2600 a.C. os faraós egípcios mandam edificar as Grandes Pirâmides; os cavalos passam a ser usados para transporte a partir de 2000 a.C.; a fermentação é descoberta por volta de 1800 a.C.; os hititas, que habitaram a Síria na Antiguidade, desenvolvem a metalurgia do ferro a partir de 1500 a.C.; o aço é inventado a partir de 1200 a.C.; e os aquedutos, a partir de 700 a.C.

A Medicina tem uma longa pré-história, mesclada à magia: na Babilônia, já identificamos médicos realizando cirurgias; os médicos egípcios utilizavam grande variedade de remédios, incluindo o ópio; os indianos antigos realizavam cirurgias plásticas, especialmente no nariz; na China, praticava-se

8 BRONOWSKI, Jacob. *A escalada do homem*. Tradução de Núbio Negrão. São Paulo: Martins Fontes, 1992. p. 73-74.

a acupuntura.[9] Entretanto, a Medicina passa a ser estudada, de um prisma científico, somente a partir de Hipócrates de Cós (460-370 a.C.), considerado o pai da Medicina e autor do juramento médico. Hipócrates critica a simplicidade das causas apontadas até então para as mortes e as doenças, dentre elas as superstições e os aspectos sagrados, defendendo que as enfermidades tinham causas naturais. Posteriormente, Herófilo (325-270 a.C.), fundador da Escola de Medicina de Alexandria,[10] estuda Anatomia, e Erasistrato, por volta de 250 a.C., estuda Fisiologia. Cerca de 180 d.C., Galeno resume e sistematiza o pensamento médico da Antiguidade.

Outra ciência que nasce nesse período é a Botânica, que tem seu estudo sistemático iniciado com o filósofo e naturalista grego Teofrasto, por volta de 320 a.C.

Entre o final do século VII e o início do século VI a.C., na Grécia Antiga, assistimos a um dos espetáculos mais belos e importantes da humanidade: a transição entre duas formas de explicar o mundo — a mitológica e a racional. A partir desse momento, os mitos e as religiões passam a ser pouco a pouco abandonados em favor da Filosofia.

O pensamento racional surge simultaneamente com a escrita, e diminui a importância que a memória e a oralidade tinham para as sociedades míticas. A demonstração, por intermédio da razão e da experiência, vai aos poucos adquirindo mais valor que o poder de revelação dos mitos. A observação da realidade passa a ser mais importante que a história dos deuses. Assim, costumamos dizer que a ciência surgiu na Grécia Antiga, apesar de povos anteriores aos gregos (como os egípcios, os mesopotâmicos, os caldeus, os persas e os hebreus) já apresentarem consideráveis realizações científicas.

A Lógica e a Geometria são duas das ciências que alcançam desenvolvimento exemplar na Grécia Antiga (principalmente com Pitágoras e depois Euclides, que no século III a.C. escreveu *Os elementos*, texto que, por centenas de anos, serviu de referência para a Geometria). Alguns escritos do filósofo grego Aristóteles foram reunidos por seus alunos, após a sua morte, com o nome de *Organon*. Este é considerado o primeiro e um dos mais importantes tratados de Lógica, que estuda os princípios do raciocínio. Também Arquimedes é um nome importante na história da Matemática e da Mecânica (287-212 a.C.),

9 MARGOTTA, Roberto. *The history of medicine*. New York: Smithmark, 1996. p. 8-21.

10 A cidade portuária de Alexandria, fundada no Egito em 332 a.C., constituiu-se no maior centro de estudos científicos da Antiguidade e do início da Idade Média.

sendo o cálculo integral sua principal contribuição à Matemática. Apolônio publica, por volta de 200 a.C., um tratado geométrico sobre a elipse, a parábola e a hipérbole. Mais tarde, cerca de 250 d.C., Diofanto escreve *Aritmética*, o primeiro tratado sistemático sobre Álgebra.

Por volta de 300 a.C. forma-se o Museu de Alexandria, que se tornou a primeira instituição científica organizada e financiada pelo Estado. O Museu tinha infraestrutura para a prática da ciência (laboratórios, observatórios, jardins botânicos, jardins zoológicos, salas de anatomia), departamentos para pesquisa e ensino em várias disciplinas e instalações residenciais para os estudantes. As pesquisas, que eram planejadas, centravam-se nas ciências da natureza. No Museu foi criada a Biblioteca de Alexandria, a primeira e mais célebre biblioteca pública, destruída em 642. Foi no Museu de Alexandria, por exemplo, que Ptolomeu elaborou sua teoria geocêntrica, que marcará o pensamento na Idade Média, além de seu tratado sobre Óptica. Destaca-se também Hiparco, que, entre outras contribuições, inventou vários instrumentos de observação e fez um mapa estelar detalhado.

Apesar de alguns progressos, principalmente na Medicina, na Matemática e na Astronomia, não existia na Antiguidade uma disciplina intelectual com os mesmos métodos e as mesmas linhas de demarcação da ciência moderna. De acordo com David Lindberg,[11] nada na Antiguidade correspondia à ciência moderna como um todo, ou mesmo a ramificações da ciência moderna como a Física, a Química, a Geologia, a Zoologia ou a Psicologia. Os temas dessas disciplinas modernas pertenciam todos à Filosofia Natural e, portanto, a um projeto filosófico mais amplo. Essas distinções, quando existiam (por exemplo, entre a Flosofia Natural e a Matemática), eram facilmente ignoradas, já que essas disciplinas consideradas diferentes não representavam papéis sociais ou profissões claramente definidos. O filósofo natural e o matemático eram, em geral, a mesma pessoa, e profissionalmente ele não se consideraria nem filósofo natural nem matemático, mas simplesmente professor; seus ensinamentos provavelmente ultrapassariam as matemáticas e a filosofia natural, alcançando outras questões filosóficas. Apesar de sempre terem existido médicos profissionais, as linhas de demarcação não eram claras, pois muitos médicos eram também filósofos; na Antiguidade, o mundo do intelecto tinha uma unidade inexistente nos dias de hoje.

11 LINDBERG, David. Science and the early Christian church. *ISIS*, Chicago, v. 74, n. 274, p. 511, Dec. 1983.

1.3.2 Idade Média e Renascimento

Apesar de vários estudiosos proporem uma revisão dos conceitos tradicionais por meio dos quais costumamos encarar a Idade Média (como um período de trevas e atraso), essas novas perspectivas referem-se principalmente aos progressos (antes desconsiderados) no campo das artes e da cultura. As ciências, em seu sentido mais estrito, apresentam bem poucas novidades no decorrer da Idade Média, principalmente por causa da dominação do teocentrismo.

É importante destacar, durante a Idade Média, a introdução do sistema de numeração hindu-arábico e o aperfeiçoamento do nosso atual sistema decimal (com os matemáticos hindus), em que o zero e os números negativos ganham uma representação numeral. A invasão da Europa pelos árabes será essencial para o desenvolvimento da Álgebra e da Matemática aplicada naquele continente, base do pensamento científico moderno. A simbolização visual das quantidades teria sido uma "conquista intelectual comparável à do alfabeto".[12]

No cenário da Idade Média, o monge Roger Bacon (ca. 1214-1292) é uma exceção, defendendo o experimento para a validação do conhecimento nas ciências naturais. Bacon sugere, por exemplo, o uso de lentes para corrigir defeitos de visão antes mesmo de o mecanismo de funcionamento dos olhos ser conhecido com clareza pela ciência.

A Medicina de fins da Idade Média apresenta alguns progressos a serem considerados. Em 1224, Salerno (na Itália) torna-se a primeira escola de Medicina oficialmente reconhecida na Europa, e tem papel importante na transmissão do saber médico grego e árabe. A partir dos séculos XIII e XIV, já podemos observar, em diversas cidades da Europa ocidental, a existência de uma instituição médica dedicada ao tratamento de doenças: o hospital. No século XV, dissecações anatômicas já estão estabelecidas regularmente no currículo de grande parte das escolas de Medicina. Leonardo da Vinci (1425-1519), inventor que se destaca em diversos campos da arte e do saber no Renascimento, é considerado o criador da ilustração artística aplicada à Medicina, produzindo uma série de desenhos anatômicos de extrema qualidade, resultantes de seus exercícios de dissecação.

A alquimia, uma atividade misteriosa praticada na Idade Média (e, para alguns, precursora da Química), englobava tanto uma arte empírica, que procurava transformar quaisquer metais em ouro (ou em outros metais preciosos),

12 HAVELOCK, Eric A. *A revolução da escrita na Grécia e suas consequências culturais*. Tradução de Ordep José Serra. São Paulo: Ed. UNESP, 1996. p. 349. Havelock aponta ainda dois outros sistemas de representação simbólica que teriam sido, com o alfabeto e os números, essenciais para o desenvolvimento da civilização ocidental: a notação visual musical e os sistemas algébricos.

quanto a ciência teórica que explicava e guiava esses esforços. É importante entender que, assim como as fronteiras entre astrologia e astronomia não eram ainda claras nesse momento, tampouco o eram as fronteiras entre alquimia, magia, espiritualismo e química. Um dos principais nomes da alquimia foi Paracelso (1493-1541), que publicou desde trabalhos práticos sobre Medicina contendo observações originais até estudos em metafísica e alquimia.

Por volta do século XIV, desenvolve-se (em Oxford e depois em Paris) uma linha de pensamento denominada **teoria do *impetus***, que desafia as teorias aristotélicas sobre o movimento ainda dominantes na Europa. As definições e os teoremas elaborados por esse grupo de lógicos e matemáticos serão importantes para a Cinética[13] desenvolvida posteriormente por Galileo, representando, assim, o primeiro estágio na história da revolução científica.

De qualquer maneira, o saldo da Idade Média para a história das ciências é limitado. O mais importante a se destacar, talvez, seja o fato de os estudiosos da Idade Média terem criado uma tradição intelectual ampla, na ausência da qual o progresso subsequente em Filosofia Natural teria sido inconcebível. A institucionalização da Filosofia Natural nas universidades medievais foi determinante para o progresso das ciências modernas. A partir de uma vida intelectual limitada e uma versão pequena e fragmentada da Filosofia Antiga, a Baixa Idade Média criou uma cultura filosófica avançada, utilizando as fontes latinas disponíveis e realizando um enorme esforço de tradução das filosofias grega e islâmica (Aristóteles, comentadores islâmicos, a filosofia médica de Hipócrates e Galeno elaborada pelos islâmicos e trabalhos dos gregos e islâmicos em Matemática e em outras ciências).

Nesse sentido, não se pode deixar de destacar também a importância que a invenção da imprensa teve, no final do Renascimento, para o desenvolvimento das ciências, já que o conhecimento pôde, a partir de então, ser reproduzido com muito mais facilidade. Os inventos relacionados à imprensa (por exemplo, gravuras em madeira ou cobre) colocaram instrumentos novos ao dispor dos cientistas, e estava agora assegurada a possibilidade de copiar e multiplicar cuidadosamente desenhos e diagramas. Isso facilitou o rigor das anotações e a intercomunicação científica, assim como a difusão da tradução de textos científicos.[14]

---

13 Ou cinemática: parte da mecânica que estuda os movimentos sem se referir às forças que os produzem ou às massas dos corpos em movimento.

14 O estudo mais detalhado dos efeitos da imprensa é objeto de outra seção deste livro, "História e influências da escrita, da imprensa e do livro", no Capítulo 4 — A sociedade da informação.

A Idade Média teve o mérito de organizar o conteúdo das filosofias grega e islâmica, assim como do cristianismo, além de ter realizado importante avaliação crítica da filosofia de Aristóteles. A instituição das escolas e universidades como lar para essa síntese é uma de suas principais conquistas.

1.3.3 A Revolução Científica

A Revolução Comercial, aliada ao desenvolvimento da Astronomia e dos instrumentos de viagem, marcou uma era no desenvolvimento das ciências, batizada de Revolução Científica.

O astrolábio, dispositivo de observação astronômica, foi inventado durante o período helenístico e aperfeiçoado no Islã. Ele media grosseiramente a elevação do Sol ou de uma estrela, mas, quando combinado com mapas de estrelas, permitia também a determinação de latitudes e as horas do nascer e do pôr do sol. Durante muito tempo, o astrolábio foi o relógio de bolso e a régua de cálculo do mundo.[15] Em 1480, Martin Behaim introduz o astrolábio náutico, e, em 1502, Peter Henlein constrói o primeiro relógio de bolso.

A Medicina também se desenvolve. Em 1543, Andreas Vesalius publica *De fabrica humani corporis*,[16] que corrige erros médicos dos gregos (principalmente de Galeno) e revoluciona a disciplina, constituindo os fundamentos da Anatomia moderna. Em 1615, William Harvey (1578-1657) estabelece a mecânica do funcionamento do coração e da circulação do sangue.

Entretanto, é a Astronomia (e a aplicação da Matemática para a explicação dos fenômenos astronômicos) que mais acentuadamente caracteriza a Revolução Científica. Nomes como Copérnico, Kepler, Galileo e Newton marcaram uma época decisiva na história das ciências.

Nicolau Copérnico (1473-1543), contestando a teoria de Ptolomeu de que a Terra era o centro do universo, com os planetas e o Sol girando ao seu redor, propõe sua teoria heliocêntrica, que inclui a ideia do movimento da Terra. A publicação de seu *De revolutionibus de orbium coelestium*, em 1543, gerará um intenso debate, que se estenderá por décadas.

O astrônomo dinamarquês Tycho Brahe (1546-1601) realiza melhores e mais regulares observações das posições planetárias, mostrando que as trajetórias de Ptolomeu eram apenas rudes roteiros do giro dos planetas.

---

15 BRONOWSKI, 1992, p. 166.

16 Em 2002 foi lançada pela editora da Unicamp, em coedição com a Imprensa Oficial do Estado e o Ateliê Editorial, uma belíssima tradução para o português dessa obra, com esboço biográfico do autor, ilustrações e anotações.

Johannes Kepler (1571-1628) conjuga as descobertas de Copérnico e Brahe, abrindo caminho tanto para a aceitação definitiva da teoria heliocêntrica quanto para a Física desenvolvida por Newton. Suas três leis planetárias transformaram a descrição geral do Sol e dos planetas de Copérnico em uma formulação matemática precisa.

Galileo Galilei (1564-1642) é considerado o primeiro teórico do método experimental, que, segundo ele, seria dividido em observação, análise, indução, verificação, generalização e confirmação. Com Galileo, firma-se a importância da experimentação e do raciocínio lógico-matemático na construção do conhecimento, na mesma proporção em que diminui a importância do princípio da autoridade na busca do conhecimento, pela independência alcançada pela ciência em relação à religião. Em 1604, Galileo formula a lei da queda dos corpos: "a velocidade de um corpo que cai aumenta proporcionalmente ao tempo, e a aceleração da queda é a mesma para todos os corpos". Já em 1590, Zacharias Janssen inventara o microscópio composto; em 1610, Galileo inventa o telescópio: a ciência pode agora explorar o remoto e o pequeno; camadas antes inacessíveis aos olhos, tanto longínquas quanto próximas, passam agora a ser observáveis pelo ser humano; o homem supera, assim, as barreiras da distância e do invisível. Galileo será, ainda, o primeiro a observar, por exemplo, os quatro satélites principais de Saturno. Em 1632, publica *Diálogos sobre os grandes sistemas do mundo*. Em 1633, beirando os 70 anos de idade, Galileo é julgado e condenado pela Inquisição Romana por suas ideias, passando o resto da vida em prisão domiciliar. Suas obras serão retiradas do *Índex* (catálogo dos livros cuja leitura era proibida pela Igreja) somente em 1835. No dia de Natal do ano de sua morte, 1642, nasce Isaac Newton. Antes do desenvolvimento da obra de Newton, entretanto, a ciência ainda galgará importantíssimos degraus.

O racionalismo de Descartes e o empirismo de Bacon, apesar de se caracterizarem como métodos essencialmente antagônicos de explicar a realidade, curiosamente acabaram atuando na mesma direção: afastaram o processo de busca do conhecimento ainda mais do domínio da religião e da autoridade. René Descartes (1596-1650), considerado o pai da Geometria Analítica (junto com Pierre de Fermat, também responsável pela teoria moderna dos números), defenderá a razão como o princípio absoluto do conhecimento. Se, de um lado, Descartes utilizará a dúvida como ponto de partida de seu sistema filosófico (exercitando-a em relação à existência de tudo e chegando à sua famosa máxima "penso, logo existo"), de outro, ele utilizará a Matemática e a

Geometria como modelos de raciocínio para edificar seu sistema. Francis Bacon (1561-1626), com seu *Novum organum*, desenvolve o que é considerada a primeira teoria moderna do método científico, indicando como etapas essenciais para o progresso da ciência a observação e a experimentação dos fenômenos, a formulação de hipóteses, a repetição dos experimentos, o teste das hipóteses e a formulação de generalizações e leis.

Outros nomes também merecem ser destacados. Em 1643, Evangelista Torricelli inventa o barômetro de mercúrio. Por volta de 1645, Blaise Pascal dá início a um ramo específico da Geometria, denominado **Geometria Projetiva**, e, em conjunto com Fermat, desenvolve a teoria da probabilidade. Na segunda metade do século XVII, Giovanni Cassini (1625-1712) e Christian Huygens (1629-1695) realizam diversas descobertas físicas e astronômicas importantes.

Em 1660, é fundada a Royal Society inglesa; em 1666, a Académie Royale francesa; e, em 1700, a Academia das Ciências de Berlim. As academias darão caráter institucional à ciência, reunindo pesquisadores, possibilitando o intercâmbio científico e ajudando a sistematizar e compilar o conhecimento produzido até então. Na mesma época, surgem também os primeiros periódicos científicos: o *Journal des Sçavans*, em Paris, e o *Philosophical Transactions*, em Londres, ambos em 1665.

Isaac Newton (1642-1727) dá sequência à linhagem astronômica Copérnico-Galileo-Kepler, funcionando como ponto de união entre o racionalismo de Descartes e o empirismo de Bacon. Newton destacar-se-á em diferentes ramos da ciência: Matemática (cálculo diferencial e integral e binômio de Newton), Astronomia (mecânica celeste), Óptica e Mecânica (leis do movimento dos corpos). Do ponto de vista metodológico, ele defende a necessidade da quantificação dos fenômenos para o progresso da ciência. Newton propõe a ideia de um universo infinito, com um movimento mecânico e universal. Ele deduzirá a lei da gravitação universal e as leis do movimento, explicando o movimento dos corpos celestes e provando que os planetas obedecem às leis de Kepler. Sua lei da atração universal afirma que "todos os corpos se atraem com uma força proporcional à sua respectiva massa e inversamente proporcional ao quadrado da distância entre eles". Em 1668, Newton construirá o primeiro telescópio de reflexão óptica. Suas principais obras são *Principia mathematica* (1687) e *Tratado de óptica* (1704).

Edmund Halley (1656-1742) é outro nome de destaque, ligado a uma série impressionante de descobertas científicas. Ele realizou importantes observações astronômicas e produziu um catálogo de estrelas no hemisfério sul; gerou avanços na compreensão de fenômenos meteorológicos; descreveu pela primeira vez o ciclo de evaporação, formação de nuvens e precipitação; produziu um estudo intensivo do magnetismo terrestre, das marés e das correntes; descreveu a rota e previu a periodicidade do cometa Halley (que apareceu em 1682); e detectou os movimentos apropriados das estrelas, dentre outros feitos.

Muitos outros nomes merecem ainda ser destacados, durante o período da Revolução Científica. Com Newton e Fermat, Gottfried Leibniz (1646-1716) contribui para o progresso do cálculo. Por volta de 1677, o lojista holandês Anton van Leeuwenhoek (1632-1723) aperfeiçoa o microscópio, realizando uma série de observações importantes, como de protozoários, espermatozoides e bactérias. Os irmãos Bernoulli, de uma tradicional família de matemáticos, são importantes, entre outros motivos, pelo estabelecimento de um método científico probabilístico. Lineu (1707-1778) inicia um sistema de classificação das plantas por espécies e famílias, no qual até hoje se baseia a Botânica.

1.3.4 A Revolução Industrial: as relações entre ciência e produção

Com a Revolução Industrial, marcada pela criação e pelo uso da energia, a ciência e a produção passam a se influenciar mutuamente. Os problemas técnicos da indústria começam a gerar constantes desafios às ciências, ao mesmo tempo que a indústria se torna dependente dos progressos científicos. Assistimos, a partir de então, a uma sequência inumerável de descobertas e invenções, à associação entre ciência e tecnologia e ao uso cada vez mais prático do conhecimento científico.

Em 1714, Gabriel Daniel Fahrenheit (1686-1736) inventa o primeiro termômetro de mercúrio (até então, utilizava-se o álcool, que não permitia medir temperaturas muito altas, ou uma mistura de álcool com água, que impedia que a escala contivesse subdivisões muito pequenas). Na metade do século XVIII, Benjamin Franklin (1706-1790) descobre o princípio do para-raios, provando que os raios são eletricidade.

O vapor é uma das marcas da Revolução Industrial. No início do século XVIII, Thomas Newcomen constrói o que é considerada a primeira máquina a vapor, aperfeiçoada posteriormente por Denis Papin e, no final do século, por James Watt. Essas invenções influenciariam decisivamente o desenvolvimento da indústria têxtil. Em 1755, assistimos à invenção da lançadeira volante por John Kay e, em 1769, da máquina de tear associada à máquina a vapor, por Richard Arkwright, que possibilitaram aumentar a velocidade de fabricação de tecidos.

Figura 1.2 – Indústria: associação entre ciência e tecnologia e uso prático do conhecimento científico

©Thomas Marchhart / Thinkstock

A Química alcança também progressos importantes durante o século XVIII. Joseph Priestly mostrará que o ar não é uma substância elementar, mas sim um composto de vários gases, dentre eles o oxigênio, que ele isolará pela primeira vez. Em 1778, Carl Scheele e Antoine Lavoisier descobrem que o ar é composto principalmente de nitrogênio e oxigênio. Lavoisier demonstrará também que a respiração é um processo de combustão, queimando oxigênio do ar e produzindo gás carbônico. Ele também será responsável pela quantificação da noção de elemento químico. Em 1789, publicará seu *Tratado elementar da química*, no qual apresentará os fundamentos de uma nova nomenclatura, criada a partir do conceito de elemento químico. É famosa sua lei da conservação das massas, que afirma que "a soma das massas dos reagentes é igual à soma das massas dos produtos de uma reação" (ou, de maneira simplificada, "na natureza nada se perde, nada se cria; tudo se transforma"). Em 1794, Lavoisier morre guilhotinado em Paris, durante a Revolução Francesa.

As ciências exatas também se desenvolvem. Leonhard Euler (1707-1783) é um nome importante na Matemática, destacando-se principalmente por resolver problemas no campo das equações diferenciais. Em 1788, Joseph Lagrange apresenta suas equações do movimento em *Mecânica analítica*. Pierre Laplace, no final do século XVIII e início do XIX, publica obras importantes em Física e Astronomia, nas quais, entre outras descobertas, formula uma hipótese para a formação do Sistema Solar. No mesmo período, Karl Gauss resolve importantes problemas de geometria, equações polinomiais, integrais e limites, dispersão e desvio.

Entramos também numa nova era da Medicina preventiva, com a introdução da técnica de vacinação. Em 1796, Edward Jenner desenvolve um método de vacina antivirótica, e, em 1798, é introduzida a vacina contra a varíola. A prática de vacinação em massa passou então a ser adotada, possibilitando controlar doenças que tinham se constituído em grandes pragas da humanidade.

1.3.5 O século XIX: do vapor à eletricidade

O século XIX apresenta, sem dúvida, uma série de invenções importantes. Em 1821, por exemplo, Michael Faraday inventa o motor elétrico; em 1860, Lenoir inventa o motor a gasolina; em 1866, Alfredo Nobel inventa a dinamite. Nas comunicações, o progresso é também considerável. Em 1835, Samuel Morse desenvolve o código Morse e, em 1843, constrói o primeiro telégrafo elétrico. Em 1876, Alexander Graham Bell e Thomas Watson inventam o telefone. Thomas Edison, um ano depois, patenteia o fonógrafo e, em 1891, inventa a lâmpada elétrica (similar à lâmpada que usamos atualmente).

Entretanto, a característica que distingue o século XIX dos precedentes é o fato de todas as principais disciplinas científicas modernas já estarem estruturadas, com métodos próprios e distintos. Assim, as ciências avançam, principalmente, a partir das pesquisas e descobertas em ramos específicos do conhecimento.

Um desses ramos é a Matemática. Por volta de 1830, com as obras de Nikolai Lobatchewski e J. Bolyai, e posteriormente em 1854, com Georg Friedrich Riemann, surgem as geometrias não euclidianas, dentre elas as geometrias hiperbólica, parabólica e elíptica. As geometrias não euclidianas propõem a diversidade dos espaços possíveis, abstratos e independentes da experiência, mas logicamente tão consistentes quanto os espaços euclidianos. Com a Geometria Projetiva, o espaço separou-se inteiramente das ideias métricas, até a criação dos espaços de mais de três dimensões.

Entre 1830 e 1850, desenvolve-se a Álgebra abstrata e simbólica, com as obras de Boole, Peacock, De Morgan, Gregory e Babbage. A partir da década de 1840, surgem também as álgebras não cumutativas e não associativas. Por volta de 1874, Cantor desenvolve a teoria dos conjuntos. No final do século, David Hilbert apresenta um conjunto de axiomas geométricos autoconsistentes, em seu *Fundações da geometria*, e propõe uma lista de 23 problemas que apontam uma direção para os trabalhos subsequentes em Matemática.

A Física, por sua vez, alcança no século XIX um progresso impressionante. Em 1800, John Herschel descobre os raios infravermelhos. Em 1824, Sadi

Carnot escreve um tratado que praticamente funda a termodinâmica ou dinâmica do calor. James Clerk Maxwell (1831-1879) publica trabalhos sobre a teoria dinâmica dos campos eletromagnéticos, propondo que a luz é uma vibração eletromagnética. Em 1881, Albert Michelson realiza um experimento em que descobre que a luz mantém sempre a mesma velocidade, contradizendo a Física de Newton. Heinrich Hertz descobre, em 1886, as ondas eletromagnéticas, em 1887, o efeito fotoelétrico,[17] e, em 1888, as ondas de rádio. Em 1895, Wilhelm Roentgen descobre os raios X.

A Física Atômica também se desenvolve intensamente no século XIX. A ideia de que a matéria é formada por átomos já era aceita, na época, por diferentes cientistas; entretanto, é com o inglês John Dalton (1766-1844) que ela ganha um modelo mais preciso e experimental: o átomo seria uma partícula maciça e indivisível. Ludwig Boltzmann (1844-1906) defende que os fenômenos macroscópicos (pressão, temperatura etc.) são explicáveis por meio da interação entre átomos e moléculas em constante movimento, propondo a ideia de entropia como medida da desordem dos átomos. Já desde a década de 1830 sabia-se que os átomos transportavam carga elétrica, mas é somente em 1887 que Joseph Thomson descobre o elétron, causando uma reviravolta nas concepções físicas ao provar que o átomo não é indivisível: ele seria formado por uma geleia com carga positiva, na qual estariam incrustados os elétrons. Em 1896, Antoine Becquerel, partindo das experiências de Roentgen, descobre a radioatividade do urânio, o que permitirá seu uso terapêutico. No final do século, o casal Marie Curie e Pierre Curie isola e estuda o rádio e o polônio; Marie Curie mostrará ainda que o tório possui características radioativas semelhantes às do urânio.

Pode-se considerar o século XIX como o momento da invenção da ciência biológica. Em 1809, Jean Lamarck propõe uma teoria da evolução baseada na herança de características adquiridas. Em 1856, Gregor Mendel apresenta seus experimentos com ervilhas, sugerindo fatores dominantes e recessivos na herança de características genéticas. Em 1858, Charles R. Darwin e Alfred Wallace, independentemente, propõem teorias da evolução por meio do mecanismo de seleção natural. Em 1859, Darwin publica seu *Sobre a origem das espécies.* A partir desse momento, desfaz-se a ideia de uma criação estática, e o mundo passa a ser concebido em constante movimento.

A Química também apresenta importante progresso. No início do século, John Dalton começa a introduzir ideias atômicas na Química, e a noção de

17 Processo pelo qual se faz incidir radiação eletromagnética sobre os elétrons de átomos de metais, que, então, escapam da substância.

elemento químico passa, então, a ser expressa em termos atômicos. Amadeu Avogadro, em 1811, propõe a hipótese da existência de moléculas como agrupamento de átomos. O químico russo Dimitri Mendeleiev (1834-1907) é reconhecido pela classificação dos elementos químicos na tabela periódica, um dos marcos no desenvolvimento da Química e da Física modernas, que agrupa os elementos em ordem crescente, de acordo com seu peso atômico. No início da década de 1870, percebendo lacunas na tabela periódica, Mendeleiev prevê a existência de três elementos químicos, que seriam descobertos apenas mais tarde: gálio (1875), escândio (1879) e germânio (1886). O desenvolvimento da mecanização e da industrialização no início do século XIX beneficiou diretamente a Medicina, com a invenção de novos instrumentos diagnósticos e terapêuticos, entre eles o estetoscópio, o oftalmoscópio e a seringa hipodérmica.

O desenvolvimento da anestesia, a partir da metade desse século, é um dos momentos mais importantes na história da humanidade. O médico norte-americano Crawford Long (1815-1878) foi o primeiro a usar a anestesia, à base de éter, com propósitos cirúrgicos. Anestésicos cada vez mais potentes passam a ser rapidamente adotados em vários hospitais. A anestesia intravenosa passa a ser utilizada a partir de 1874, e a anestesia local, desde 1884.

A Medicina desenvolve-se também no controle das doenças. Em 1847, o médico húngaro Ignaz Semmelweis demonstra que cuidados com limpeza e assepsia (por exemplo, os médicos lavarem as mãos entre as autópsias e o exame de parturientes) tendem a reduzir o número de mortes por febre puerperal. O patologista francês Louis Pasteur (1822-1895) defende que as doenças são causadas por microrganismos e funda a imunologia, preparando substâncias cujos efeitos tóxicos nas bactérias são maiores do que no corpo humano. O alemão Robert Koch (1843-1910), inimigo de Pasteur, é também um nome importante no desenvolvimento da bacteriologia por demonstrar que micróbios específicos causavam doenças específicas. Em 1890, Emil von Behring descobre antitoxinas e as utiliza no desenvolvimento de vacinas contra o tétano e a difteria.

1.3.6 O século XX: da ciência da certeza à ciência da probabilidade

A racionalidade e a consciência representam apenas uma camada da psique humana, que é também determinada por processos inconscientes e irracionais sobre os quais o ser humano não tem controle; não é possível prever os fenômenos nucleares, já que seus movimentos são irregulares e desordenados; tempo e espaço não são absolutos, mas relativos; o universo está em constante expansão; os átomos são estruturas praticamente vazias, e não maciças; a matéria é descontínua.

Por mais paradoxal que possa parecer, o intenso desenvolvimento da ciência no século XX acabará abalando a crença do ser humano num universo regido por leis e passível de ser conhecido em seus mínimos detalhes. Ao contrário, o progresso científico do século passado levou o ser humano a perceber que só pode compreender o mundo em que vive pelas leis da probabilidade, por meio de aproximações que, em geral, são passíveis de erro. A ciência passa a conviver com a ideia de que o acaso desempenha papel primordial no universo, assim como no próprio ser humano. Deus joga dados, e a ciência não é epistemológica e tampouco ontologicamente neutra.

As pesquisas em Física, principalmente a atômica, contribuem fundamentalmente nesse sentido. Na passagem do século XIX para o século XX, Ernest Rutherford propõe um modelo planetário para a estrutura atômica: no núcleo central, uma minúscula região do interior do átomo, estaria concentrada toda a sua carga positiva, os prótons, e praticamente toda a massa do átomo; ao redor dessa região circulariam os elétrons, como planetas em torno do Sol. O átomo já não é considerado maciço nem indivisível. Em 1900, Max Planck formula sua teoria quântica, base para a Mecânica Quântica. Planck descobriu que a energia, assim como a matéria, não são contínuas, mas, ao contrário, surgem sempre em pacotes separados e indivisíveis, ou *quanta*, de proporções definidas. Entre 1913 e 1915, Niels Bohr, aperfeiçoando o modelo planetário de Rutherford, apresenta seu modelo quântico do átomo. Em 1915, Arnold Sommerfeld desenvolve um modelo atômico modificado, a partir de Bohr, baseado em órbitas elípticas para o elétron.

A Física do século XX introduz também a ideia de que tempo e espaço são dados relativos, em oposição à física newtoniana. Em 1905, Albert Einstein completa sua teoria da relatividade e enuncia a lei da conservação de massa e energia ($e = mc^2$), que sugere que massa e energia são diferentes manifestações do mesmo fenômeno e podem se transformar uma na outra. Ainda em 1905, ele explica o efeito fotoelétrico (a emissão de elétrons por metais sob ação da luz), afirmando que a luz consiste em *quanta* de energia que se propagam por meio do espaço. Em 1912, Einstein conclui que o tempo-espaço é curvo, e, em 1915, completa sua teoria da relatividade geral. Einstein, cujas descobertas não se resumem à teoria da relatividade, é figura de destaque na história das ciências.

Em 1923, Louis de Broglie sugere que a matéria e em particular os elétrons possuem propriedades similares às das ondas; seu postulado de que a toda onda está associado um corpúsculo (e vice-versa) funda a Mecânica Quântica, outro momento importante no desenvolvimento da Física no século XX, que procura conciliar os aspectos observáveis do comportamento dos átomos com a teoria quântica. Duas versões dessa nova mecânica foram formuladas por Werner Heisenberg (Mecânica das Matrizes, em 1925) e Erwin Schrödinger (Mecânica Ondulatória, em 1926). Em 1927, Heisenberg formula o princípio de incerteza ou indeterminação em relação a partículas e fenômenos ínfimos: enquanto as propriedades básicas de grande número de partículas são previsíveis (apenas porque podem ser calculadas em termos estatísticos), os fenômenos nucleares individuais são praticamente aleatórios e completamente imprevisíveis. Quanto menores os números quânticos do sistema em observação, mais significativo se torna o princípio da indeterminação. A informação da qual o elétron é portador, por exemplo, é limitada em sua totalidade: quando é possível determinar sua velocidade, é impossível saber sua posição exata; e quando podemos identificar sua posição, sua velocidade torna-se indeterminável. Schrödinger, por sua vez, propõe a teoria do orbital, uma região em que seria mais provável encontrar-se o elétron.[18] Paul Dirac (1902-1984) desenvolve uma mecânica quântica relativista, que combina a relatividade e a teoria quântica. Ao estudar o *spin* (movimento de rotação do elétron em torno de seu eixo), Dirac lança as bases da teoria da antimatéria, prevendo a existência do pósitron (elétron positivo ou antielétron) dois anos antes de sua observação por Carl Anderson, em 1932.

18 [...] nas teorias de Newton e de Einstein, o estado de qualquer sistema físico isolado, em um dado instante de tempo, fica precisa e completamente especificado pelo conhecimento, empiricamente adquirido, dos valores que correspondem à posição e ao momento linear de cada uma das partes, desse sistema, naquele instante de tempo; valores probabilísticos nelas não têm lugar. Em mecânica quântica, a interpretação de uma observação experimental, de um sistema físico, é algo um tanto complicado. A observação poderá consistir de uma única leitura, cuja precisão terá de ser avaliada, ou, então, ela poderá consistir de um conjunto complicado de dados, como no caso de uma fotografia de gotículas d'água em uma câmara de Wilson; qualquer que seja o caso, o resultado só poderá ser expresso em termos de uma distribuição de probabilidades que diga respeito, por exemplo, à posição e ao momento linear das partículas do sistema. A teoria, então, poderá prever a distribuição de probabilidades para tempos futuros. A teoria, todavia, não poderá ser experimentalmente verificada, em qualquer desses instantes futuros, meramente com base no resultado experimental segundo o qual os valores das posições, ou dos momentos lineares, estejam dentro dos limites preditos, em uma particular observação. A mesma experiência, com as mesmas condições iniciais, deverá ser repetida um grande número de vezes, e os valores das posições e momentos lineares, que poderão diferir de uma observação a outra, devem se distribuir de maneira a reproduzir a distribuição de probabilidades predita. Em resumo, a diferença crucial entre a mecânica quântica e as mecânicas de Einstein e de Newton está na maneira de especificar o estado de um sistema físico em qualquer instante de tempo; e essa diferença está no fato de que a mecânica quântica introduz o conceito de probabilidade em sua definição de estado, o que não é o caso das mecânicas de Newton e de Einstein. NORTHROP, F. S. Introdução aos problemas da filosofia natural. In: HEISENBERG, Werner. *Física e filosofia*. Tradução de Jorge Leal Ferreira. 4. ed. Brasília: Humanidades, 1999. p. 16-17.

Também em 1932, James Chadwick demonstra a existência de dois tipos de partículas na composição do núcleo: o próton, eletricamente positivo, e o nêutron, partícula destituída de carga elétrica. O núcleo do átomo já não é mais compreendido como uma estrutura invulnerável, como se pensava antes, e a Física Nuclear desenvolve-se a partir da descoberta do nêutron por Chadwick. Em 1938, Enrico Fermi recebe o Prêmio Nobel de Física por seus estudos de reações nucleares induzidas por irradiação de nêutrons; no mesmo ano, Otto Hahn e Fritz Strassman realizam a descoberta da fissão do núcleo do átomo. Em 2 de dezembro de 1942, Fermi produz a primeira reação nuclear em cadeia controlada, no Reator Nuclear de Chicago, marcando o início da era nuclear. Hans Bether também receberá o Prêmio Nobel por suas contribuições à teoria das reações nucleares, e especialmente por suas descobertas relativas à produção de energia em estrelas. Uma interessante linha de pesquisa em Física desenvolveu-se com a construção dos aceleradores de partículas, máquinas que aceleram partículas como os prótons, elétrons e pósitrons a velocidades próximas da luz. Essas partículas são, então, lançadas umas contra as outras, analisando-se seus fragmentos para estudar a estrutura da matéria. Heisenberg[19] reflete da seguinte forma sobre as primeiras experiências com os aceleradores de partículas:

> Além dos três tijolos fundamentais — elétron, próton e nêutron —, novas partículas elementares foram descobertas, criadas em processos nos quais intervêm energias altíssimas e sobrevivendo por tempos curtíssimos. Essas novas partículas exibem propriedades semelhantes às antigas, salvo sua grande instabilidade: as mais estáveis têm vidas-médias de cerca de um milionésimo de segundo, e outras ainda bem menores [...]
>
> Esses resultados parecem, à primeira vista, conduzir a um afastamento gradual da ideia de unidade da matéria, pois o número de unidades fundamentais vem aumentando, aproximando-se de valores comparáveis ao número de elementos químicos. Isso, porém, não seria uma interpretação adequada, pois as experiências mostraram, também, que partículas podem ser criadas, a partir de outras, ou também pela energia cinética de partículas distintas e que elas podem de novo se desintegrar em outras partículas. As experiências, de fato, revelaram a completa mutabilidade da matéria. Todas as

19 HEISENBERG, 1999. p. 221-222.

partículas elementares podem, a energias suficientemente altas, transmutar-se em outras; elas podem ser criadas à custa de energia cinética e se aniquilar em energia, dando lugar, por exemplo, a radiações. Assim, temos aqui, de fato, a prova final da Unidade da Matéria. As partículas elementares, todas elas, são feitas da mesma substância, e a essa podemos chamar de energia ou matéria fundamental: elas são tão-somente formas distintas em que a matéria pode se revelar.

Linus Pauling (1901-1994), que recebe o Prêmio Nobel de Química em 1954 e o da Paz em 1962 (por sua luta contra a proliferação das armas atômicas), destaca-se pela aplicação da Física moderna aos problemas da Química. Na década de 1930, ele estuda a distância entre os átomos e as forças de ligação entre as moléculas. Em 1939, publica uma obra fundamental da Química moderna, *A natureza das ligações químicas e a estrutura de moléculas e cristais*, em que demonstra as leis que regem a estabilidade do átomo. Sua pesquisa sobre a estrutura molecular revoluciona tanto a Química Inorgânica quanto a Bioquímica.

A medicina também progride aceleradamente durante o século XX. Em 1928, Alexander Fleming descobre a penicilina, um dos marcos no desenvolvimento das drogas modernas e dos antibióticos. Howard Florey e Ernst Chain continuarão seu trabalho alguns anos depois. A descoberta da radioatividade artificial, por sua vez, influenciará sensivelmente a pesquisa, o diagnóstico e o tratamento médico. Em 1932, Ernst Ruska constrói o primeiro microscópio eletrônico, que, com seu vasto poder de amplificação, revolucionará o estudo dos vírus. A partir de 1975, com a introdução da tomografia computadorizada, é possível revelar mais detalhes dos órgãos internos do ser humano do que os raios X. A ressonância magnética, desenvolvida a partir dos anos 1970 e introduzida para diagnóstico a partir de 1983, é capaz de produzir imagens ainda mais sofisticadas.

A estruturação da Psicologia como ciência é outro êxito do período. No início do século, o psiquiatra Sigmund Freud (1856-1939) revoluciona os métodos de tratamento psicológico, fundando a Psicanálise. Uma das formulações mais importantes de Freud é a da existência do inconsciente. Em 1907, Ivan Pavlov realiza famosas experiências com cachorros salivantes, demonstrando a resposta a estímulos condicionados e fundando outra corrente importante da Psicologia moderna, o behaviorismo.

Destaca-se também uma série de invenções no século XX. Em 1900, Ferdinand von Zeppelin constrói um dirigível. Em 1908, Henry Ford desenvolve a linha de montagem da indústria automobilística. Nos anos 1930, surgem os primeiros radiotelescópios (que não registram a luz, mas as emissões de rádio naturais vindas do espaço exterior). Em 1948, William Shockley, Walter Brattain e John Bardeen inventam o transistor, com aplicações práticas extraordinárias, pois permitirá, por exemplo, a criação das diversas técnicas médicas por imagens, revolucionará as técnicas de radiotelevisão e influenciará decisivamente o desenvolvimento dos computadores e dos robôs.

Em 1926, o primeiro foguete é lançado à Lua. A corrida espacial marca a segunda metade do século. Em 1957, a União Soviética coloca em órbita o primeiro satélite produzido pelo homem, o Sputnik I. Em 1961, Yuri Gagarin completa uma órbita espacial em 108 minutos, tornando-se o primeiro homem a navegar no espaço. Em 1966, a Luna 10 torna-se a primeira nave espacial a orbitar ao redor da Lua. Em 1969, com a Missão Apollo 11, o homem desce pela primeira vez na Lua. "Um pequeno passo para um homem, mas um salto gigantesco para a humanidade" é a frase de Neil Armstrong, o primeiro astronauta a pisar em solo lunar. Em 1970, ocorre o envio da sonda soviética Luna à Lua.

A segunda metade do século XX também se destaca pelo alto grau de abstração alcançado pelas ciências físicas e pelo desenvolvimento de uma cosmologia que passa a estudar um universo não mais estático, mas em constante movimento e expansão.

O desenvolvimento da Genética é um dos acontecimentos científicos mais importantes dos últimos anos. Marco desse desenvolvimento é o ano de 1953, em que James Watson e Francis Crick desvendam a estrutura do DNA (ácido desoxirribonucleico), propondo um modelo em forma de dupla hélice. Cabe, nesse sentido, destacar um dos projetos científicos mais audaciosos do final do século, o Projeto Genoma Humano. Trata-se de um projeto internacional, iniciado em 1990, cujos principais objetivos são: identificar e mapear todos os cem mil genes do DNA das células do corpo humano; determinar as sequências das três bilhões de bases químicas que compõem o DNA humano; armazenar essas informações em bancos de dados; desenvolver ferramentas para analisar os dados; transferir a tecnologia relacionada para o setor privado; e discutir as questões éticas, legais e sociais que possam ser levantadas. Os resultados do projeto deverão gerar uma revolução na Medicina e nas ciências biológicas, assim como causar um grande impacto nas indústrias relacionadas à biotecnologia, como a agricultura, a produção de energia, o controle do lixo e a despoluição ambiental. Cabe ressaltar que o Brasil tem tido participação ativa no projeto.

Quadro 1.1 – Os principais acontecimentos científicos do século XX

FÍSICA
- Passagem do século XIX para o século XX: criação do modelo planetário para a estrutura atômica, por Ernest Rutherford
- 1900: formulação da teoria quântica, por Max Planck
- 1905: Albert Einstein completa sua teoria da relatividade e enuncia a lei da conservação de massa e energia ($e = mc^2$)
- Entre 1913 e 1915: Niels Bohr aperfeiçoa o modelo planetário de Rutherford e apresenta um modelo quântico do átomo
- 1915: Arnold Sommerfeld desenvolve um modelo atômico modificado, a partir de Bohr, baseado em órbitas elípticas para o elétron
- 1923: o postulado de Louis de Broglie, que afirma que a toda onda está associado um corpúsculo (e vice-versa), funda a Mecânica Quântica
- 1932: desenvolvimento da Física Nuclear, a partir da descoberta do nêutron por James Chadwick
- 1942: Enrico Fermi produz a primeira reação nuclear em cadeia controlada, no Reator Nuclear de Chicago, marcando o início da era nuclear
QUÍMICA
- 1939: Linus Pauling publica uma obra fundamental da Química moderna, *A natureza das ligações químicas e a estrutura de moléculas e cristais*, na qual demonstra as leis que regem a estabilidade do átomo. Sua pesquisa sobre a estrutura molecular revoluciona tanto a Química Inorgânica quanto a Bioquímica
MEDICINA
- 1928: descoberta da penicilina, por Alexander Fleming
- 1932: Ernst Ruska constrói o primeiro microscópio eletrônico
- 1975: é introduzida a tomografia computadorizada
- 1983: é introduzida a ressonância magnética

PSICOLOGIA
- Início do século: Sigmund Freud (1856-1939) revoluciona os métodos de tratamento psicológico, fundando a Psicanálise
- 1907: Ivan Pavlov funda importante corrente da Psicologia moderna, o behaviorismo
INVENÇÕES
- 1900: Ferdinand von Zeppelin constrói um dirigível
- 1908: Henry Ford desenvolve a linha de montagem da indústria automobilística
- Anos 1930: surgem os primeiros radiotelescópios
- 1948: William Shockley, Walter Brattain e John Bardeen inventam o transistor, que revolucionará as técnicas de radiotelevisão e influenciará decisivamente o desenvolvimento dos computadores e dos robôs
CORRIDA ESPACIAL
- 1926: o primeiro foguete é lançado à Lua
- 1957: a União Soviética coloca em órbita o primeiro satélite produzido pelo homem, o Sputnik I
- 1961: Yuri Gagarin completa uma órbita espacial em 108 minutos, tornando-se o primeiro homem a navegar no espaço
- 1966: a Luna 10 torna-se a primeira nave espacial a orbitar ao redor da Lua
- 1969: com a Missão Apollo 11, Neil Armstrong é o primeiro homem a pisar em solo lunar
- 1970: a sonda soviética Luna é enviada à Lua
GENÉTICA
- 1953: James Watson e Francis Crick desvendam a estrutura do DNA (ácido desoxirribonucleico), propondo um modelo em forma de dupla hélice
- 1990: tem início o Projeto Genoma Humano, um dos projetos científicos mais audaciosos do final do século, com ativa participação do Brasil

Fonte: elaborada pelo autor.

Adam Schaff, em seu *A sociedade informática*, afirma que três ciências revolucionarão o século XXI: Microeletrônica, Microbiologia e Energia Nuclear.[20] É possível uma qualificação mais ampla dessa tríade: a Microeletrônica deve estar associada à Informática e às Ciências da Computação (incluindo o desenvolvimento de *softwares*, robótica e outros); a Microbiologia deve ser

20 SCHAFF, Adam. *A sociedade informática*. Tradução de Carlos Eduardo João Machado e Luiz Arturo Obojes. 4. ed. São Paulo: Ed. UNESP: Brasiliense, 1995. p. 25.

compreendida de forma a englobar os progressos nos campos da Engenharia Genética e da Química; e a Energia Nuclear pode ser mais bem definida como Física (e Química) Atômica(s). Mas nosso percurso histórico mostra que é possível ainda ampliar a perspectiva da Schaff: as descobertas astronômicas e o desenvolvimento teórico das lógicas abstratas (incluindo as matemáticas, Álgebra, Geometria, Física, Mecânica e outras) tendem também a marcar o século que se inicia.

1.3.7 Brevíssima história das ciências no Brasil

No Período Colonial, os estímulos para a produção científica são praticamente inexistentes no Brasil. Uma lembrança isolada da época é a de que, em 1639, em Pernambuco, o governador holandês Maurício de Nassau cria o primeiro Observatório Astronômico do Hemisfério Sul.

Ironicamente, as pesquisas, explorações e expedições científicas realizadas no Brasil foram, por um bom tempo, nossos mais importantes feitos científicos, destacando-se o fato de o país ter sido palco para a colheita de diversas provas fundamentais para a teoria da evolução, algumas obtidas pelo próprio Darwin.

A mudança da família real portuguesa para o Brasil, em 1808, altera um pouco esse quadro, iniciando-se, nesse momento, a formação de uma infraestrutura técnico-científica no país. O desenvolvimento das ciências, a partir de então, passa a estar fortemente vinculado à criação de escolas, faculdades e universidades. Destacam-se também a criação, em 1810, da Biblioteca Nacional e do Jardim Botânico do Rio de Janeiro, que incentiva os estudos de botânica e zoologia, assim como as expedições científicas; em 1818, a criação do Museu Real, que depois se tornará o Museu Nacional, transformando-se numa importante instituição de pesquisa; e, em 1838, a fundação do Instituto Histórico e Geográfico Brasileiro. Devem ser também destacadas as investigações geográficas e geológicas desenvolvidas na época. Entretanto, mesmo no final do Império, o Brasil encontrava-se ainda bastante atrasado em ciência e tecnologia, principalmente em relação aos países desenvolvidos.

A República estabelece-se sob o signo da modernização. No final do século XIX, são fundadas diversas escolas superiores e institutos de pesquisa (como o Instituto Butantan, em São Paulo, e o Instituto Oswaldo Cruz, no Rio de Janeiro, ambos em 1899), além de comissões geográficas e geológicas. Na década de 1920, surge o Instituto Biológico, em São Paulo. A partir da década de 1930, a investigação agronômica, principalmente em relação ao café, desenvolve padrões internacionais de qualidade.

Assistimos também a um intenso progresso na área tecnológica. Surgem, na década de 1920, o Instituto de Pesquisas Tecnológicas (IPT) e o Instituto Nacional de Tecnologia (INT). Em 1945 é criado o Centro Técnico de Aeronáutica (CTA) e, em 1950, o Instituto Tecnológico de Aeronáutica (ITA), em São José dos Campos. Em 1949, são criados o Centro Brasileiro de Pesquisas Físicas (CBPF) e a Comissão Nacional de Energia Nuclear (CNEN).

A partir de então, passamos a assistir a diversas articulações para a consolidação de uma cultura científica no país. A Sociedade Brasileira de Ciências, fundada em 1916, já havia sido transformada na Academia Brasileira de Ciências, em 1921. Em 1948, é fundada a Sociedade Brasileira para o Progresso da Ciência (SBPC), que passará a ter reuniões anuais e será responsável pela publicação da importante revista *Ciência e Cultura*. Em 1951, são criados o Conselho Nacional de Desenvolvimento Científico e Tecnológico (CNPq) e a Coordenação de Aperfeiçoamento de Pessoal de Ensino Superior (Capes). Segue-se a criação do Fundo de Desenvolvimento Técnico-Científico (Funtec), em 1964, da Financiadora de Estudos e Projetos (Finep) e das fundações estaduais de amparo à pesquisa (a primeira foi a Fapesp, em 1962).

Durante o período ditatorial, entretanto, de 1964 a 1985, observamos um retrocesso no desenvolvimento da ciência brasileira, com o fechamento de laboratórios, a demissão e prisão de vários cientistas, a emigração de muitos de nossos "cérebros", entre outros acontecimentos. Apenas com a Nova República, a partir de 1985, abrem-se novas perspectivas para a ciência nacional, a começar pela criação do Ministério de Ciência e Tecnologia (MCT).

Para encerrar, destacamos um vitorioso projeto de pesquisa brasileiro, que obteve reconhecimento internacional e colocou o país na linha de frente do desenvolvimento científico e tecnológico mundial: o sequenciamento do genoma de uma bactéria, a *Xyllela fastidiosa*, realizado pelo Instituto Ludwig em conjunto com a Universidade de São Paulo (USP) e a Unicamp, com apoio da Fapesp, como parte do programa Genoma.[21] Foi realizado o sequenciamento genético de uma bactéria responsável por pragas destruidoras dos laranjais em São Paulo, aliando assim pesquisa científica de ponta com a solução

21 Foi, por exemplo, capa da *Nature*, uma das revistas mundiais de referência em ciências biológicas (cf. BEVAN, Michael. Plant pathology: the bugs from Brazil. *Nature*, London, v. 406, n. 6.792, p. 140-141, July 13, 2000) e ganhou destaque no *The New York Times* e na *The Economist* (cf. SILVEIRA, Nelson. Fapesp na liderança da ciência no Brasil. *Jornal do Brasil online*, Rio de Janeiro, 30 jul. 2000).

para problemas de relevância econômica, nesse caso, problemas de agricultura no Estado de São Paulo. O sucesso do projeto foi decisivo, por exemplo, para que a Fapesp fechasse um acordo de parceria com o Departamento de Agricultura dos Estados Unidos, pelo qual o governo norte-americano comprometeu-se a financiar uma equipe de cientistas brasileiros no sequenciamento de uma estirpe da mesma bactéria, responsável pela doença de Pierce nos vinhedos da Califórnia.[22] Em julho de 2000, foi inaugurado o Laboratório de Genética da Universidade Federal Rural de Pernambuco (UFRPE), integrando-se no esforço nacional para sequenciamento genético coordenado pela Fapesp, com investimento da Fundação de Amparo à Ciência e Tecnologia do Estado de Pernambuco (Facepe). O Centro de Estudos do Genoma Humano (CEGH), inaugurado em setembro de 2000 pelo Instituto de Biociências da Universidade de São Paulo, é o maior centro de pesquisas genéticas da América Latina. Em abril de 2001, a Universidade Estadual Paulista Júlio de Mesquita Filho, *campus* de Jaboticabal, inaugurou o Laboratório de Estocagem e Distribuição de Clones (Brazilian Clone Collection Center - BCCC), para manter clones gerados pelo Projeto Genoma da Fapesp, o primeiro laboratório do gênero na América Latina e o segundo no mundo.[23]

1.4 DIVISÃO E CLASSIFICAÇÃO DAS CIÊNCIAS

Classificar as ciências não é uma tarefa simples, e para realizar uma classificação consistente seria necessário dominar, pelo menos em seus aspectos básicos, as principais ciências e os principais métodos científicos: tarefa impossível, nos dias de hoje, tal o grau de especialização que as ciências alcançaram. Além disso, tais classificações tendem a produzir resultados por natureza provisórios, visto que o universo científico não é estático: surgem novas ciências com o passar do tempo, e ciências já existentes cindem-se ou modificam-se consideravelmente.

Para que essa divisão das ciências tenha sentido, é importante definir os critérios que a orientam. Para Abraham Moles, por exemplo, a classificação das ciências deve realizar-se em dois eixos distintos: as técnicas experimentais

22 NOVA meta da Fapesp: projeto aeroespacial. *Jornal do Brasil online*, Rio de Janeiro, 30 jul. 2000.

23 LIMA, Kelly. Ed. UNESP inaugura laboratório do Projeto Genoma. *O Estado de S. Paulo*, São Paulo, 24 abr. 2001.

e os processos racionais utilizados pelas ciências.[24] Avaliaremos a seguir dois modelos distintos de classificação das ciências, assim como seus critérios.

1.4.1 Exatas, biológicas e humanas

Uma perspectiva que teve repercussões decisivas na política educacional brasileira divide as ciências em três grandes grupos: exatas, biológicas e humanas.

As ciências exatas seriam todas aquelas que tivessem a Matemática como seu pilar básico. Assim, tanto a Matemática, a Física, a Astronomia, as Ciências da Computação e a Estatística estariam aqui classificadas, quanto as diversas engenharias e (para alguns) a Geologia e a Meteorologia.

As ciências biológicas teriam como seu objeto principal de estudo a natureza e o ser humano, em seus aspectos biológicos. Assim, estariam aqui agrupadas a Biologia, a Medicina, a Odontologia, a Educação Física, a Fisioterapia, a Nutrição, a Veterinária e a Agronomia.

As ciências humanas teriam o ser humano como seu objeto de estudo, da ótica sociológica. Estariam aqui agrupadas a Filosofia, as ciências sociais (História, Geografia, Sociologia, Economia, além de outras), as Letras (línguas e literaturas), as ciências administrativas e contábeis, o Direito e o Turismo.

Apesar de largamente utilizado, até hoje, por instituições de ensino brasileiras para separar os estudantes e planejar seus currículos, esse modelo deixa clara a fragilidade dos critérios de divisão nele implícitos quando questionamos, por exemplo, como deveriam ser classificadas algumas ciências importantes na modernidade: a Antropologia e a Psicologia deveriam ser consideradas ciências humanas ou biológicas? A Oceanografia, a Química e a Ecologia seriam ciências biológicas ou exatas?

1.4.2 Formais *versus* empíricas

Outro modelo procura separar as ciências formais ou puras das ciências empíricas ou reais (também denominadas fáticas ou fatuais).[25] O primeiro grupo incluiria a Lógica e a Matemática, que não possuem objeto de estudo empírico ou real, mas, ao contrário, estudam basicamente os números e as formas de

24 MOLES, 1998, p. 27-28.

25 Eva Maria Lakatos e Marina de Andrade Marconi, em *Metodologia científica* (2. ed. São Paulo: Atlas, 1991), p. 22-37, apresentam uma sequência de propostas de divisões (Comte, Carnap, Bunte, Wundt e a das próprias autoras), além de uma interessante discussão sobre as diferenças entre ciências formais e fatuais.

raciocínio. Já o segundo grupo incluiria todas as ciências naturais e humanas, que tomam a natureza ou o ser humano como seus objetos de estudo.

Os critérios de divisão desse modelo parecem mais definidos. De um lado, as ciências formais utilizariam como seu método básico a demonstração; de outro lado, as ciências empíricas utilizar-se-iam principalmente da sensação e da observação. Enquanto as ciências empíricas estariam submetidas à evolução temporal de seus objetos de estudo, o tempo não seria uma variável significativa para as ciências formais.

Entretanto, a maior definição da separação entre os dois grupos, nesse modelo, dá-se em troca do acúmulo de um grande número de ciências, claramente distintas, no segundo grupo: Astronomia, Física, Química, Biologia, Psicologia, Economia e Sociologia, por exemplo, seriam todas ciências empíricas, e a sua diversidade estaria assim descaracterizada pelo agrupamento num mesmo conjunto.

Acrescentar a essa divisão um terceiro grupo, o das ciências humanas, seria talvez necessário. Afinal, uma boa parte das ciências humanas difere das empíricas ou formais por se caracterizarem como hermenêuticas, ou seja, são basicamente ciências da interpretação.

Em relação às ciências empíricas, seria ainda necessário, pelo menos, separar as ciências físicas, biológicas e químicas, já que estas possuem, hoje, características próprias e distintas que justificam essa divisão. Seria importante ainda, aqui, diferenciar as ciências das atividades de pura aplicação da tecnologia, o que não se constituiria em tarefa simples: como deveria ser classificada a Medicina?

De qualquer forma, conforme estudaremos em outros momentos de nosso texto, vivemos numa época de interdisciplinaridade, em que justamente essas "fronteiras" entre as disciplinas científicas são constantemente questionadas, de pontos de vista práticos e teóricos. Nesse sentido, é incrível como as palavras de McLuhan,[26] ainda hoje, soam clarividentes:

> Na educação, a divisão convencional do currículo em matérias já está tão superada quanto o *trivium* e *quadrivium* medievais na época do Renascimento. Qualquer matéria examinada em profundidade logo se relaciona a outras matérias [...] A continuar em seus padrões atuais de desrelações fragmentadas, os currículos de nossas escolas não farão senão garantir a formação de cidadãos incapazes de entender o mundo cibernético em que vivem.

---

26 McLUHAN, Marshall. *Os meios de comunicação como extensões do homem*. Tradução de Décio Pignatari. 7. ed. São Paulo: Cultrix, 1993. p. 389.

Torna-se mais importante, então, traçar pontos de contato e comunicação entre as diferentes ciências do que procurar estabelecer com rigor as barreiras que as separam.

PARA REFORÇAR

O que você aprendeu neste capítulo:

Neste capítulo você explorou as diferenças entre diversos níveis de conhecimento, como o popular, o teológico (ou religioso), o filosófico e o científico. As ciências não são a única forma de conhecimento nem a melhor, em muitos casos, mas o conhecimento científico é o que mais diretamente nos interessa neste livro.

Você também acompanhou o desenvolvimento da ciência ocidental desde a Antiguidade, passando pela Idade Média e o Renascimento, pelas épocas das revoluções Científica e Industrial até o progresso nos últimos dois séculos. Se essa história nos trouxe conhecimentos e certezas, também nos lançou muitos desafios e dúvidas, como foi possível perceber.

Por fim, você observou como é possível dividir as ciências de diferentes maneiras.

CAPÍTULO 2

MÉTODOS CIENTÍFICOS

OBJETIVOS DO CAPÍTULO

O que você aprenderá neste capítulo:

- As instigantes relações entre a linguagem, o pensamento e a realidade;
- O que significa ter um pensamento crítico;
- Alguns procedimentos lógicos característicos das ciências, como a indução e a dedução;
- A importância da estatística;
- As ideias gerais de alguns autores e os movimentos metodológicos contemporâneos.

[...] nós somos conhecedores ativos, não recipientes passivos, vítimas cognitivas de tudo o que o mundo atira bem casualmente em nossa direção.[1]

2.1 DIVERSIDADE DE MÉTODOS CIENTÍFICOS

Durante a observação da realidade, a constituição de hipóteses, as experiências para comprovar a veracidade dessas hipóteses e a generalização das teorias científicas, alguns procedimentos são repetidos e aperfeiçoados nas diversas ciências, procedimentos que denominamos métodos.[2] Se, em algumas descobertas científicas, podemos falar de **serendipidade** (descobertas acidentais de respostas para perguntas não formuladas) ou **pseudo-serendipidade** (descobertas acidentais de respostas para perguntas formuladas),[3] e mesmo de imaginação científica criadora,[4] grande parte do progresso das ciências dá-se por

1 SENCHUK, Dennis. Investigação e experiência na tradição pragmática. *Cognitio*: revista de filosofia do Centro de Estudos do Pragmatismo da PUC-SP, São Paulo, ano 2, p. 176-192, 2001.

2 É importante notar que, em alguns casos, a ciência implica a produção de teorias não verificáveis diretamente (como em Astronomia e Física Nuclear), ou mesmo no exercício de lidar com universos imagináveis e não reais (como em Matemática e Física de caráter mais abstrato).

3 Cf. ROBERTS, Royston M. *Descobertas acidentais em ciências*. Tradução de André Oliveira Mattos. 2. ed. Campinas, SP: Papirus, 1995, que apresenta diversas situações em que ocorre progresso científico não planejado. Um exemplo interessante, não abordado por Roberts, deu-se na Física Nuclear. O físico italiano Enrico Fermi assim o descreve: "Desejo contar como fiz a descoberta mais importante da minha vida. Um dia, indo ao laboratório, estava pensando em estudar a absorção de nêutrons por um bloco de chumbo, mas quando, finalmente, estava para começar a experiência, pensei: não quero um bloco de chumbo, mas um de parafina. Foi verdadeiramente uma inspiração improvisada, sem uma razão premeditada". A experiência, realizada no Instituto de Física da Universidade de Roma em 1934, resultou num estranho fenômeno: a parafina multiplicava grandemente o efeito da radioatividade produzida pelos nêutrons. Para explicá-lo, Fermi propôs uma hipótese de que os nêutrons lentos eram mais eficazes que os rápidos na produção de reações nucleares em certos elementos, e que a parafina agia como moderadora, ou seja, no choque dos nêutrons com os núcleos de hidrogênio (elementos leves) da parafina, eles perdiam grande parte de energia cinética. A descoberta foi patenteada e rendeu o prêmio Nobel para Fermi. MARTINS, Jader Benuzzi. *A história do átomo*: de Demócrito ao primeiro reator. Disponível em: <http://membres.tripod.fr/seminarios/jader/jaderSBMAC.htm>. Acesso em: 1 set. 2003.

4 Em *A criação científica*, Abraham Moles estuda o processo da descoberta em ciências (que ele aproxima do processo da criação artística) de diversos pontos de vista, como a criação dos conceitos científicos (por uma mentalidade lúdica de certa maneira independente da razão), a combinação entre esses conceitos (por meio do que ele denomina infralógicas) e sua valoração.

meio de questionamentos que se utilizam de métodos mais ou menos padronizados para alcançar suas respostas.[5]

Hoje as ciências utilizam tal diversidade de métodos que fica impossível para um cientista dominá-los, mesmo uma pequena parte deles. Uma lista despretensiosa e desordenada pode nos assustar: métodos da Física Computacional, métodos para estudos de Genética Molecular, metodologia histórica, métodos para estudo de pigmentos de fitoplâncton em Oceanografia, métodos científicos para Antropologia, métodos probabilísticos para o *design* estrutural de aeronaves, metodologia linguística para análise de acidentes de avião, metodologia para determinação do valor de sistemas de conversão de energia do vento, metodologia para medições oceânicas, metodologia para estudo da comunicação entre os animais, métodos multidimensionais para mapeamento cientométrico em Cartografia, métodos neurocitoquímicos, metodologia para a pesquisa criminológica, métodos para pesquisa demográfica, métodos experimentais para ecologia microbial, métodos em ecologia das plantas, metodologia sintética para estudo de Química Orgânica, metodologia para filmagem antropológica, métodos de computação do nível de água em grandes lagos e reservatórios, métodos de inversão para estudos atmosféricos, métodos para pesquisas em fotossíntese, métodos para análises microscópicas em Arqueologia, métodos para estudos em Fisiologia, métodos para estudos de corais, métodos em Biologia molecular estrutural, métodos para arqueologia medieval, métodos em Química ecológica, métodos para determinação de critérios ecológicos em hidrobiocenose, métodos químicos para a pesquisa do solo e de minerais, métodos geofísicos em Geologia, metodologia para estudo de renda familiar, métodos para estudo de Biologia marinha, métodos para estudos em Economia, métodos para avaliação de dados experimentais em Psicologia e outros.

Seria impossível para qualquer texto, nesse sentido, procurar cobrir a totalidade dos métodos utilizados nas ciências, mesmo porque o aprendizado dos métodos que interessarão ao estudante acompanhará sua especialização num determinado campo de conhecimento.[6] O objeto de estudo de cada ciência acabará por determinar quais métodos específicos devem ser utilizados (e por consequência estudados) pelo cientista.

---

5 Convém aqui registrar a posição radical de Feyerabend, que exploraremos mais à frente, para quem a ciência não teria um método próprio, mas, ao contrário, avançaria anarquicamente, sem um plano previamente ordenado.

6 João Almeida Santos e Domingos Parra Filho, em *Metodologia científica* (São Paulo: Futura, 1998, p. 59-94), propõem-se a apresentar os métodos particulares ou específicos de diversas ciências (Matemática, Física e Química, ciências econômicas, ciências naturais ou biológicas, ciências morais e sociais). O que se percebe, no entanto, é que os autores acabam repetindo os métodos gerais do conhecimento (indução, dedução, hipótese, experimentação etc.), como se estes caracterizassem os métodos de cada uma das ciências singulares, em vez de lograrem, efetivamente, descrever e penetrar em algum método específico dessas ciências.

Gostaríamos, portanto, apenas de abordar certas questões filosóficas, diferenciar certos métodos e estruturas gerais das ciências e destacar certos movimentos que têm importância decisiva no universo científico moderno. A tecnologia da informação será estudada à parte.

2.2 LÓGICA, LINGUAGEM, PENSAMENTO E REALIDADE

Dois conceitos fundamentais, em teoria do conhecimento, são os de **sujeito** e **objeto**. A princípio, o sujeito é aquele que observa e conhece os fenômenos, o polo ativo do conhecimento, enquanto o objeto é aquilo que é observado e estudado, o polo passivo do conhecimento. Entretanto, não se deve ingenuamente identificar sujeito como seres humanos e objeto como coisas não humanas: o homem é objeto de muitas ciências, como a Psicologia e a Medicina. O ser humano pode também ser observador de si mesmo e inclusive de outros seres humanos, e esse conhecimento pode se caracterizar como científico.

A ciência baseia-se no pressuposto de que o conhecimento, para ser científico, deva ser passível de comunicação entre os sujeitos, e que possa ser testado, avaliado e/ou reproduzido pela comunidade científica. A ideia de intersubjetividade é, portanto, essencial para a ciência, e a comunidade dos sujeitos científicos acaba atuando como a autoridade responsável por qualificar a cientificidade de um dado conhecimento.

Em muitas ciências, essa relação sujeito/objeto deve ser compreendida de maneira mais ampla. Alguns objetos científicos são teóricos ou prováveis, ou seja, não são reais, e não ocorre, nesses casos, relação de fato entre um sujeito e um objeto. Em Matemática, por exemplo, muitos objetos não passam de conteúdo intelectual do sujeito, não se constituindo como objetos da realidade. Na verdade, o objeto do conhecimento científico não é propriamente conhecido diretamente pela observação, mas sim por uma construção teórica, proposta pela especulação e testada experimentalmente.

O próprio desenvolvimento das ciências modernas alterou radicalmente a concepção teórica da relação entre o sujeito e o objeto científico: as teorias da relatividade de Einstein modificaram a Física em seu aspecto ontológico, ou seja, na concepção do objeto científico independente do observador, nas relações do espaço e do tempo com a matéria, enquanto a Mecânica Quântica modificou a Física em seu aspecto epistemológico, ou seja, na relação entre o experimentador e o objeto do conhecimento científico.[7]

O desenvolvimento da computação, por sua vez, acaba também por questionar a legitimidade dessa divisão sujeito/objeto. Afinal, com nosso pensamento profundamente moldado pelas novas tecnologias, seria ainda possível preservar a divisão do conhecimento entre sujeito e objeto? O que ocorre com a distinção entre sujeito e objeto do conhecimento quando instituições e máquinas informacionais se entrelaçam com o sujeito? Como ficam redistribuídos os sujeitos individuais, objetos e coletivos? Quem pensa? O sujeito individual? Os grupos intersubjetivos? As línguas, os inconscientes (individual, coletivo e social)?[8]

Em agosto de 2002, vinte pesquisadores de renome internacional e de áreas bem distintas reuniram-se na Universidade de Stanford, durante cinco dias, para um interessante projeto interdisciplinar que resultou em um manifesto, no qual desenvolvem a noção de coemergência do fenômeno científico e do seu observador, ou seja, do sujeito e do objeto em ciência. Para os pesquisadores de Stanford, os fenômenos seriam tão importantes quanto a sua observação durante o exercício do conhecimento, e poderíamos, então, dizer que a produção de conhecimento se caracteriza pela coemergência do fenômeno e de seu observador.[9]

A experiência científica é, na verdade, uma unidade transacional contínua e rica entre sujeitos e objetos, entre organismos e ambiente. Do contexto da interação organismo–ambiente emergem os significados.

Outra interessante distinção, de cunho filosófico, entre quatro conceitos (lógica, linguagem, pensamento e realidade), pode nos auxiliar a penetrar no universo do conhecimento e das ciências.[10] As ciências procuram estudar e desvendar a realidade, e temos uma noção imediata do que seja a "realidade",

---

7 NORTHROP, F. S. Introdução aos problemas da filosofia natural. In: HEISENBERG, Werner. *Física e filosofia*. Tradução de Jorge Leal Ferreira. 4. ed. Brasília: Humanidades, 1999. p. 13.

8 LÉVY, Pierre. *As tecnologias da inteligência*: o futuro do pensamento na era da informática. Tradução de Carlos Irineu da Costa. Rio de Janeiro: Ed. 34, 1993. p. 10-11.

9 McLEOD, Allegra et al. Manifesto aborda o futuro da ciência. Tradução de Paulo Migliacci. *Folha de S.Paulo*, São Paulo, 24 nov. 2002. Disponível em: <http://www1.uol.com.br/folha/ciencia/ult306u7772.shtml>. Para uma crítica do manifesto, cf. MATTAR NETO, João Augusto. Ciência (não tão) nova. *Cognitio*: revista de filosofia do Centro de Estudos do Pragmatismo da PUC-SP, São Paulo, v. 4, n. 1, p. 15-26, jan./jun. 2003.

10 Para uma discussão mais aprofundada desses conceitos, principalmente do ponto de vista histórico, cf. MATTAR NETO, João Augusto. Pensamento, linguagem, lógica e realidade. *Estudos Acadêmicos Unibero*, São Paulo, ano 2, n. 4, p. 9-20, ago. 1996.

apesar de a discussão em torno do significado dessa palavra ter determinado o debate de boa parte da história da filosofia. Entretanto, as distinções entre **lógica**, **pensamento** e **linguagem** não são tão imediatas.

As ciências utilizam-se da razão (ou pensamento[11]) para estudar seus objetos. O pensamento pode ser definido como a capacidade de estabelecer relações por meio do processo de unir e separar conceitos e objetos: a realidade é composta de complexos, e esses complexos têm ligações com algumas coisas e não com outras. Pensar é justamente o processo de descobrir ou realizar associações e disjunções, ou seja, de traçar relacionamentos. Como o significado de um complexo está nos relacionamentos que ele estabelece com outros complexos, cada relacionamento descoberto ou inventado é um significado, e grandes ordens ou sistemas de relacionamentos constituem grandes corpos de significados.[12]

É interessante também notar que o valor dos signos linguísticos se define por meio da limitação que eles exercem uns em relação aos outros, ou seja, o significado de uma palavra só se esclarece quando cotejado e comparado com o significado de outras palavras, na mesma língua. São as limitações de significados que as outras palavras da língua impõem que nos permitem definir com maior clareza e precisão o significado de determinada palavra. Assim, o significado de **amar**, por exemplo, pode ser mais bem compreendido quando cotejado com outro verbo em português, **gostar**. A definição dos significados dos conceitos dá-se por meio da negação e da oposição a outros conceitos.[13] Criar significados é, assim como pensar, estabelecer relações:

> O que é a significação? [...] em que consiste o ato de atribuir sentido? A operação elementar da atividade interpretativa é a associação; dar sentido a um texto é o mesmo que ligá-lo, conectá-lo a outros textos, e, portanto, é o mesmo que construir um hipertexto. É sabido que pessoas diferentes irão atribuir sentidos por vezes opostos a uma mensagem idêntica. Isso porque, se por um lado o texto é o mesmo para cada um, por outro o hipertexto pode diferir completamente.

11 Vamos aqui utilizar pensamento e raciocínio como sinônimos. Sem dúvida, é possível realizar distinções entre esses dois conceitos (quando penso numa cor ou num objeto, necessariamente não estou raciocinando), mas elas não nos interessam.

12 LIPMAN, Matthew. *O pensar na educação*. Tradução de Ann Mary Figueira Perpétuo. Petrópolis, RJ: Vozes, 1995. p. 33.

13 Uma discussão mais aprofundada desse fenômeno, com vários exemplos, baseada principalmente na obra de Ferdinand de Saussure, *Curso de linguística geral*, pode ser encontrada em: MATTAR NETO, João Augusto. *Filosofia e ética na administração*. São Paulo: Saraiva, 2004.

> O que conta é a rede de relações pela qual a mensagem será capturada, a rede semiótica que o interpretante usará para captá-la. Você talvez conecte cada palavra de uma certa página a dez referências, a cem comentários. Eu, quando muito, a conecto a umas poucas proposições. Para mim, esse texto permanecerá obscuro, enquanto para você estará formigando de sentidos.[14]

Matthew Lipman lista diferentes exemplos de atividades cognitivas e metacognitivas: supor, fazer hipóteses, rever, conjecturar, escolher, diferenciar, decidir, discriminar, inferir, definir, questionar, classificar, explicar, generalizar, exemplificar etc.[15] Nesse sentido, o pensamento é o método básico por meio do qual a ciência se aproxima do real. Mas, afinal, o que caracteriza o pensamento científico ou racional, como sistematização conceitual que busca a compreensão da realidade?

Poderíamos responder: a logicidade. As ciências devem ser consistentes, do ponto de vista lógico; as teorias devem ser coerentes — uma explicação incoerente, mesmo que supostamente dando conta dos fenômenos da realidade, deveria ser descartada como inválida ou falsa.

Exploraremos com mais detalhes, a seguir, o universo da Lógica. De qualquer maneira, se podemos dizer que as ciências se utilizam do pensamento racional (ou lógico) para explicar a realidade, que função resta para a linguagem no universo científico? O que significa, afinal, linguagem?

A linguagem (científica) é o conjunto de símbolos que as ciências utilizam para descrever e interpretar a realidade. Segundo Gilles-Gaston Granger, o uso de um sistema simbólico não é apenas um traço acessório e secundário do conhecimento científico. Só pode haver ciência, no sentido estrito do termo, expressa, ou seja, que represente seus objetos num sistema simbólico.[16]

É óbvio, por exemplo, que o sistema simbólico da Química não é o mesmo sistema simbólico do Direito: os elementos da tabela periódica têm pouco em comum com as leis criadas pelos homens. Mas até que ponto os diferentes sistemas simbólicos afetam seus respectivos objetos de estudo? Até que ponto as diferentes linguagens determinam, de antemão, os resultados das pesquisas

14 LÉVY, 1993, p. 72.

15 LIPMAN, 1995, p. 147.

16 GRANGER, Gilles-Gaston. *A ciência e as ciências*. Tradução de Roberto Leal Ferreira. São Paulo: Ed. UNESP, 1994. p. 51-52.

de um determinado campo de conhecimento? Até que ponto as diferentes linguagens científicas já trazem, cifrados em seus símbolos, um universo distinto, uma fatia da realidade que uma ciência recortou e adotou como a sua realidade?

Da mesma forma que o instrumento de medida delimita os resultados da pesquisa, a linguagem é determinante no trabalho das ciências.[17] Assim como cada língua constrói seu próprio mundo, cada linguagem científica constrói a sua realidade e o seu objeto de estudo. E cada linguagem possui também uma estrutura lógica própria, que define uma forma de pensar. A observação científica da realidade, portanto, não é uma atividade totalmente neutra; ao contrário, ela já pressupõe uma perspectiva, uma linguagem e uma lógica. Nas palavras de Thomas Kuhn, as ciências são determinadas por paradigmas,[18] matrizes culturais e históricas que definem inclusive os objetos das ciências. Guiados por um novo paradigma, os cientistas adotam novos instrumentos e orientam seu olhar em novas direções, chegando inclusive a enxergar coisas novas e diferentes olhando por meio de instrumentos familiares para pontos já examinados. Aos objetos familiares, vistos agora sob uma nova luz, misturam-se os objetos desconhecidos. Quando mudam os paradigmas, muda também o mundo dos cientistas.[19]

No caso da Mecânica Quântica, que trabalha com fenômenos ínfimos como os nucleares, a própria experiência é capaz de alterar o objeto, ou seja, "o próprio ato de observar altera o objeto que está sendo observado".[20]

Portanto, podemos dizer que cada ciência está estruturada por uma linguagem, que estabelece não apenas uma forma de pensar e uma lógica, próprias dessa ciência, mas que define também, de antemão, os contornos do que essa ciência considera o "real", e, a partir desse real, seu objeto de estudo. É isso o que podemos entender por método científico, em um sentido bem amplo.

17 Em *A vida de laboratório*: a produção dos fatos científicos (Tradução de Ângela Ramalho Vianna. Rio de Janeiro: Relume Dumará, 1997), por exemplo, Bruno Latour e Steve Woolgar mostram como a linguagem é determinante para "construir" o conhecimento num laboratório.

18 KUHN, Thomas. *A estrutura das revoluções científicas*. Tradução de Beatriz Vianna Boeira e Nelson Boeira. 4. ed. São Paulo: Perspectiva, 1996.

19 KUHN, 1996, p. 145-146.

20 NORTHROP, 1999, p. 39.

2.3 SENSO CRÍTICO

O senso crítico[21] é uma das características determinantes do conhecimento científico. A atitude científica implica uma postura crítica permanente. Mas o que significa "senso crítico"? Carraher define que a pessoa dotada de senso crítico é aquela que possui a capacidade de analisar e discutir problemas de maneira inteligente e racional, sem aceitar, automaticamente, suas próprias opiniões ou opiniões alheias.[22]

Vale a pena debruçarmo-nos sobre a definição de Carraher. O senso crítico seria uma "capacidade de analisar e discutir problemas inteligente e racionalmente", o que, conforme já vimos, é a característica do próprio pensamento. Assim, pensamento e senso crítico identificar-se-iam, em algum sentido. Podemos ler por essa ótica a afirmação de Newton da Costa: "A razão é simultaneamente uma faculdade e uma postura crítica."[23]

Entretanto, não é só isso o que Carraher sugere. O senso crítico envolveria, ainda, o fato de não aceitarmos, de maneira automática, as opiniões alheias. Nesse sentido, implicaria uma postura receptiva crítica que estivesse sempre predisposta a questionar as afirmações de terceiros. O indivíduo dotado de senso crítico caracterizar-se-ia, portanto, como um espírito continuamente indagador, convencido de que é sempre possível dar um passo para trás, recuar para questionar os fundamentos, a veracidade e a logicidade das informações com que lidamos. Movimento que Nietzsche descreve, de forma belíssima, em seu aforismo "Quando é preciso despedir-se": "Daquilo que sabes conhecer e medir, é preciso que te despeças, pelo menos por um tempo. Somente depois de teres deixado a cidade verás a que altura suas torres se elevam acima das casas".[24]

Assim, o senso crítico compreende a **autorregulação** e a **autocorreção** do processo do pensamento. Não o reconhecemos, em um indivíduo, quando outra pessoa orienta o processo, passo a passo. Há necessariamente, portanto, um elemento de autonomia envolvido no senso crítico. Do ponto de vista

---

21 Matthew Lipman, em seu *O pensar na educação*, p. 151-168, faz uma interessante revisão histórica e bibliográfica do que podemos chamar "movimento do pensar crítico".

22 CARRAHER, David. *Senso crítico*: do dia a dia às ciências humanas. 2. ed. São Paulo: Pioneira, 1993. p. XIX.

23 COSTA, Newton C. A. *Lógica indutiva e probabilidade*. 2. ed. São Paulo: Hucitec: EDUSP, 1993. p. 49.

24 NIETZSCHE, Friedrich Wilhelm. Humano, demasiado humano: um livro para espíritos livres. Segundo volume (1879-1880). In: ________. *Obras incompletas*: Friedrich Wilhelm Nietzsche. Tradução de Rubens Rodrigues Torres Filho. 3. ed. São Paulo: Abril Cultural, 1983. p. 150. (Coleção Os Pensadores).

educacional, essa concepção implica uma forma de combate ao dogmatismo e à manipulação intelectual, já que, nesse sentido, o que pode ser ensinado é um método de raciocínio, nunca uma verdade. Em vez de ensinarmos os resultados ou as soluções dos problemas, podemos ensinar (ou praticar) as formas de explorá-los, investigá-los e procurar suas soluções. Eu o ensino a não ser manipulado até que você se liberta quando percebe que eu o estou manipulando. E a partir daí, com certeza, será mais difícil que alguém o manipule.

Mas a afirmação de Carraher vai ainda mais longe, e é aqui que está a beleza de sua formulação. O senso crítico envolveria, também, a recusa em aceitarmos nossas próprias opiniões de forma automática. Percebemos, aqui, um movimento um tanto esquizofrênico. Afinal, eu teria de me desdobrar em dois para então decidir se aceito ou não minhas próprias opiniões? Minhas opiniões não seriam mais minhas, e eu precisaria avaliá-las e questioná-las também? Quem afinal julga quem nesse exercício? Quem sou eu?

Isso se explica, pois o que importa, efetivamente, na postura crítica, é o caminho intelectual a ser percorrido, e não a propriedade das ideias e das afirmações. Eu devo ser continuamente crítico, devo estar sempre pronto a realizar o movimento do passo para trás em relação a todo tipo de conhecimento, inclusive o meu.

Portanto, há necessidade de esforço e de conflito no trabalho intelectual. Há um trabalho mental considerável envolvido nos tipos de elaborações e julgamentos necessários ao pensar crítico. Ainda de acordo com Carraher, o pensador crítico precisa ter uma **tolerância e mesmo uma predileção por estados cognitivos de conflito**, em que o problema ainda não é totalmente compreendido. Se ele ficar ansioso quando não souber "a resposta correta", essa ansiedade poderá impedir a exploração mais completa do problema.[25]

Novamente, há uma enorme beleza nas palavras de Carraher. O senso crítico envolve a tolerância a "estados cognitivos de conflito", a capacidade de permanecermos em dúvida, enquanto exploramos os objetos. A luz não aparece de imediato, ela pode demorar, pode nos obrigar a permanecer na penumbra por um bom tempo, em seguida se mostrar sorrateiramente, fugir novamente, mostrar-se com mais intensidade, e assim por diante. Mas, segundo Carraher, não se exige apenas "tolerância" a essas situações, mas também "predileção": o pensar crítico caracterizar-se-ia, então, como uma tendência, uma opção, uma escolha, uma perspectiva adotada.

---

25 CARRAHER, 1993, p. XXI.

Ou seja, é necessário praticar a dúvida, é necessário tomar distância em relação aos objetos e aos conceitos analisados, e até mesmo em relação à própria linguagem para o exercício do senso crítico. Descartes é um exemplo clássico dessa postura levada às últimas consequências. O método cartesiano funda-se na recusa de qualquer fundamento, qualquer princípio, qualquer verdade recebida da tradição e da experiência. O sujeito deve fundar as bases e as condições para a construção do conhecimento. Todo o edifício das opiniões recebidas deve ser demolido para reiniciarmos essa construção. Um dos princípios lógicos que Descartes adota, em seu exercício, é o de não admitir como verdade nada que possa ser colocado em dúvida. Descartes chega a estender a dúvida à própria existência dos objetos e mesmo de seu corpo, até que atinge uma certeza inquestionável:

> De há muito observamos que, quanto aos costumes, é necessário às vezes seguir opiniões, que sabemos serem muito incertas, tal como se fossem indubitáveis [...]; mas, por desejar então ocupar-me somente com a pesquisa da verdade, pensei que era necessário agir exatamente ao contrário, e rejeitar como absolutamente falso tudo aquilo em que pudesse imaginar a menor dúvida, a fim de ver se, após isso, não restaria algo em meu crédito, que fosse inteiramente indubitável. Assim, porque nossos sentidos nos enganaram às vezes, quis supor que não havia coisa alguma que fosse tal como eles nos fazem imaginar. E, porque há homens que se equivocam no tocante às mais simples matérias de geometria, e cometem aí paralogismos, rejeitei como falsas, julgando que estava sujeito a falhar, como qualquer outro, todas as razões que eu tomara até então por demonstrações. E enfim, considerando que todos os mesmos pensamentos que temos quando despertos nos podem também ocorrer quando dormimos, sem que haja nenhum, nesse caso, que seja verdadeiro, resolvi fazer de conta que todas as coisas que até então haviam entrado no meu espírito não eram mais verdadeiras que as ilusões de meus sonhos. Mas, logo em seguida, adverti que, enquanto eu queria assim pensar que tudo era falso, cumpria necessariamente que eu, que pensava, fosse alguma coisa. E, notando que esta verdade: penso, logo existo era tão firme e tão certa que todas as mais extravagantes suposições dos céticos não seriam capazes de

a abalar, julguei que podia aceitá-la, sem escrúpulo, como o primeiro princípio da Filosofia que procurava.[26]

O exercício sistemático da dúvida força-nos a encarar os problemas de vários ângulos. O trabalho intelectual amadurece com a descoberta da necessidade das múltiplas perspectivas: é sempre necessário deslocar o pensamento, tornando-o multiperspectivo, evitando fixá-lo em apenas um ponto de vista. Muitos problemas exigem que se adote mais de um ponto de vista, e que se estabeleça um diálogo entre esses diferentes pontos de vista, de onde surgiria a sua possível solução. O que Richard Paul denomina "pensar dialógico ou multilógico",[27] e o que Bachelard assim descreve: "A razão é uma atividade psicológica essencialmente politrópica: procura revirar os problemas, variá-los, ligar uns aos outros, fazê-los proliferar. Para ser racionalizada, a experiência precisa ser inserida num jogo de razões múltiplas".[28]

Essas múltiplas perspectivas muitas vezes exigem a aplicação de critérios múltiplos, que são, em alguns casos, conflitantes entre si. Nesse sentido, o senso crítico pressupõe a interpretação, por meio da utilização de megacritérios (critérios extremamente genéricos) e metacritérios (critérios para avaliação de critérios), além dos critérios habituais de semelhança e diferença. Segundo Lipman, existem diferentes critérios para julgar diversos aspectos do problema, para julgar várias abordagens do problema, para julgar o problema em termos de graus maiores ou menores de generalidades e para julgar os critérios que utilizamos para fazer os julgamentos anteriormente mencionados. O pensar de ordem superior compreende, no mínimo, essa variedade de critério.[29]

26 DESCARTES, René. *Discurso do método*. São Paulo: Abril Cultural, 1973. p. 39. (Coleção Os Pensadores). É importante registrar que o método da dúvida não se confunde com a necessidade de um fundamento para o conhecimento, como ocorre nessa passagem em Descartes. Charles Sanders Peirce, por exemplo, utiliza uma bela metáfora para exemplificar essa distinção. O filósofo norte-americano defende que o conhecimento científico não deva ser concebido como uma corrente, linear e dedutiva, que na verdade não é mais forte do que sua ligação mais frágil, mas sim como um cabo, constituído de fibras que, mesmo finas, sejam suficientemente numerosas e estejam intimamente conectadas (PEIRCE, C. S. *The collected papers of Charles Sanders Peirce*. Cambridge, MA: Harvard University Press, 1963. v. 5. Pragmatism and pragmaticism, 5.265). Ou seja, para Peirce a investigação científica pode se desenvolver mesmo na ausência de certezas primeiras. Uma verdade fundamental, um alicerce sólido, um tijolo inicial não seriam, para Peirce, pré-requisitos das ciências, não impediriam as ciências de se estabelecerem como uma forma de conhecimento sólida e consistente. Ou seja, a ciência pode ser crítica, pode exercer o método da dúvida cartesiano sem necessariamente procurar uma verdade primeira.

27 WALSH, Debbie; PAUL, Richard. *The goal of critical thinking*. Washington, D.C.: American Federation of Teachers, [198-] apud LIPMAN, 1995, p. 372.

28 BACHELARD, Gaston. *A formação do espírito científico*: contribuição para uma psicanálise do conhecimento. Tradução de Estela dos Santos Abreu. Rio de Janeiro: Contraponto, 1996. p. 51.

29 LIPMAN, 1995, p. 110.

Como consequência, o pensar crítico frequentemente fornece **múltiplas soluções**, cada qual apresentando seus custos e benefícios, em vez de soluções únicas. E cabe ao pensador administrar mentalmente essa variedade de soluções.

O pensar crítico não é, pois, necessariamente **algorítmico**, ou seja, o caminho da ação não é sempre especificado, em sua totalidade, de antemão; ele compreende, frequentemente, a incerteza: nem tudo que é relativo à tarefa em questão é conhecido. Por isso é científico, já que se caracteriza como um exercício experimental probatório, provisório, exploratório e questionador. Nesse sentido, o trabalho de pesquisa acadêmico deve ser compreendido como um exercício de exploração e construção. A ignorância criativa e o vazio criativo (não sabemos tudo) são forças que nos estimulam ainda mais a descobrir e inventar.

O pensar crítico tende também a ser **complexo**, já que o caminho todo não é "visível" (mentalmente falando) de qualquer ponto de observação isolado. Essa complexidade, entretanto, não se caracteriza necessariamente por um alto grau de complicação do pensamento, mas pelo fato de que a realidade só pode ser apreendida quando observada por meio de diversos pontos de observação. E cabe também à comunidade de investigação científica assumir essa multiplicidade de perspectivas: cada cientista enxerga de alguns pontos de vista, e a visão da comunidade acaba sendo mais ampla do que a do indivíduo. A complexidade implica, portanto, as variadas perspectivas da comunidade, os diversos aspectos em investigação e a natureza multifacetada do próprio pensamento.[30]

2.4 LÓGICAS

No mesmo sentido de nossa exposição sobre as relações entre linguagem e ciências, podemos afirmar que existem lógicas diferentes, distintas, mais ou menos adequadas a um determinado objeto de estudo, lógicas diversas que determinam diferenças entre as ciências. Questiona-se, hoje, a existência de uma lógica única, determinante do pensamento racional, e estuda-se a Lógica como um sistema das diferentes formas de pensamento.

30 Aproveitamo-nos bastante, nessa discussão, da leitura de Matthew Lipman em *O pensar na educação*, analisando Lauren B. Resnick (*Education and learning to think*. Washington, D.C.: National Academy Press, 1987).

2.4.1 Inteligências múltiplas

Nesse sentido, passou-se também a questionar a ideia da unidade da inteligência, como se existisse apenas um tipo de inteligência que pudesse inclusive ser medida por meio dos testes de QI. A "Teoria das Múltiplas Inteligências (TMI)" tem sido desenvolvida fundamentalmente pelo psicólogo norte-americano Howard Gardner. Segundo o doutor Gardner, podem ser identificadas no ser humano pelo menos sete tipos distintos de inteligência, ou de formas como o ser humano resolve problemas ou elabora produtos, num determinado ambiente ou comunidade cultural.[31] As sete inteligências seriam: musical, corporal-cinestésica, lógico-matemática, linguística, espacial, interpessoal e intrapessoal.

Para Gardner, seria possível descrever as características de cada uma dessas inteligências de forma a diferenciá-las. Vejamos as principais características que Gardner associa a cada inteligência:

a) **musical:** sensibilidade à melodia, à harmonia, ao timbre e ao ritmo dos sons. Envolveria as atividades de compor, interpretar e apreciar música;
b) **corporal-cinestésica:** capacidade de lidar com objetos habilmente; habilidade de controlar os movimentos corporais, ou seja, de usar o corpo de maneiras diferenciadas e competentes para propósitos funcionais ou expressivos. Envolveria as atividades da dança, representação, prática de esportes, invenção e uso de ferramentas e máquinas, montagem e desmontagem de objetos e cirurgias;
c) **lógico-matemática:** habilidade para discernir padrões lógicos ou numéricos; habilidade para seguir longas linhas de raciocínio ou de lidar com análises cada vez mais abstratas. Envolveria as atividades de cálculo matemático, classificação de objetos, descoberta de padrões ou tendências, abstração de regras a partir de exemplos, descoberta de relações causais, criação e avaliação de hipóteses, desenvolvimento de teorias científicas, exploração de sistemas abstratos (Filosofia e Matemática), explicação da realidade física (ciências) e negociação de atividades da vida diária, como compras, vendas, jogos de estratégia e outras;
d) **linguística:** sensibilidade ao significado das palavras (competência semântica); sensibilidade para a ordem das palavras (competência sintática); sensibilidade para sonoridade, ritmos, inflexões e métrica das palavras

31 GARDNER, Howard. *Inteligências múltiplas*: a teoria na prática. Tradução de Maria Adriana Veríssimo Veronese. Porto Alegre: Artmed, 1995. p. 21. Pela exposição seguinte, perceber-se-á que a ideia de uma "inteligência emocional", que tem sustentado *best-sellers* há anos no mundo todo, resume-se a apenas uma das sete inteligências expostas por Gardner.

(competência fonológica); sensibilidade para as diferentes funções da linguagem (competência pragmática). Envolveria as atividades de literatura e outros produtos escritos; oratória e outros produtos falados; redação de poemas, romances, ensaios, histórias e cartas; discursos em público, incluindo narração de histórias; e apreciação de produtos escritos ou falados;

e) **espacial:** habilidade para pensar por imagens ou figuras, de visualizar as soluções; habilidade para manipular ou rodar mentalmente formas ou objetos percebidos; capacidade de perceber formas ou objetos com precisão e de reconhecer manifestações do mesmo elemento; capacidade de lidar com imagens mentais e de transformar essas imagens; capacidade de reproduzir graficamente formas ou objetos percebidos, mesmo na ausência dessas formas ou objetos; sensibilidade para a tensão, o balanço e a composição que caracterizam *displays* visuais e espaciais nas artes gráficas e em muitos elementos naturais. Envolveria trabalhos de arte visual, arquitetura, estruturas (construções, pontes etc.), equipamentos, motores, navegação, mapas, pintura, desenho, escultura, apreciação de produtos de artes visuais, leitura e produção de mapas, facilidade de encontrar caminhos em um determinado ambiente, engenharia, modelos tridimensionais, ciências (especialmente ciências físicas) e facilidade para jogar xadrez e outros jogos que exijam memória visual e imaginação;

f) **interpessoal:** habilidade para perceber e fazer distinções entre indivíduos, particularmente sobre seus humores, temperamentos, motivações e intenções, e de agir com base nesse conhecimento. Envolveria as atividades de ensinar, liderar, administrar, negociar, vender, aconselhar, tratar de doenças mentais ou emocionais, fazer amizades, transmitir valores e conhecimento, dominar papéis sociais, e manter a sociedade unida;

g) **intrapessoal:** habilidade para o autoconhecimento, ou seja, desenvolver um modelo confiável de si próprio, incluindo desejos, objetivos, ansiedades, forças e problemas, e de se basear nesse modelo como um meio de compreender e guiar seu próprio comportamento. Envolveria as atividades de avaliar seus próprios talentos e deficiências, de guiar a própria busca da carreira, de desenvolver autocompreensão, de organizar suas próprias inteligências e de administrar sua vida pessoal.

Os seres humanos teriam, desde a sua infância, algumas dessas inteligências mais estimuladas e desenvolvidas do que outras, e a combinação do grau de desenvolvimento de cada inteligência seria capaz de definir um indivíduo.

As consequências da Teoria das Múltiplas Inteligências, para a educação, são bastante ricas e revolucionárias, como se pode imaginar. A educação, baseada no modelo de Gardner, deveria direcionar-se a uma gama ampla de habilidades intelectuais, de maneira individualizada, respeitando assim as diferentes combinações de inteligência em cada ser humano. Pode-se fazer um interessante exercício imaginando um modelo de escola baseado na TMI, propondo um método de ensino e um conteúdo pedagógico que se preocupem em estimular, de forma balanceada, as diferentes inteligências.[32]

Do ponto de vista dos trabalhos de pesquisa acadêmicos, a TMI levanta uma série de questões e abre uma série de caminhos promissores. Podemos, por exemplo, questionar a maneira tradicional de transmissão do conteúdo das pesquisas (por meio do texto impresso), pensando em formas de comunicação alternativas por meio de sons, vídeos, imagens — o que será tecnicamente explorado mais à frente, em nosso texto. Podemos também dar a devida importância a pesquisas de campo, que trabalham as inteligências intrapessoais e interpessoais, cuja intensidade nem sempre pode ser registrada e reproduzida com a mesma precisão no texto verbal e impresso.

Mas o que mais nos interessa, neste momento de nossa discussão, é que essa teoria relativiza a importância da lógica matemática na resolução de problemas: afinal, a inteligência lógico-matemática, para Gardner, seria apenas uma entre as outras seis inteligências, todas importantes na formação do ser humano. Como uma das funções principais da ciência é resolver problemas e elaborar produtos, a teoria de Gardner nos ensina que não é apenas por meio da razão (lógico-matemática) que se pratica ciência. E é proposital o fato de Gardner utilizar o termo "inteligência" no lugar de, por exemplo, "talento", "dom" ou "aptidão": trata-se de uma maneira de deixar claro que a questão não se resume a admitirmos que os seres humanos possuam, em maior ou menor grau, alguns desses dons, enquanto à verdadeira "inteligência" estaria reservado um patamar diferenciado, num nível mais elevado. Para Gardner, aquilo a que até hoje chamamos de inteligência não é, na verdade, nada mais do que a inteligência lógico-matemática combinada em menor grau com a inteligência linguística.

---

32 O que o próprio Gardner faz, em *Inteligências múltiplas*, passim.

Portanto, não existe apenas **uma** inteligência científica, assim como não existe apenas **uma** lógica científica. Nesse sentido, foram codificadas na modernidade lógicas alternativas à lógica clássica (ou aristotélica), que estudaremos depois de percorrermos caminhos mais tradicionais da Lógica (os dois principais métodos lógicos ou de raciocínio científico — dedução e indução, as falácias e a lógica simbólica ou matemática).

2.4.2 Dedução

O método dedutivo tem seu registro histórico inicial na obra de Aristóteles. Assim, pode também ser chamado de lógica aristotélica.

A parte mais importante da lógica aristotélica é a sua teoria dos silogismos. O silogismo procura ser uma representação de nosso processo de raciocínio. Constitui-se num encadeamento de duas (ou mais) premissas que geram uma conclusão. Essa conclusão, apesar de resultante das premissas, deve acrescentar algo de novo a elas. Um exemplo clássico de silogismo é:

> Sócrates é homem.
> Todo homem é mortal.
> Portanto, Sócrates é mortal.

A conclusão "Portanto,[33] Sócrates é mortal" resulta logicamente da combinação das duas premissas, mas contém também uma nova informação, ou seja, não repete nenhuma das duas premissas. Os exemplos a seguir, portanto, não seriam silogismos:

> Sócrates é homem.
> Todo homem é mortal.
> Portanto, Sócrates é homem.

> Sócrates é homem.
> Todo homem é mortal.
> Portanto, todo homem é mortal.

---

33 Alguns **indicadores de premissa**, em língua portuguesa, são: pois, desde que, como, porque, assumindo que, visto que, admitindo que, isso é verdade porque, a razão é que, em vista de, como consequência de, como mostrado pelo fato que, dado que, sabendo-se que, supondo que; **indicadores de conclusão** seriam: portanto, por conseguinte, assim, dessa maneira, nesse caso, daí, logo, de modo que, então, consequentemente, assim sendo, segue-se que, o(a) qual implica que, o(a) qual acarreta que, o(a) qual prova que, o(a) qual significa que, do(da) qual inferimos que, resulta que, podemos deduzir que. NOLT, John; ROHATYN, Dennis. *Lógica*. Tradução de Mineko Yamashita. São Paulo: McGraw-Hill, 1991. p. 7.

Não há incorreção lógica em nenhum dos raciocínios, mas nenhum dos dois exemplos agrega alguma conclusão às premissas — ao contrário, eles não fazem mais do que repetir uma das premissas.

O silogismo nos auxilia a reproduzir os aspectos formais do pensamento e medir o grau de validade do raciocínio. É importantíssimo, nesse sentido, diferenciar dois conceitos: **verdade** e **validade**.

Um raciocínio pode ser válido ou inválido, do ponto de vista lógico. O silogismo a seguir representa um raciocínio inválido, ou seja, um exemplo em que uma conclusão é inferida incorretamente a partir de duas premissas:

> Sócrates é homem.
> Todo homem é mortal.
> Portanto, Sócrates é imortal.

Entretanto, a **validade de um raciocínio não se confunde com a verdade de uma proposição.** A conclusão do silogismo acima, "Sócrates é imortal", pode ser verdadeira ou falsa, e isso independe da correção (ou incorreção) do raciocínio representado pelo silogismo. Ou seja, a validade da conclusão de um raciocínio não garante o seu grau de veracidade. Utilizamos o termo verdade para indicar se uma afirmação ou teoria corresponde ou não à realidade; utilizamos o termo validade para indicar se o processo lógico de um raciocínio ou de uma teoria está correto ou não.

O exemplo a seguir mostra um raciocínio correto, em que a conclusão é, portanto, válida (do ponto de vista lógico), mas não é verdadeira (ao menos em relação ao João autor deste livro):

> João é homem.
> Todo homem tem seis pernas.
> Portanto, João tem seis pernas.

Já o exemplo seguinte mostra um raciocínio incorreto (em que a conclusão é, portanto, logicamente inválida), mas cuja conclusão é verdadeira:

> O Brasil localiza-se na América do Sul.
> A língua oficial de todos os países da América do Sul é o espanhol.
> Portanto, a língua oficial do Brasil é o português.

É importante destacar a independência entre os conceitos de verdade e de validade, pois, em geral, consideramos que a logicidade perfeita de um raciocínio assegure que um determinado discurso seja verdadeiro. A garantia que efetivamente nos resta (e este é talvez o principal poder do raciocínio dedutivo) é a de que, caso todas as premissas sejam verdadeiras e o raciocínio dedutivo seja empregado corretamente, obteremos uma conclusão verdadeira. É nesse sentido que o raciocínio dedutivo, ao contrário do que muitos dizem, serve também para ampliar nosso conhecimento, pois não é necessário reproduzir ou visualizar a conclusão dedutiva para se aceitar a sua veracidade: basta a certeza da veracidade das premissas e da correção do raciocínio.

Antes de passarmos a estudar a dedução mais detalhadamente, é importante registrar que a palavra "verdade" pode ter sentidos diversos, dentre os quais podemos citar os seguintes:

a) **verdade como correspondência:** um enunciado é verdadeiro se corresponde à realidade e aos objetos que representa. Essa é a concepção clássica de verdade, e aquela que está implicada em nosso uso mais natural dessa palavra. Nesse sentido, a verdade vincula linguagem e realidade;
b) **verdade psicológica:** um enunciado é verdadeiro se corresponde ao que penso. Se digo o que penso, eu falo a verdade; se digo o contrário do que penso, eu minto. Trata-se, no fundo, de um caso especial da verdade como correspondência. Nesse sentido, a verdade vincula pensamento e linguagem;
c) **verdade pragmática (ou quase verdade)**: um enunciado é verdadeiro quando a experiência acaba confirmando teorias, leis e hipóteses que, sabemos, não reproduzem a realidade. Ou seja, recorremos a proposições sabidamente fictícias, mas a realidade se comporta como se essas proposições fossem verdadeiras pela teoria da verdade como correspondência. Nesse sentido, a verdade vincula ficção e realidade;
d) **verdade probabilística:** um enunciado é verdadeiro por seu alto grau de probabilidade. "Aceitamos como verdade toda proposição apoiada num grande número de observações."[34] Levando-se em consideração que, como veremos, o raciocínio indutivo implica sempre probabilidade (e nunca certeza), toda proposição científica empírica classificar-se-ia nessa concepção de verdade probabilística. Nesse sentido, a verdade vincula linguagem e experiência;

34 FREIRE-MAIA, Newton. *A ciência por dentro*. 4. ed. Petrópolis, RJ: Vozes, 1997. p. 125.

e) **verdade como coerência**: um enunciado é verdadeiro em relação a um sistema proposicional se for coerente com esse sistema; a verdade é uma relação de coerência entre um enunciado e um dado sistema de enunciados ou crenças. Nesse sentido, a verdade vincula linguagem e lógica.

Existem, sem dúvida, argumentos não dedutivos que não podem ser demonstrados logicamente. Além disso, é extremamente difícil representar a estrutura lógica de raciocínios longos e/ou complexos. Entretanto, didaticamente, costuma-se isolar os aspectos lógicos do conteúdo dos argumentos para facilitar o seu estudo. Normalmente, utilizam-se diagramas ou flechas para representar os argumentos. Não nos utilizaremos desses recursos em nosso texto, mas o leitor pode encontrar inúmeros exemplos dessas técnicas em livros de lógica.

Uma das relações lógicas fundamentais é a da **implicação**, representada em língua portuguesa pela expressão "se... então". Quando afirmamos que um evento (A) implica outro evento (B), queremos dizer, do ponto de vista lógico, que a ocorrência de um evento A envolve a ocorrência de um evento B. Em forma de silogismo, teríamos:

A implica B
A
então B

Contudo, há ainda uma outra conclusão possível, alterando a segunda premissa:

A implica B
não B
então não A

Ora, sempre que ocorre A, ocorre também B; mas não ocorreu o evento B. Conclui-se, necessariamente, que o evento A também não ocorreu (pois, caso tivesse ocorrido A, teria ocorrido B).

Entretanto, há também duas conclusões incorretas, do ponto de vista lógico, que é comum obtermos quando utilizamos a relação de implicação. Ambas constituem exemplos de falácias, tema que estudaremos em outro item de nosso trabalho, mas decidimos apresentá-lo neste momento do texto por seu caráter estritamente lógico-dedutivo. As duas falácias estão representadas a seguir, em forma de silogismo:

Falácia da afirmação do consequente
A implica B
B
então A

Falácia da negação do antecedente
A implica B
não A
então não B

No primeiro caso, há um movimento incorreto de inversão da direção da implicação. "A implica B" não é sinônimo de "B implica A" — a implicação não é, automaticamente, biunívoca, a menos que esteja assim indicado. Portanto, quando afirmo que A implica B, não estou afirmando que sempre que B ocorrer estará associado a A — estou afirmando o contrário, ou seja, que a ocorrência de A está sempre associada à ocorrência de B. A falácia da afirmação do consequente, portanto, transforma uma relação de implicação unívoca em biunívoca, equivocadamente.

A falácia da negação do antecedente, na verdade, realiza o mesmo processo. Afinal, ela também considera que, a partir da afirmação de que A implica B, pode-se concluir que B esteja sempre associado a A, que, quando ausente, implicaria a ausência de B. Entretanto, a relação de implicação de A para B não esgota as possibilidades de existência de B, ou seja, podem existir Bs implicados por As, assim como Bs não implicados por As, sem que se contradiga a premissa de que A implica B. Poderíamos exprimir visualmente essas relações da seguinte forma:

A B
A B
A B
C B
D B
F B
e outros

O cenário anterior apresenta uma situação em que A implica B (toda vez que ocorre A, ocorre também B). Entretanto, o mesmo cenário deixa claro que são possíveis outras ocorrências de B, não implicadas por A — ou seja, a ocorrência de B não está, necessariamente, determinada por A.

A relação lógica de **implicação biunívoca** é representada, em linguagem natural, pela expressão "se e somente se":

> A se e somente se B
> equivale a
> "A implica B" e "B implica A"

Tomando-se esse argumento como premissa, os dois exemplos anteriores deixam de ser falaciosos:

> A se e somente se B
> B
> então A

> A se e somente se B
> não A
> então não B

Outra relação lógica importante é a de **disjunção**, representada em linguagem natural pela conjunção "ou". Assim, quando afirmamos que "A ou B", estamos fazendo uma afirmação disjuntiva: a ocorrência de A implica a não ocorrência de B, ou vice-versa.

As relações de disjunção e **conjunção** (representada em linguagem natural pela conjunção "e") são, em alguns contextos, interpretadas como se tivessem o mesmo significado lógico, o que acarreta graves erros de raciocínio. Um desses erros pode ser representado da seguinte forma:

> Afirmar que
> não (A ou B)
> é equivalente a afirmar que
> não A e não B

Entretanto, afirmar que
não (A e B)
não é equivalente a afirmar que
não A e não B

No primeiro caso, a negação da disjunção ("A ou B") pode ser estendida aos seus indivíduos (e o sentido final é o de que nenhum dos dois eventos ocorre); já no segundo caso, a negação não pode ser estendida aos dois elementos da conjunção: eu afirmo que não ocorrem os dois eventos simultaneamente (A e B), mas não afirmo que necessariamente nenhum dos dois ocorra (o que seria representado, em língua portuguesa, pela expressão "nem A nem B"). Assim, podemos dizer que negar uma disjunção é argumentar que todos os disjuntos são falsos; negar uma conjunção, por sua vez, é argumentar que ao menos uma das conjunções é falsa (não que necessariamente todas as conjunções sejam falsas).

Os argumentos apresentam-se em geral com mais complexidade do que as formas atômicas das representações anteriores. A própria relação de implicação unívoca pode servir de exemplo. Da afirmação de que A implica B pode-se tirar uma conclusão disjuntiva: "não A ou B", ou seja, A não deve ocorrer, ou, no caso em que ocorra A, então, necessariamente B deve ocorrer. A conclusão é um tanto óbvia, mas o fato de estar representada na forma de disjunção (ou) torna-a um pouco mais complexa do ponto de vista lógico.

Os argumentos apresentam-se muitas vezes encadeados. Um exemplo simples dessas possibilidades seria:

A implica B
B implica C
então
A implica C

Esse argumento pode ser estendido ao infinito, e não perde sua consistência lógica:

A implica B
B implica C
C implica D
então
A implica D

Assim, relações de implicação intermediárias podem ser introduzidas no raciocínio sem que se altere a sua estrutura — a implicação continua sendo transferida, *ad infinitum*, a todas as premissas, até a conclusão.

As noções de conjunto, e as consequentes relações de elementos pertencendo ou não a esses conjuntos, são também essenciais em lógica. Nesse sentido, é possível, num nível básico, inferir as seguintes conclusões:

> Todos os As são Bs
> x pertence a A
> então x pertence a B

> Nenhum A é B
> x pertence a A
> então x não pertence a B

As relações de conjunto tornam-se mais complexas com a introdução da ideia de partes dos conjuntos, representada, em linguagem natural, pelos pronomes "algum" e "alguns", entre outros. Também num nível básico, podemos inferir:

> Alguns As são Bs
> portanto, existe um x, tal que x pertence a A e x pertence a B

> Alguns As não são Bs
> portanto, existe um x, tal que x pertence a A e x não pertence a B

Há vários outros elementos que agregam complexidade aos raciocínios, como a introdução da relação condicional (representada, em linguagem natural, pela conjunção "se" ou por expressões como "a menos que" e "contanto que", além de outras), as premissas ocultas (muitas vezes nem todas as premissas necessárias à compreensão do raciocínio estão explícitas, e precisam então ser reconstruídas para a correta avaliação lógica da argumentação), as relações temporais (representadas por "quando" e "antes que", entre outras) e as relações de limitação ("até"). O estudo sistemático da lógica dedutiva, apesar de parecer à primeira vista enfadonho e repetitivo, é, na verdade, um impulso educador do espírito científico.

2.4.3 Indução

Se, no caso das inferências dedutivas, a verdade das premissas acarreta a verdade da conclusão, nas inferências indutivas isso não ocorre. A indução não nos fornece a certeza dos procedimentos dedutivos, mas apenas probabilidades. Entretanto, apesar da inquestionável importância da dedução no desenvolvimento das ciências, os progressos científicos devem-se, em geral, a inferências não dedutivas. É com a indução que a ciência arrisca e salta. A indução afina-se, nesse sentido, com o espírito experimental da ciência.

O raciocínio por indução é muitas vezes representado pelo exemplo dos cisnes: observa-se um cisne branco, observam-se dois cisnes brancos, observam-se *n* cisnes brancos, todos os cisnes observados são brancos... Então, conclui-se que todos os cisnes sejam brancos. Esse exemplo reveste-se de interesse particular pelo fato de existirem cisnes pretos, ou seja, representa, na verdade, um caso de indução que conduz a uma conclusão falsa. Estudaremos, mais à frente, algumas formas de incorreção nos processos de indução (as falácias indutivas).

De qualquer maneira, o universo da indução é bem mais amplo e complexo do que a historinha dos cisnes. Newton da Costa nos apresenta alguns tipos mais utilizados de inferência indutiva,[35] demonstrando que, sob o signo da indução, há uma série de procedimentos lógicos diversos:

a) **indução por simples enumeração ou indução simples:** dada uma amostra da população A $\{a_1, a_2, ..., a_n\}$, em que todos os componentes sejam membros de B, e não se conheça nenhum elemento de A que não seja B, conclui-se que toda população A compõe-se de membros de B (ou A está contido em B);
b) **argumento por analogia:** todos os elementos $x_1, x_2, ..., x_k$ possuem a propriedade P e a propriedade Q; então, se x_{k+1} possuir P, concluímos que ele possui Q;
c) **inferência estatística:** uma de suas formas elementares é o silogismo estatístico: k% dos A são B; x é A; logo, x é B;
d) **inferência probabilística:** qual a probabilidade de uma conclusão ser verdadeira se uma premissa for verdadeira? Partindo dessa probabilidade, podemos extrair (ou não) a conclusão. Perceba-se que a inferência probabilística não se confunde com a estatística: nesta, a porcentagem é um recurso utilizado para tirarmos uma conclusão;

35 COSTA, 1993, p. 24-32.

no caso da inferência probabilística, a probabilidade de a conclusão ser verdadeira é o elemento levado em consideração;

e) **métodos de eliminação (Bacon—Mill):**[36]
   - método da concordância (condições necessárias de um fenômeno): se dois ou mais casos do fenômeno que se investiga têm somente uma circunstância em comum, a circunstância em que todos os casos concordam é a causa (ou o efeito) do fenômeno dado;
   - método da diferença (condições suficientes de um fenômeno): se um caso em que o fenômeno que se investiga ocorre e um caso em que ele não ocorre têm todas as circunstâncias em comum, exceto uma, a circunstância única em que os dois casos diferem é o efeito (ou a causa, ou uma parte indispensável da causa) do fenômeno;
   - método combinado da concordância e da diferença (condições necessárias e suficientes de um fenômeno);
   - método dos resíduos: suprimindo-se de um fenômeno a parte da qual se sabe, por prévias induções, que é o efeito de certos antecedentes, o resíduo do fenômeno será o efeito dos antecedentes restantes;
   - método da variação concomitante: um fenômeno que varia de qualquer maneira, sempre que um outro fenômeno varia de uma determinada maneira, é uma causa ou um efeito desse fenômeno, ou está com ele relacionado, por meio de algum fato da causalidade;

f) **método hipotético-dedutivo:** quando se têm vários fenômenos particulares, leis ou hipóteses que se quer explicar ou unificar, formula-se uma ou mais hipóteses; a elaboração dessas hipóteses não poderia ser reduzida a regras, mas dependeria da intuição e do gênio. A teoria ou as hipóteses, assim produzidas, seriam então desenvolvidas, por meio do raciocínio dedutivo, testadas e substituídas, caso necessário. Num sentido geral, todas as inferências indutivas reduzem-se ao método hipotético-dedutivo.

2.4.4 Lógica simbólica

Até agora, o leitor deve ter percebido que procuramos utilizar o mínimo possível de símbolos em nossa abordagem sobre a lógica; a maioria dos exemplos utilizou-se da língua (ou linguagem natural). Entretanto, sabemos que as línguas não são o melhor substrato para o exercício da lógica. Nesse

36 Assim denominados porque foram introduzidos por Francis Bacon (1561-1626) e desenvolvidos por John Stuart Mill (1806-1873).

sentido, a Lógica moderna desenvolveu uma linguagem simbólica artificial, buscando superar a vagueza, as ambiguidades e os equívocos implicados pelo uso da linguagem natural. Essa linguagem artificial permitiria que a Lógica se fixasse em seu objeto, o estudo dos raciocínios, sem se contaminar pelas armadilhas das línguas. Assim, podemos distinguir a Lógica formal (estudo da forma pura dos argumentos, mais próxima, portanto, da Matemática) da informal (estudo dos argumentos particulares em linguagem natural e no contexto no qual eles ocorrem, mais próxima, portanto, da Retórica).[37]

Um dos recursos simbólicos utilizados pela Lógica é o de criar diagramas[38] ou árvores dos argumentos estudados, para, então, analisá-los; assim fica mais fácil identificar os pontos principais dos argumentos, reorganizá-los em forma de raciocínios, montar um esquema e avaliar a correção da dedução ou a estrutura da indução.

Apesar de os símbolos da Lógica formal não serem universais, podem ser identificados os mais utilizados para representar operadores ou conectivos lógicos. O objetivo da lista a seguir é simplesmente familiarizar o leitor com alguns dos mais importantes desses símbolos, com as funções lógicas a eles associadas e com suas formas de representação em linguagem natural. Convém também lembrar que essas relações lógicas são essenciais para a programação em computação, independentemente da linguagem utilizada.

> Conjunção (e): $p \bullet q$, $p \,\&\, q$, $p \wedge q$
> Disjunção (ou): $p \vee q$
> Negação (não, não é o caso que): $\sim p$, $\neg p$, $-p$
> **Implicação** ou **Condicional** (se... então): $p \supset q$, $p \rightarrow q$
> **Bicondicionais** ou **implicação biunívoca** (se e somente se): $a \leftrightarrow b$
> Conclusão (portanto): $\therefore$
> **Equivalência** em valor de verdade (conjuntamente falsos ou conjuntamente verdadeiros): $\equiv$
> Qualquer: ϕ
> Quantificadores: $\exists$ (existe), $\forall$ (qualquer que seja, para todo)

Assim como em Matemática e em programação, símbolos como parênteses e colchetes desempenham função sintática essencial em lógica simbólica.

37 Alguns nomes representativos da Lógica informal seriam Ludwig Wittgenstein, John Austin, Gilbert Ryle e Paul Grice.

38 Um dos exemplos mais populares são os diagramas de Venn.

2.4.5 Falácias

Gostaríamos de definir "falácia" como um erro de raciocínio persuasivo, ou seja, um erro lógico que é utilizado para convencer alguém de alguma coisa. O proponente do argumento falacioso pode ter consciência da incorreção de seu raciocínio, mas, em muitos casos, os raciocínios errados já estão de tal forma imbricados em nossos discursos do dia a dia que passam a ser reproduzidos inconscientemente, perpetuando, assim (apesar da inconsciência de seus usuários), seu poder de persuasão. Costuma-se distinguir os raciocínios viciosos ou sofismas (falácias intencionais) dos paralogismos (raciocínios errados sem o propósito de enganar).

Um dos interesses do estudo das falácias é a possibilidade de isolar a pura forma de muitos argumentos incorretos, ou seja, a estrutura lógica do erro, que, portanto, pode ser identificado independentemente do conteúdo a ele associado. Assim, a compreensão de diferentes tipos de falácias tende a evitar tanto que cometamos incorreções lógicas como que sejamos enganados por argumentos inválidos.

As falácias são muitas vezes separadas em classes (falácias semânticas, indutivas, formais, materiais e outras), o que não faremos aqui, já que nosso propósito não é abordar o assunto sistematicamente e esgotá-lo, mas apenas introduzir o leitor nesse universo maravilhoso da lógica e familiarizá-lo com algumas denominações. Nesse sentido, faremos a seguir uma seleção daquelas falácias que nos parecem mais interessantes.[39] Em alguns casos, o leitor perceberá que não se trata propriamente de uma incorreção lógica, mas de elementos extralógicos que são, em última instância, utilizados para a persuasão.[40]

2.4.5.1 Argumento dirigido contra o homem - *argumentum ad hominem*

Ocorre quando um ponto de vista ou um argumento é rejeitado com base em características do proponente (ou de suas circunstâncias) que não são decisivamente relevantes para a correção do ponto de vista ou do argumento proposto.

39 Para um estudo mais exaustivo de falácias, assim como para a apreciação de diversos exemplos, cf. NOLT; ROHATYN, 1991, p. 344-400; COPI, Irving Marmer. *Introdução à lógica*. Tradução de Álvaro Cabral. 2. ed. São Paulo: Mestre Jou, 1978. p. 73-103, 183-191, et passim; GARCIA, Othan M. *Comunicação em prosa moderna*. 17. ed. reimpr. Rio de Janeiro: Ed. FGV, 1997. p. 307-314; e MATTAR NETO, João A. *Filosofia e administração*. São Paulo: Makron Books, 1997. p. 65-80.

40 Algumas falácias, por razões didáticas, não estão nesse item, como as falácias da afirmação do consequente e da negação do antecedente (expostas no item Dedução), a falácia de ignorar a probabilidade do antecedente (no item Noções básicas de estatística) e a falácia do acento (exposta no subitem Definições e comparações).

Discute-se, assim, em vez do raciocínio, a pessoa que propõe o raciocínio, sua personalidade, as pessoas com as quais ela se relaciona e outros.

Assim, o argumento contra o homem pode ser dividido em ofensivo (quando se dirige contra a pessoa que propõe o argumento), culpa por associação ou envenenando o poço (contra as pessoas com as quais o proponente se relaciona ou as pessoas com quem concorda), *tu quoque* (contra a qualificação do proponente para fazer a afirmação), interesse revestido (contra o interesse do proponente de obter ou de impedir a perda de algo) e circunstancial (contra as circunstâncias do proponente).

2.4.5.2 Argumento da ignorância ou apelo à ignorância – *argumentum ad ignorantiam*

Essa falácia admite duas versões: defender a verdade de uma proposição, pela falta de provas concretas de sua falsidade, ou defender a falsidade de uma proposição, pela falta de provas de sua verdade.

Exemplos:

Não existe nenhuma razão decisiva contra C, então, C é verdadeiro.

(Não existe nenhuma razão decisiva contra a existência de Deus, então, Deus existe.)

Não existe nenhuma razão decisiva a favor de C, então, C é falso.

(Não existe nenhuma razão decisiva a favor da existência de Deus, então, Deus não existe.)

2.4.5.3 Apelo popular – *argumentum ad populum*

Ocorre quando se utiliza a sabedoria popular ou o senso comum como parâmetro para medir a correção de um raciocínio. Aceitamos um argumento porque muitas pessoas também o aceitam, uma razão que não é decisivamente relevante para a verdade ou correção do argumento. O efeito da falácia pode também ser inverso: se praticamente ninguém aceita o seu argumento, então, ele é falso.

Caso a falácia do apelo popular tivesse guiado o progresso do conhecimento humano, muitas das ideias que expusemos em nosso histórico das ciências jamais teriam sido aceitas, e ainda acreditaríamos, por exemplo, que as doenças têm causas sagradas e não naturais, e que a Terra é o centro imóvel do Universo, entre outras.

O que pensar, então, da filosofia do nazismo, que foi defendida e apoiada por boa parte da população alemã durante a Segunda Guerra Mundial? A educação por meio do senso crítico parece-nos uma das únicas armas contra a ameaça da falácia do apelo popular. Há um perigo constante no fato de, a todo momento, sermos forçados a aceitar opiniões, comportamentos e atitudes que representam o consentimento da maioria, que deveriam apontar para o normal e natural. Como afirma Peirce, "As maiorias não formam a sua opinião racionalmente".[41]

2.4.5.4 Apelo à autoridade - *argumentum ad verecundiam*

Ocorre quando aceitamos o testemunho de uma suposta autoridade, que não tem, entretanto, experiência nem conhecimento relevantes na área para o testemunho.

2.4.5.5 Apelo ou recurso à força - *argumentum ad baculum*

Ocorre quando a força é utilizada para obrigar alguém a aceitar uma argumentação, independentemente de sua validade.

2.4.5.6 Apelos emocionais

Ocorrem quando as emoções, e não a correção lógica, levam-nos a aceitar um argumento.

2.4.5.7 Apelo à piedade - *argumentum ad misericordiam*

Um caso específico de apelo emocional, o *argumentum ad misericordiam* ocorre quando um rogo à compaixão ou piedade nos leva a aceitar um argumento que, do ponto de vista lógico, está incorreto.

2.4.5.8 Apelo à imaginação

Quando aceitamos que um argumento está situado no nível da imaginação, e que, portanto, não tem a intenção de ser verdadeiro e/ou válido, bloqueamos nossas faculdades de pensar crítico; como resultado, acabamos aceitando e admitindo muitas das sugestões do argumento, inconscientemente. Assim, o apelo à imaginação acaba funcionando como uma estratégia para mascarar as inconsistências lógicas da argumentação.

---

41 PEIRCE, Sanders. *Collected Papers*. v. 7, 7.367. [Tradução nossa.]

2.4.5.9 Premissas falsas

Um argumento que parte de premissas falsas pode também ser considerado uma falácia, principalmente a partir do momento em que as premissas não são mais questionadas.

2.4.5.10 Falsos axiomas

Uma variação da falácia anterior. Ocorre quando raciocínios são construídos sobre falsos axiomas, verdades aparentes ou relativas, dadas como evidentes por si mesmas e indemonstráveis (ou de demonstração desnecessária, porque evidentes).

2.4.5.11 Falsa causa – *non causa pro causa*

Ocorre ao tomarmos como causa de um evento algo que na verdade não é a sua causa, ou quando, pela sequência temporal de dois acontecimentos, assume-se que o primeiro é a causa do segundo.[42] Grande parte dos fenômenos, efetivamente, não pode ser atribuída a uma causa única, mas sim a um complexo de influências, nem sempre identificáveis. Essa falácia tende, nesse sentido, a ser cometida em avaliações e interpretações de experiências científicas.

Um exemplo caricatural dessa falácia seria o homem que observa pelo buraco da fechadura e vê, sempre, um gato passando de um lado para o outro, deduzindo, de sua observação, que a cabeça é a causa do rabo.

2.4.5.12 Argumento circular ou petição de princípio – *petitio principii*

Esta falácia ocorre ao adotarmos como premissa a própria conclusão que procuramos provar. O raciocínio circular assume, em uma das premissas, o ponto principal que deve ser estabelecido. A própria declaração é apresentada como sua prova, tomando-se como coisa demonstrada o que cabe demonstrar, isto é, admitindo como verdadeiro exatamente aquilo que está em discussão. Caso a premissa e a conclusão fossem formuladas exatamente da mesma forma, o erro seria óbvio, mas normalmente a falácia da *petitio principii* caracteriza-se pela reformulação da premissa e da conclusão que dizem, no fundo, a mesma coisa, de forma que pareça haver progresso no raciocínio.

---

42 Quando uma relação causal é inferida a partir de uma relação temporal entre dois eventos, a falácia da falsa causa denomina-se *post hoc ergo propter hoc*, ou simplesmente *post hoc*.

Exemplo:
Sabemos que Deus existe porque a Bíblia o diz. E o que a Bíblia diz deve ser verdadeiro, dado que foi escrita por Deus e Deus não mente. (Nesse caso teríamos de concordar primeiro que Deus existe para aceitarmos que ele escreveu a Bíblia.)

Variações dessa falácia seriam a redundância (repetir pormenores já implícitos em declaração prévia) e a tautologia (dizer a mesma coisa com outras palavras, simulando um raciocínio).

2.4.5.13 Conclusão irrelevante – *ignoratio elenchi*

Quando se discursa sobre determinada conclusão e se espera que essa conclusão sirva de substrato para a argumentação, cometemos a falácia da *ignoratio elenchi*. No caso, usa-se um argumento que é irrelevante para o raciocínio que se procura provar. Uma conclusão é, portanto, utilizada para provar outra conclusão, apesar de o primeiro argumento ser irrelevante para estabelecer a correção do segundo.

Exemplo 1:
Quando um promotor público afirma que o homicídio é um crime horrível, e discursa longamente nesse sentido, mostrando inclusive os horrores cometidos no crime em questão, isso não prova que o réu cometeu assassinato, apesar de a argumentação ser utilizada nessa direção.

Exemplo 2:
Quando se discursa sobre a beleza e a perfeição do Universo, sobre a força que mantém os astros em movimento e em equilíbrio, e daí se conclui a existência de um Deus criador.

2.4.5.14 Homem de palha

Ocorre quando se confunde uma proposição com outra, mais fraca, e a seguir se ataca a mais fraca. O termo vem da esgrima medieval, em que os participantes se aqueciam praticando contra bonecos (homens de palha) antes de enfrentarem os adversários.

2.4.5.15 Impertinência

Ocorre quando fugimos do assunto, tecendo observações que não têm relação com a matéria tratada.

2.4.5.16 Ambiguidade ou equívoco

Ocorre quando um termo é empregado em diferentes sentidos num argumento, ou seja, quando uma palavra possui mais de um sentido, mas não fica claro na argumentação qual sentido está sendo utilizado (o que pode ser denominado "sentido flutuante").

Northrop mostra-nos a confusão criada, no debate sobre a Mecânica Quântica, pelo fato de o conceito de causalidade possuir dois significados distintos e cientificamente precisos, um mais forte do que o outro. Alguns físicos e filósofos da ciência utilizam a palavra em seu sentido mais forte (Heisenberg, por exemplo), e outros, em seu sentido mais fraco (quando seria, então, sinônimo de determinismo):

> [...] com grande frequência, nem a pessoa que fazia a pergunta a respeito nem, tampouco, o físico que a respondia tinham o cuidado de especificar, na pergunta ou na resposta, se usavam a palavra "causalidade" em sua acepção mais fraca ou naquela mais forte da física moderna. Se alguém perguntar: "mantém-se a causalidade em mecânica quântica?" sem, todavia, especificar se se trata de causalidade em seu sentido mais forte ou no mais fraco, poderá obter respostas aparentemente contraditórias de físicos igualmente competentes.[43]

Um dos casos especiais de ambiguidade é a "falácia da redefinição ilícita", quando um termo é utilizado inicialmente, na argumentação, em um determinado sentido, mas, num segundo momento, esse termo é redefinido.

2.4.5.17 Ignorar contextos intencionais

Termos relativos, que possuem significados diferentes em função do contexto, geram com frequência a falácia da ambiguidade. Caso específico da falácia da ambiguidade, nesse sentido, ocorre quando uso uma expressão ou um termo

43 NORTHROP, 1999, p. 22-23.

em um determinado sentido e você os utiliza com outro sentido, em função de diferentes contextos.

O ato de citar passagens de outros autores já se caracteriza como falacioso, nesse sentido, uma vez que todas as palavras retiradas de seu contexto original têm, em maior ou menor grau, seu significado alterado, se compreendemos que o significado só se determina em relação a um contexto mais amplo.

2.4.5.18 Ignorância do uso de *re*

Ocorre quando se confunde o uso de algo no sentido de direito e de fato.

2.4.5.19 Uso/Menção

As expressões linguísticas podem ser **usadas** para dizer algo (João é o autor deste livro), assim como **mencionadas** como objeto do discurso (João é um nome com quatro letras).

A falácia do uso/menção ocorre de duas formas distintas:

a) coisas que são verdades sobre expressões linguísticas são atribuídas àquilo a que as expressões se referem;
b) características de coisas do mundo são atribuídas a expressões linguísticas que representam aquelas coisas.

2.4.5.20 Anfibologia

Argumentos muitas vezes tornam-se ambíguos por apresentarem falhas em sua construção gramatical: nesses casos, de ambiguidade gramatical, ocorre a falácia da anfibologia.

Exemplo:
"O cachorro do meu namorado me atacou".

2.4.5.21 Ênfase

A acentuação dada a determinada palavra, expressão ou oração de uma proposição pode acabar alterando o sentido da proposição, o que caracteriza a falácia da ênfase. Citações prestam-se com facilidade a gerar essa falácia: grifos do autor muitas vezes não são reproduzidos na citação, ou são acrescentados por quem está utilizando a citação sem a indicação adequada.

2.4.5.22 Vaguidade

Ocorre quando uma palavra ou expressão não aponta para sentido algum, ou aponta para um sentido muito vago.

2.4.5.23 Acidente

Ocorre ao aplicar-se a um caso particular uma regra geral, sendo que na circunstância em questão a regra geral perde seu valor, ou seja, quando aceitamos um argumento com base na aplicação de uma generalização a um caso no qual as circunstâncias tornam a generalização inaplicável. As generalizações não devem ser consideradas universais, ou, como se diz costumeiramente, toda regra tem uma exceção: a falácia do acidente ocorre quando se procura aplicar a regra mesmo aos casos excepcionais.

2.4.5.24 Generalização apressada ou acidente convertido

Caracteriza-se pela indução por exemplos ou casos atípicos, excepcionais, que não caracterizam as regras gerais de um fenômeno ou não abrangem uma quantidade de fenômenos observada que seja significativa e justifique a indução. A generalização apressada baseia-se, portanto, numa amostra não confiável dos eventos analisados. Essa falácia tende a ser utilizada com frequência em conclusões tiradas de experiências científicas.

2.4.5.25 Evidência suprimida ou indutiva

Ocorre por meio da indução que não leva em consideração determinada evidência, a qual desqualificaria a conclusão.

> **Exemplo:**
> Afirma-se que Deus é todo-poderoso e bondoso, por causa de alguma glória que se tenha alcançado; a dramática situação das crianças que, em pleno século XXI, ainda morrem de fome em nosso planeta serviria para desqualificar a afirmação.

2.4.5.26 Analogia defeituosa ou falsa

A e *b* têm certa semelhança, *a* tem a propriedade *x*, então *b* também a tem. Se a similaridade entre *a* e *b* é pequena, ou irrelevante para a propriedade em questão, o raciocínio tende à falácia da analogia defeituosa.

2.4.5.27 Jogador

Algo, por não ter ocorrido recentemente, tende a ocorrer logo: assim se caracteriza a falácia do jogador.

2.4.5.28 Composição

Ocorre quando projetamos as propriedades da parte de um todo para as propriedades do próprio todo, ou as propriedades de indivíduos para as propriedades da coleção desses indivíduos. O que é verdade em relação às partes do todo ou aos indivíduos de uma coleção é, por extensão, considerado verdade em relação ao todo ou à coleção.

No segundo caso, a falácia da composição caracteriza-se pelo fato de podermos nos referir a classes de duas maneiras distintas: distributivamente (tomando seus indivíduos de forma singular) e coletivamente (tomando seus indivíduos de forma coletiva). Assim, quando se afirma que, nos acidentes de avião, morrem mais pessoas do que nos acidentes de carro, comete-se a falácia da composição, pois os termos avião e carro são tomados em seus sentidos distributivos; no sentido coletivo, entretanto, a conclusão é a inversa. Dessa maneira, devemos ficar atentos para a falácia da composição em análises estatísticas que envolvam classes: é importante, nesse sentido, distinguir o uso distributivo e coletivo que fazemos das classes.

2.4.5.29 Divisão

A falácia da divisão estrutura-se de forma inversa à falácia da composição: projetam-se as propriedades do todo para as propriedades de suas partes, ou de um conjunto de elementos para os próprios elementos. Algo que é verdadeiro sobre o todo e sobre a classe é, por extensão, tomado como verdadeiro em relação às partes ou aos elementos da classe.

2.4.5.30 Falsa dicotomia, falso dilema ou "preto no branco"

Ocorre quando definimos um leque de opções (apenas duas, tomando-se a denominação da falácia ao pé da letra) que deveriam dar conta de toda a complexidade de eventos possíveis. A legitimidade de um argumento assim estruturado requer um par de termos, A e B, para exaurir uma classe relevante de objetos (ou estados de coisas) sem resíduo, mas, de fato, A e B não exaurem a classe.

Um interessante exemplo pode ser tirado dos boletins de ocorrência: *Demonstra estar arrependido pela prática do crime por que responde agora, ou acha que a sua atitude foi premeditada e o fim alcançado estava na sua vontade?*.

A pergunta pressupõe que só existam duas possibilidades de estado de espírito do criminoso: o arrependimento ou a premeditação do crime.

2.4.5.31 Pergunta complexa

Ocorre toda vez que uma pergunta já assume determinada resposta ou posição.

Outro exemplo pode também ser tirado dos boletins de ocorrência: *Praticou o delito quando estava alcoolizado ou sob forte emoção?*.

Nesse caso, além da falsa dicotomia também envolvida, a pergunta já pressupõe que o interrogado tenha praticado o crime.

2.4.5.32 Quatro termos - *quaternio terminorum*

Três termos devem estar envolvidos em qualquer silogismo categórico válido, nem mais, nem menos. Todo silogismo categórico que contenha mais de três termos carece de validade.

2.4.5.33 Termo médio não distribuído

Ocorre quando o termo médio (aquele que ocorre nas duas premissas de um silogismo) não se encontra distribuído em nenhuma das premissas.[44]

2.4.5.34 Processo ilícito

Ocorre quando a conclusão de um silogismo distribui um termo que não estava distribuído nas premissas, dizendo mais sobre esse termo do que as premissas. Essa falácia pode ser dividida em Ilícito do Termo Maior e Ilícito do Termo Menor.[45]

---

44 Um termo está distribuído, numa proposição, quando esta se refere a todos os membros designados por esse termo. COPI, 1978, p. 185.

45 O termo predicado da conclusão é denominado o termo maior do silogismo, e o termo sujeito da conclusão, o termo menor. COPI, 1978, p. 167.

2.4.5.35 Premissas exclusivas

Ocorrem no caso de um silogismo categórico de forma típica[46] que possui duas premissas negativas.

2.4.5.36 Extrair uma conclusão afirmativa de uma premissa negativa

Se uma ou outra das premissas de um silogismo categórico válido de forma típica é negativa, a conclusão deve ser negativa. Caso contrário, comete-se uma falácia.

2.4.5.37 Existencial

Nenhum silogismo categórico válido de forma típica, com uma conclusão particular, pode ter duas premissas universais, caso em que se estaria cometendo a falácia existencial.

2.4.6 Lógicas heterodoxas ou não clássicas

Segundo Newton da Costa, o surgimento e a expansão das lógicas heterodoxas podem ser considerados duas das maiores revoluções de nosso tempo, talvez semelhantes à revolução provocada pelo surgimento das geometrias não euclidianas; essas novas lógicas mostraram, entre outras coisas, que logicidade e racionalidade não se identificam: nas sistematizações racionais, podem ser utilizadas lógicas distintas da clássica ou ortodoxa, caso isso seja conveniente.[47]

A lógica clássica ou aristotélica envolve três princípios fundamentais: identidade (A é A: todo objeto ou proposição é igual ou equivalente a si mesmo), não contradição (A ou não A: de duas proposições contraditórias, apenas uma pode ser verdadeira) e terceiro excluído (ou A ou não A: não existe uma terceira opção; de duas proposições contraditórias, uma é verdadeira).

Ainda de acordo com Newton da Costa, um sistema lógico pode ser denominado heterodoxo ou não clássico quando sua linguagem diferir sensivelmente da linguagem da lógica clássica, ou quando nele não tiver valor algum dos princípios centrais da lógica clássica (como os indicados anteriormente).[48] Teriam nascido assim, a partir da modernidade, lógicas alternativas, complementares, heterodoxas ou rivais da clássica, que Newton da Costa divide em quatro classes:

---

46 Silogismo em que as premissas e a conclusão são proposições categóricas de forma típica, ou seja, asserções sobre classes, afirmando ou negando que uma classe esteja incluída em outra, no todo ou em parte.

47 COSTA, 1993, p. 13.

48 COSTA, 1993, p. 16.

a) **paraconsistentes:**[49] que possuem teoremas contraditórios, desafiando, assim, o princípio da não contradição;
b) **paracompletas:**
   - que desafiam a validade universal da lei do terceiro excluído, como a lógica intuicionista de Brouwer-Heyting;
   - que desafiam o princípio da bivalência ("toda proposição é verdadeira ou falsa"), como as lógicas paracompletas de J. Lukasiewicz e E. L. Post;
   - lógica *fuzzy*, cujos valores de verdade difusos dependem do campo de indagação considerado; a lógica *fuzzy* está entre as lógicas da vaguidade ou dos conceitos vagos;
c) **não aléticas:** simultaneamente paraconsistentes e paracompletas e que se aplicam à Ética, ao Direito e à Ciência da Computação;
d) **não reflexivas:** que infringem a lei da identidade e se aplicam, por exemplo, à Física Quântica.

O cientista tem hoje à sua disposição um verdadeiro acervo de lógicas não clássicas, formuladas com os propósitos de substituir ou complementar a lógica aristotélica: lógicas polivalentes, lógica modal comum, lógica do tempo, sistemas lógicos de Lesniewski, teoria ramificada dos tipos de Russell e outras. Não cabe, em nossos propósitos, discuti-las com mais detalhes, inclusive perante a complexidade do assunto, mas a referência serve como conclusão de fato para a nossa discussão sobre a multiplicidade das lógicas e, por consequência, das ciências.

2.5 NÚMEROS: A LINGUAGEM DAS CIÊNCIAS

Ao mesmo tempo que a modernidade é marcada por essa primazia da Matemática como ciência fundamental para todas as outras ciências, assistimos a um uso indiscriminado de números, gráficos e tabelas sem a necessária explicação sobre o processo de coleta de dados, o significado das variáveis utilizadas etc.

49 O próprio Newton Carneiro Affonso da Costa, filósofo e matemático brasileiro, é considerado o criador da lógica paraconsistente por sua tese de cátedra "Sistemas formais inconsistentes", de 1963, na Faculdade de Filosofia, Ciências e Letras da Universidade Federal do Paraná.

Os números adquiriram, assim, um valor absoluto, como se pudessem ser sempre, e *a priori*, portadores de informações, independentemente de sua interação com outras informações. Nesse sentido, os dados numéricos e estatísticos são utilizados como se possuíssem um estatuto científico que os tornaria indiscutíveis e irrefutáveis.

Ora, sabemos que não é isso o que ocorre. O Produto Interno Bruto (PIB), por exemplo, é representado por um número. Mas o que efetivamente mede esse número? Riqueza como estoque ou fluxo? Inclui os serviços? Inclui a economia informal? Inclui o trabalho doméstico? Inclui o custo para a aquisição de linhas telefônicas, que era astronômico no Brasil há alguns anos, e hoje é praticamente equivalente a zero? Dependendo dessas respostas, o PIB adquire valores diferentes, e o número aponta para um significado distinto. Portanto, quando alguém utiliza alguma cifra macrossocial e pede que meditemos sobre o dado, caracteriza-se desde o princípio algo de errado e falacioso: deveríamos, inicialmente, ser convidados a meditar sobre a forma como esse dado foi obtido, sobre o que foi incluído e o que foi excluído para se chegar a esse valor, para daí, então, ser possível extrair algum significado do número.

Há, nesse sentido, uma confusão entre a **Estatística**, de um lado, um conjunto de técnicas matemáticas de certo modo universais para o tratamento de dados numéricos (a disciplina que nos é ensinada em cursos universitários), e, de outro lado, as **estatísticas**, os resultados da observação. Ocorre que, para obtermos dados, não nos utilizamos apenas de estatística em seu sentido estrito, mas de técnicas de medição, de opções, de formas de dividir e classificar a realidade etc. E o pulo (precipitado) fica caracterizado quando abstraímos todas essas outras operações e consideramos que o resultado estatístico do tratamento dos dados espelha diretamente o comportamento dos objetos: "[...] as estatísticas não se reduzem a uma enumeração, a uma fotografia quantitativa de uma realidade que seria a mesma para todos os observadores".[50] As estatísticas não são, portanto, uma medida, mas um processo de observação e modelização. Segundo Besson, a realidade é filtrada por um modelo conceitual que existe por trás das informações produzidas; portanto, todo quadro de cifras tem uma dupla natureza: qualitativa e quantitativa. Sua estrutura, o título das linhas e das colunas traduzem a modelização preliminar do fenômeno.[51]

---

50 BESSON, Jean-Louis (Org.). *A ilusão das estatísticas*. Tradução de Emir Sader. São Paulo: Ed. UNESP, 1995. p. 26.

51 BESSON, 1995, p. 47.

A Estatística mostra os índices da realidade, que são muitas vezes confundidos com a própria realidade. Podemos falar, então, da ilusão dos números. Não se trata de desprezar a Matemática, mas da necessidade de se justificar o emprego do número. Os números são uma abstração, uma imagem mental, cujos símbolos são os numerais. O mesmo se pode dizer das expressões matemáticas ou químicas, representadas pelas fórmulas. Ou seja, não há "números" nem "fórmulas" na natureza, os números e sua simbologia são uma criação do ser humano durante seu processo de adaptação e de interação com a realidade e sua tentativa de compreendê-la mais profundamente. Portanto, a utilização da Matemática implica uma série de pressupostos, de decisões, de estratégias intelectuais que não pode ser desprezada pela pura e simples apresentação do resultado numérico.

Da mesma forma, a similitude, que permite aproximar seres e agrupá-los para as abordagens estatísticas, é um princípio de equivalência desenvolvido pelo ser humano: "A comensurabilidade não é uma propriedade dos objetos, mas uma qualidade que lhes atribui o observador".[52]

Um quadro de cifras é uma das perspectivas possíveis por meio da qual poderíamos abordar um fenômeno. As cifras utilizadas em nossas medições da realidade precisam ser comparáveis, para que seja gerado algum tipo de informação por meio da análise numérica. A média estatística não tem praticamente significado nenhum, caso não se conheça a dispersão dos casos individuais. Pequenas variações, por sua vez, podem não ser significativas, e podem inclusive fazer parte da margem de erro. Muitos fenômenos são sazonais, e, nesses casos, dependendo do período medido, podem-se obter resultados numéricos completamente distintos, gerando conclusões opostas. Dados absolutos muitas vezes apontam para um significado totalmente diverso do que quando tomados num sentido relativo. São também inúmeros os problemas que podem derivar do trabalho com amostragem de populações.

Assim, no trabalho científico, é necessário que nos posicionemos muitas vezes num patamar metaestatístico, no qual se estabelece o conhecimento sobre o conhecimento estatístico; afinal, submersos por estatísticas de todos os tipos, sem essa perspectiva metaestatística acabamos por nos sentir perdidos. Mas justamente as dificuldades do próprio tratamento estatístico dos dados, e principalmente desse movimento necessário de se elevar por cima dos números e refletir sobre o método utilizado, levam cientistas a contratar estatísticos

52 BESSON, 1995, p. 45.

para realizar o trabalho da Estatística, o que a princípio pode soar natural e óbvio. Nesses momentos, entretanto, o trabalho científico cinde-se: o estatístico deve analisar os dados, e o cientista, por sua vez, fica responsável por tirar conclusões a partir dos resultados analisados. Como se os números falassem por si e seus únicos ouvintes fossem os estatísticos. Como se o próprio projeto de pesquisa e o tema escolhido já não implicassem escolhas que influenciam os resultados numéricos. Como se fosse possível alguém manipular dados e outra pessoa tirar conclusões científicas desses dados manipulados, sem o domínio dos métodos de manipulação utilizados e muito menos a capacidade de avaliá-los, discuti-los e criticá-los. Essa divisão de funções, nociva às ciências, apresenta-se não apenas nos trabalhos de iniciação científica, mas também no caso de cientistas de alto gabarito, que transferem ao estatístico o poder absoluto de manipulação dos dados e creem que, após essa manipulação, o estatístico devolverá informações, cabendo então aos cientistas simplesmente concluir. Em muitos trabalhos de pós-graduação, nas ciências empíricas ou naturais, a parte estatística está redigida numa linguagem tão distinta do restante do texto que fica claro que ela foi elaborada por uma outra pessoa que não o autor: durante a arguição, uma simples pergunta que exija reflexão sobre o método estatístico utilizado pode acabar por demonstrar a fragilidade do trabalho como um todo.

Enfim, o trabalho científico não se concretiza apenas com a chegada triunfal ao número. Há um perigo no trabalho com um ponto fixo, seja ele um número inicial ou final. Em ciência, a avaliação do método utilizado é essencial para a análise dos números obtidos. É seu método de medir, tanto quanto o objeto e os resultados da mensuração, que o cientista deve descrever.

Mas a questão do uso dos números em ciências não se esgota aqui. A complexidade apresenta-se também num outro nível: superados os problemas da modelização, da observação e coleta dos dados, e da manipulação e do tratamento matemático dos dados obtidos, a que conclusão se pode chegar? Como é possível, enfim, obter um significado para os dados? É necessário interpretar os números e dados obtidos. Num sentido ainda mais amplo, é necessário interpretar os resultados da experiência, tirar conclusões do teste de uma hipótese, e esse processo envolve outra série de dificuldades lógicas.

Os juros exorbitantes praticados durante o governo de Fernando Henrique Cardoso, que eram duramente criticados por todos, inclusive pelo Partido dos Trabalhadores (PT), como causa direta da recessão que atingia nosso país, são um exemplo interessante. A partir do momento em que o PT assumiu o poder, em 2003, os mesmos juros altos passaram a ser justificados pelo governo Lula como estratégia necessária para sustentar a distribuição de riquezas no país. Realizamos sempre, em última instância, uma projeção sobre os números; eles não existem num estado de pureza absoluto.

Os dados relativos à saúde financeira das empresas, públicas ou privadas, são também um excelente exemplo de como os números podem ser manipulados. Pode-se, por exemplo, afirmar que uma empresa está tendo um desempenho melhor, em relação a um período anterior, porque seu faturamento aumentou. Mas o valor do faturamento de uma empresa, tomado em seu absoluto e isolado de uma série de outros dados contábeis, não tem significado nenhum. Se a empresa oferece, por exemplo, produtos importados, deve ser levada em consideração a variação da taxa cambial nos dois períodos para uma melhor avaliação do suposto aumento de faturamento. Além disso, faturamento não equivale a lucro. O faturamento de uma empresa pode ter aumentado sensivelmente, mas nada impede que ela tenha sido lucrativa com o faturamento mais baixo, e, agora, com um faturamento mais alto, seja deficitária. Mesmo quando se diz que o lucro de uma empresa aumentou, é preciso estudar qual método é utilizado para calcular o custo de mercadorias vendidas, ou mesmo as estratégias contábeis para classificar gastos como despesas ou ativos, pois isso modifica completamente os resultados obtidos. Temos inclusive assistido a uma crise na confiança dos investidores, principalmente norte-americanos, no mercado de ações, resultado de manipulações feitas em balanços patrimoniais e demonstrações de resultados de grandes empresas.

O objetivo desta breve reflexão a respeito do uso dos números não é nos levar a duvidar da ciência em geral, mas sim nos fazer perceber que podemos (e devemos) sempre questionar o método que utilizamos em nosso trabalho, pois os métodos são falíveis e determinantes nos resultados das experiências.

A seguir, apresentaremos alguns conceitos fundamentais de manipulação estatística de dados. Entretanto, a Estatística será objeto de vários outros itens de nosso texto. Durante a descrição da estrutura do trabalho científico, será apresentada a função das tabelas e dos gráficos. Ao abordarmos a pesquisa, especialmente a experimental e a de campo, serão discutidos os princípios de modelagem da realidade, observação e coleta de dados. Ao abordarmos a produção do trabalho científico, um item específico tratará do uso de planilhas e gráficos. Finalmente, a Estatística também será tratada ao discutirmos a apresentação do trabalho científico.

2.5.1 Noções básicas de Estatística

É importante deixar claro que não se pretende, a seguir, substituir os textos de Estatística, em que são propostos conceitos, exemplos e exercícios, e aos quais remetemos o leitor que necessite, em seu trabalho, de intensa manipulação e análise de dados numéricos. As poucas páginas que seguem propõem-se, simplesmente, a apresentar e/ou recordar alguns conceitos básicos e amplamente utilizados em Estatística.

A Estatística, num sentido amplo, envolve o desenvolvimento de processos, métodos e técnicas de coleta, classificação, organização, resumo, análise e interpretação de dados.[53] Nesse sentido, as atividades básicas da Estatística seriam o planejamento para a obtenção, a organização e o resumo dos dados, a estimativa de um valor desconhecido (previsão) e os testes de hipóteses. A partir de observações, realizamos **inferências estatísticas** para compreender como a população dessas observações funciona. Já quando nos confrontamos com coleções de dados, a Estatística nos auxilia a classificar e analisar esses dados, assim como a resumir suas características.

As **medidas de tendência central** são bastante utilizadas para analisar e interpretar um conjunto de dados.

A **média (aritmética)** é o resultado da divisão da soma de todos os elementos de uma série ($x_1, x_2, ..., x_n$) pelo seu número de elementos (n):

$$\overline{X} = \frac{\sum_{i=1}^{n} X_i}{n} \quad \text{(2.1)}$$

No caso da **média ponderada**, atribuem-se pesos diferentes para cada elemento da série.

Já a **mediana** (m) tem outro significado: numa série ordenada de forma crescente, a mediana é o valor de observação que divide essa série em duas metades iguais, uma delas com valores inferiores ao valor da mediana e a outra com valores superiores. Numa série com um número ímpar de elementos, a

53 LAPPONI, Juan Carlos. *Estatística usando Excel 5 e 7*. São Paulo: Lapponi, 1997. p. 4.

mediana é igual ao elemento central da série; numa série com número par de elementos, a mediana é igual à média dos dois elementos centrais.

Assim, na série {1, 3, 5, 7}, a média é igual à mediana (4); já na série {2, 3, 10}, a média é igual a 5, e a mediana é igual a 3.

A **moda** é o valor da série (ou intervalo, no caso de dados não discretos, mas contínuos) que mais se repete, isto é, que se apresenta com mais frequência. Assim, na série {0, 2, 2, 2, 3, 5, 5, 6}, a moda é o número 2.

As medidas de tendência central mostram apenas a tendência central de uma distribuição de frequências. Para completar a informação a respeito da distribuição, são também fundamentais as **medidas de dispersão** dos valores, que procuram representar como os fenômenos observados variam.

O **intervalo de variação** (desvio total ou amplitude amostral) das observações é a diferença entre os valores máximo e mínimo de uma série.

O **desvio médio absoluto** equivale à soma dos valores absolutos dos desvios de cada elemento (em relação à média) dividida pelo número de elementos da série. Assim, na série {1, 3, 6, 6}, a média é igual a 4, e o desvio médio absoluto é igual a $(|1 - 4| + |3 - 4| + |6 - 4| + |6 - 4|)/4 = 2$.

A **variância** (s^2) equivale à soma dos quadrados dos desvios (em relação à sua média) dividida pelo número de elementos da série menos um (n – 1), o que, na série indicada anteriormente, seria igual a $[-3^2 + (-1)^2 + 2^2 + 2^2]/3 = 6$:

$$s^2 = \frac{(x_1 - \bar{x})^2 + (x_2 - \bar{x})^2 + (x_3 - \bar{x})^2 + \ldots + (x_n - \bar{x})^2}{(n-1)} = \frac{\sum_{i=1}^{n}(x_i - \bar{x})^2}{(n-1)} \quad \textbf{(2.2)}$$

O **desvio-padrão** equivale à raiz quadrada positiva da variância (na série anterior, o valor do desvio-padrão seria 2,45). Quanto maior o valor do desvio-padrão, maior a dispersão dos dados (em relação à média).

O **coeficiente de variação** (CV) é a relação entre o desvio-padrão e a média. Considera-se que se o CV ≤ 15%, a distribuição tem baixa dispersão; se 15% < CV < 30%, a dispersão é média; e se CV ≥ 30%, a dispersão é alta.

As técnicas de **probabilidade** permitem que, a partir do conhecimento da maneira como uma população funciona, obtenhamos as probabilidades de acontecimento dos resultados desejados. O **espaço amostral** é o conjunto de todos os resultados possíveis e diferentes de um experimento aleatório. O **evento amostral** equivale a um ponto específico do espaço amostral. Num

espaço de probabilidade finito, ocorrem diversos eventos, cuja probabilidade total é de 100%. A probabilidade da ocorrência de um determinado evento (E) é igual à quantidade possível de suas ocorrências distintas (h) dividida pelo número total de ocorrências possíveis (N): Pr{E} = h/N. A isso se denomina sua probabilidade de sucesso, enquanto sua probabilidade de insucesso é igual a 1 – Pr{E}. A **frequência relativa** equivale às observações de um determinado fenômeno divididas pelo número total de observações.

Existe uma interessante falácia estatística, denominada **falácia de ignorar a probabilidade do antecedente**. Fica provado que 99,99% dos elementos do grupo A possuem uma determinada característica *x*. Observo, então, um elemento com essa característica, e concluo que ele pertence ao grupo A. No caso, nada foi dito a respeito da probabilidade de um elemento com a característica *x* pertencer a A; ao contrário, afirmou-se apenas uma qualidade de quase todos os elementos de A. Para ser possível chegar a alguma conclusão, teríamos de saber a probabilidade de elementos com a característica *x* pertencerem a A.

É também importante, em Estatística, o estudo das **medidas numéricas relacionadas com duas séries de dados tomadas ao mesmo tempo** (ou dados bivariados), quando se estuda, por exemplo, uma população composta por pares de dados.

O **coeficiente de correlação linear** (r), que procura representar a relação linear entre dois fatores, calcula-se da seguinte forma:

$$= \frac{S_{XY}}{\sqrt{S_{XX}}\sqrt{S_{YY}}} \qquad S_{XY} = \sum_{i=1}^{n} (x_1 - x)\,(y_1 - \qquad \textbf{(2.3)}$$

A **covariância** é igual ao resultado da divisão da soma dos produtos dos desvios das duas séries pelo número de observações *n* no caso da população e (*n* – 1) no caso de amostra.

É natural que as relações entre fenômenos e variáveis tendam a ser bem mais complexas do que o estudo de variáveis individuais ou correlações entre dois fenômenos. Nossa capacidade de compreender o mundo estatisticamente fica, então, limitada à nossa capacidade de raciocínio e mensuração, ou seja, aos modelos de realidade que nossa mente é capaz de construir. Nesse sentido, a computação sem dúvida amplia nossas capacidades mentais por meio dos poderosos *softwares* e sistemas especialistas disponíveis hoje, que nos permitem até mesmo simular cenários diversos e complexos, e assim definir a melhor estratégia a ser seguida em situações em que a mente humana fatalmente imporia limites para a adequada simulação.

2.6 MOVIMENTOS METODOLÓGICOS

Abordaremos alguns dos mais importantes movimentos e autores que procuram discutir, em um sentido amplo, os métodos em ciências. Como já dissemos, não cabe aqui discutir os métodos específicos de cada ciência. O leitor poderá estranhar, entretanto, a ausência do racionalismo e do idealismo. Nós não os consideramos propriamente movimentos que discutem metodologia científica, mas sim denominações genéricas para posturas filosóficas que marcam toda a história da Filosofia e das ciências, e que, de certa maneira, até mesmo determinam a perspectiva de alguns dos movimentos discutidos a seguir.

2.6.1 Empirismo

O empirismo pode ser entendido, num sentido bem amplo, como uma postura filosófica, assim como o racionalismo e o idealismo. Nós nos referimos, aqui, especificamente ao empirismo inglês, cuja linhagem passa por Francis Bacon (1561-1626), John Locke (1632-1704), George Berkeley (1685-1753) e David Hume (1711-1776).

O empirismo inglês afirmará, de uma forma geral, que a única fonte de nossas ideias é a experiência sensível, valorizando assim os sentidos. O empirismo acabou funcionando, na história do pensamento, como um movimento que fundará todas as correntes anti-idealistas, que defendem que o pensamento humano deva ser compreendido pela experiência efetiva, e não pela abstração do real.

Se é claro que o empirismo não determinou o desenvolvimento das ciências naturais ou empíricas contemporâneas, ajudou sem dúvida a construir uma atmosfera intelectual que se coaduna perfeitamente com os métodos dessas ciências. Nesse sentido, os empiristas ingleses destacam a importância da sensação e da experiência, e discutem temas importantes como o uso das hipóteses, a estrutura do raciocínio indutivo, a importância da probabilidade etc.

2.6.2 Positivismo e neopositivismo

Ao positivismo associa-se o ideal de neutralidade nas ciências. Seu principal nome é Auguste Comte (1798-1857). Para ele, a ciência seria o conhecimento por excelência. Os conceitos e as expressões possuem significado se, e apenas se, puderem ser relacionados a eventos reais por meio de operações de mensuração, ou seja, se forem operacionalizados.

A extensão do positivismo é o neopositivismo (positivismo lógico ou empirismo lógico), que também destaca a importância da operacionalização. O neopositivismo caracteriza-se pela combinação de ideias empiristas com a Lógica moderna (Hilbert, Peano, Frege, Russell, Wittgenstein). O movimento surgiu na Áustria, com o "Círculo de Viena" — fundado pelo filósofo Moritz Schlich em 1924, durou até 1936 —, na Alemanha e na Polônia. Muitos de seus principais filósofos emigraram para os Estados Unidos ou para a Inglaterra, fugindo do nazismo. Alguns de seus nomes mais importantes são Rudolf Carnap (1891-1970), Herbert Feigl (1902-1988), Otto Neurath (1882-1945) e Friedrich Waisman (1896-1959).

Para o neopositivismo, a verificabilidade seria o critério de significação de um enunciado. O sentido das proposições científicas dependeria, portanto, de sua verificabilidade empírica. Assim, as ciências empíricas, guiadas pela Lógica e pela Matemática para manter o rigor e a correção de suas teorias, esgotariam o conhecimento possível do real. O neopositivismo destaca-se também, nesse sentido, pelas investigações centradas num critério de demarcação que separaria as proposições científicas das não científicas.

2.6.3 Pragmatismo

O pragmatismo está associado ao filósofo, matemático, lógico e cientista norte-americano Charles Sanders Peirce (1839-1914). Há outros nomes importantes de pragmatistas clássicos, além de Peirce, como Ralph Waldo Emerson, William James e John Dewey, assim como de pragmatistas contemporâneos, como Richard Rorty, Hilary Putnam, Stanley Fish, Nancy Fraser, Cornel West, Ian Hacking, Richard Poirier e Stanley Cavell.[54] De origem filosófica, o pragmatismo apresentará ramificações na política, na educação e na crítica literária, para se constituir como um método científico.

---

54 Cf. GOODMAN, Russell B. (Ed.). *Pragmatism:* a contemporary reader. New York: Routledge, 1995, que apresenta um capítulo sobre cada um desses autores.

Para os pragmatistas, a clareza de nossas ideias implica concebermos seus efeitos práticos, ou seja, sensações e reações associadas com o objeto do pensamento. A máxima pragmatista diz que, para clarificar, para "desenvolver" o significado de uma concepção, é preciso determinar que hábitos ela produz, pois aquilo que uma coisa significa são simplesmente os hábitos que ela envolve.[55] O pragmatismo busca os resultados, mais do que as origens, em nossa compreensão das ideias. Assim, equivale aos procedimentos experimentais básicos das ciências de laboratório, e poderia ser empregado em qualquer campo do conhecimento. Sinônimo, portanto, do método experimental das ciências para adquirir e desenvolver o conhecimento humano.

A estrutura do método científico, segundo o pragmatismo, dividir-se-ia em identificar o problema, oferecer uma hipótese explanatória usando meios abdutivos e testar nossa hipótese contra o problema por meios dedutivos. O que poderia ser resumido pela tríade problema – hipótese – teste. A estrutura básica do método do pragmatismo para a aquisição e o desenvolvimento do conhecimento humano, portanto, implica três passos:

a) identifique o problema que você tem em mãos, seja pela experiência comum, como você aprende, ou pelos fatos ou explicações especiais ou peculiares da sua disciplina acadêmica;
b) produza, usando toda a criatividade possível, uma explicação ou, ainda melhor, uma hipótese explanatória (algo passível de teste) que você acredite que possa pelo menos parcialmente resolver o problema;
c) teste a sua explicação cuidadosa e repetidamente, sobretudo a sua hipótese, contra aquilo a que ela está programada a explicar, principalmente o problema, e com o mesmo cuidado (ou ainda mais cuidado) observe e anote os resultados desse teste buscando erros.[56]

O pragmatismo seria, nesse sentido, o método dos métodos, ou o método dos outros métodos. Seriam seus métodos subsidiários o **raciocínio abdutivo**, do qual derivam as hipóteses que são selecionadas para testar o **raciocínio dedutivo**, pelo qual, idealmente, a certeza do conhecimento é expressa e pelo qual, com a finalidade de certeza, hipóteses erradas são eliminadas de nosso conjunto de explicações; e o **raciocínio indutivo**, pelo qual, sobretudo, proba-

---

55 PEIRCE, Sanders. *Collected Papers*. v. 5. Pragmatism and pragmaticism, 5.400. [Tradução nossa.]

56 STEWART, Arthur Franklin. *Elements of knowledge*: pragmatism, logic, and inquiry. Rev. and expanded ed. Nashville: Vanderbilt University Press, 1997. p. 22-23. (Lamar philosophical studies, 3). [Tradução nossa.]

bilidades são examinadas e, de acordo com elas, hipóteses que sobrevivem a nossos exercícios de eliminação dedutiva são consideradas, para investigações futuras.[57] O que poderia ser resumido pelo diagrama a seguir:

Diagrama 2.1 - Pragmatismo

	Hipótese	→ Teste
Problema →	|	|
	Abdução	Dedução → Indução

Fonte: STEWART, 1997, p. 31, diagrama 1.3.

2.6.4 Marxismo e dialética

É importante distinguir o marxismo como **metodologia** do marxismo como **programa social**.

Como método, é necessário destacar pelo menos dois aspectos do marxismo. Em primeiro lugar, o marxismo, ao descrever o movimento da realidade e do próprio pensamento por meio de uma dialética tese/antítese/síntese, defende a necessidade do trabalho com a negação e com a contradição: por meio da confrontação entre as ideias, seria possível gerar uma síntese, que por sua vez deveria ser submetida a uma nova contradição, e assim por diante.

Em segundo lugar, o marxismo é importante por defender que os níveis econômico, jurídico-político e ideológico devem ser estudados no processo de construção do conhecimento. Assim, o marxismo insiste que essas perspectivas devem ser levadas em conta, nas ciências humanas, para a análise e interpretação dos fenômenos relacionados ao ser humano, e, em relação às ciências empíricas, introduz uma perspectiva de estudar a verdade científica em sua exterioridade, ou seja, não apenas por meio do desenvolvimento interno das ciências, de seus métodos e sua lógica, mas também das influências socioeconômicas que determinam o seu progresso, a maior ou menor aceitação das teorias científicas, a transmissão do conhecimento científico etc.

2.6.5 Estruturalismo

O estruturalismo desenvolve-se na França, entre os anos 1950 e 1960, envolvendo os campos da Psicanálise e da Psicologia (a *gestalt* data já desde o início

57 STEWART,1997, p. 26.

do século XX), da Filosofia, da Antropologia, da Linguística, das Ciências Sociais, da Crítica Literária e da Semiótica, incluindo a Matemática e a Lógica, a Física e a Biologia. Nomes de destaque no movimento são os linguistas Ferdinand de Saussure (com seu clássico *Curso de linguística geral*), Roman Jakobson, A. J. Greimas e Louis Hjelmslev; o antropólogo Claude Lévi-Strauss; os filósofos Michel Foucault, Jacques Derrida e Michel Serres; o estudioso da cultura grega Jean-Pierre Vernant; o psicólogo Jacques Lacan; além de Roland Barthes, Louis Althusser, Gérard Genette, Pierre Bourdieu e George Dúmezil.

O estruturalismo defende que a realidade é composta de estruturas. Assim, seria possível encontrar e estudar estruturas em arquitetura, no corpo, nas línguas, na Psicologia, na Matemática, na Geologia, na Anatomia, e inclusive nas ciências humanas e sociais. O método das ciências, portanto, seria identificar essas estruturas e explicar como suas partes organizam-se numa totalidade, formalizando-as. Entretanto, a estrutura não deveria ser necessariamente entendida como algo estático, mas sim como uma totalidade que se transforma e se autorregula.

2.6.6 Popper e a falseabilidade[58]

Karl Popper é bastante conhecido como o introdutor do critério de falseabilidade para diferenciar as teorias científicas dos discursos não científicos. Um conceito científico deve ser refutável ou falseável, ou seja, deve ser possível admitir uma situação prática, como resultado de uma experiência, em que esse conceito possa ser desmentido. Uma teoria científica deve implicar a possibilidade de sua contradição: as teorias que não admitem sua possível negação pela experiência não seriam científicas.

Em linhas gerais, Popper defende a substituição do método indutivo por um método hipotético-dedutivo. Ele se propõe a responder às seguintes questões, com o objetivo de distinguir ciência e pseudociência: “Quando uma teoria deve ser classificada como científica?” e “Há um critério para o caráter ou estatuto científico de uma teoria?”.

Nessa direção, Popper realiza uma crítica à teoria da história de Marx, à psicanálise freudiana e à psicologia individual de Alfred Adler: há muitas

58 Esse resumo de algumas ideias de Karl Popper não foi realizado a partir de seu livro capital, *A lógica da pesquisa científica* (referenciado na bibliografia selecionada), mas sim de uma palestra proferida em 1953, em Cambridge, transformada posteriormente no primeiro capítulo de seu *Conjectures and refutations*: the growth of scientific knowledge. New York: Basic Books, 1965, em que Popper resume e comenta as ideias de seu *A lógica da pesquisa científica*.

verificações de suas verdades, e essas teorias acabam por ser sempre confirmadas. Para Popper, as confirmações devem ser classificadas como científicas apenas se forem o resultado de uma previsão que tiver assumido riscos. Uma teoria científica seria, então, uma proibição: quanto mais proíbe, melhor. Uma teoria que não é refutável por nenhum evento concebível não deve ser considerada científica; para assumir tal estatuto, ela deve ser incompatível com certos resultados possíveis da observação. A irrefutabilidade, portanto, não é uma virtude de uma teoria, mas um vício. Todo teste genuíno de uma teoria seria uma tentativa de falsificá-la, ou refutá-la: testabilidade significa falseabilidade. Uma evidência que confirme a teoria não deve ser levada em conta se não se caracterizar como o resultado de um teste genuíno, ou seja, se não puder ser apresentada como um exercício sério (mas fracassado) de falsear a teoria (o que Popper denomina "evidência corroboradora").

O critério para determinar o estatuto científico de uma teoria é, então, a sua falseabilidade, refutabilidade ou testabilidade. Na astrologia, por exemplo, as interpretações e profecias são construídas de forma tão vaga que são capazes de explicar tudo, tornando-se, então, irrefutáveis. De outro lado, os seguidores de Marx reinterpretaram sua teoria (em face das evidências que a contradiziam) tornando-a irrefutável, destruindo assim suas reivindicações de estatuto científico. As duas teorias psicanalíticas (Freud e Adler) caracterizavam-se como não testáveis ou irrefutáveis: não havia nenhum comportamento humano concebível que as pudesse contradizer.

O problema que Popper procurava resolver, ao propor um critério de falseabilidade, não era nem um problema de significação, nem um problema de verdade ou aceitabilidade, mas sim o de traçar uma linha divisória (tão bem quanto é possível fazê-lo) entre as afirmações (ou sistemas de afirmações) das ciências empíricas, de um lado, e as outras afirmações (sejam elas de caráter religioso ou metafísico, ou simplesmente pseudocientíficas), de outro lado. O critério da falseabilidade é uma solução para esse problema de demarcação, pois ele sustenta que, para que as afirmações ou os sistemas de afirmações possam ser classificados como científicos, devem ser capazes de conflitar com observações possíveis ou concebíveis.

Popper discute ainda, entre outros temas, o problema da indução. Para ele, em vez de esperarmos, passivamente, que repetições impressionem ou imponham regularidades sobre nós, procuramos, ao contrário, ativamente impor regularidades sobre o mundo. Nós procuramos descobrir similaridades no mundo, e interpretá-lo em termos de leis inventadas por nós. Existiria uma tendência inata e *a priori* no ser humano de achar regularidades. Sem esperarmos por premissas, nós pulamos para as conclusões. Estas podem ter de ser descartadas posteriormente, se a observação mostrar que elas estavam erradas. Popper propõe, assim, uma teoria de tentativa e erro — de conjecturas e refutações. Essa teoria possibilita que compreendamos a razão pela qual nossas tentativas de forçar interpretações sobre o mundo são logicamente prévias à observação de similaridades. As ciências não seriam, então, a digestão de observações, mas invenções — conjecturas lançadas a julgamento para serem eliminadas se entrarem em conflito com as observações; com observações que sejam raramente acidentais, mas, como regra, realizadas com a intenção definida de testar a teoria buscando obter, se possível, uma refutação decisiva.

Portanto, Popper propõe uma inversão na forma como costumeiramente entendemos a ciência: ela não caminha, como cremos, da observação à teoria, mas sim da teoria (como invenção) à observação (como teste).[59] A observação é sempre seletiva: ela necessita de um objeto escolhido, uma tarefa definida, um interesse, um ponto de vista, um problema; sua descrição pressupõe uma linguagem descritiva, similaridades e classificação. Os objetos mudam de acordo com as necessidades, e podem ser classificados (e tornar-se similares ou dissimilares) **apenas** por estarem relacionados a necessidades e interesses. Uma perspectiva é fornecida ao cientista por seus interesses teóricos, o problema especial sob investigação, por suas conjecturas e antecipações e pelas teorias que ele aceita como um tipo de *background*: sua estrutura de referência, seu "horizonte de expectativas". Antes das explicações propriamente científicas, estruturar-se-iam teorias primitivas, mitos e expectativas inconscientes e inatas.

Assim, poderíamos distinguir uma atitude dogmática ou pseudocientífica (que se caracterizaria por aplicarmos nossas leis e esquemas e confirmá-los, mesmo a ponto de negligenciar refutações) de uma atitude crítica ou científica (que implicaria estarmos prontos para mudá-los, testá-los e refutá-los):

59 Comentando a Física Quântica, Northrop afirma: "[...] o objeto do conhecimento científico jamais é conhecido diretamente da observação, isto é, da experimentação, mas sim pela construção teórica (ou postulação axiomática), especulativamente proposta, e testada indireta e experimentalmente via as consequências que são deduzidas daquela construção". NORTHROP, 1999, p. 15; "[...] as teorias da física não são uma mera descrição de fatos experimentais nem, tampouco, algo dedutível de uma tal descrição; em vez disso, como enfatizou Einstein, o físico só chega à formulação de sua teoria por via especulativa. No método que o físico utiliza, as inferências que faz não caminham dos fatos à teoria, mas, sim, da teoria que assumiu aos fatos experimentais. Assim, portanto, as teorias são propostas especulativamente e delas são deduzidas diretamente as muitas consequências a que dão lugar, a fim de que possam, indiretamente, ser confrontadas com os fatos experimentais. Em resumo, qualquer teoria física faz mais suposições, físicas e filosóficas, do que os fatos experimentais, por si mesmos, fornecem ou implicam". NORTHROP, 1999, p. 12-13.

> O método de tentativa e erro não é, claro, simplesmente idêntico à abordagem científica ou crítica — ao método de conjectura e refutação. O método de tentativa e erro é aplicado não apenas por Einstein, mas, de uma maneira mais dogmática, também por uma ameba. A diferença estabelece-se não tanto nas tentativas, mas em uma atitude crítica e construtiva em relação aos erros; erros que o cientista, consciente e cuidadosamente, procura descobrir, para refutar suas teorias com argumentos de investigação, incluindo apelos aos mais severos testes experimentais que suas teorias e sua engenhosidade permitem-no projetar.
> A atitude crítica pode ser descrita como uma tentativa consciente de fazer nossas teorias, nossas conjecturas, sofrerem em nosso lugar, na batalha pela sobrevivência das mais adequadas. Ela nos dá a oportunidade de sobreviver à eliminação de uma hipótese inadequada — quando uma atitude mais dogmática a eliminaria por nos eliminar.[60]

É possível resumir a posição de Popper da seguinte forma: a indução, como inferência baseada em várias observações, é um mito; o procedimento verdadeiro da ciência é operar com conjecturas: pular para conclusões, em geral após uma simples observação; observações repetidas e experimentos funcionam em ciência como **testes** de nossas conjecturas ou hipóteses, ou seja, refutações tentadas. Como afirma Popper, "Apenas a falsidade de uma teoria pode ser inferida da evidência empírica, e esta é uma inferência puramente dedutiva".[61]

Assim, a ciência tem interesse por afirmações com alto grau de corroboração, mas não por afirmações altamente prováveis. A probabilidade de uma afirmação (ou um conjunto de afirmações) é sempre maior quanto menos a afirmação disser: é inversa em relação ao seu conteúdo ou ao seu poder de dedução, e, portanto, ao seu poder explanatório. Nesse sentido, toda afirmação interessante e poderosa deve ter uma baixa probabilidade, e vice-versa: uma afirmação com uma alta probabilidade será cientificamente desinteressante porque diz pouco e não tem poder explanatório. Embora busquemos teorias com um alto grau de corroboração, "como cientistas nós não buscamos teorias altamente prováveis, mas explicações; ou seja, teorias poderosas e improváveis".[62]

---

60 POPPER, 1965, p. 52. [Tradução nossa.]

61 POPPER, 1965, p. 55. [Tradução nossa.]

62 POPPER, 1965, p. 58. [Tradução nossa.]

2.6.7 A nova filosofia da ciência: Kuhn, Lakatos e Feyerabend

Thomas Kuhn (1922-1996), autor do cultuado *A estrutura das revoluções científicas*, é conhecido por desenvolver os conceitos de paradigma e de ciência normal. O paradigma funcionaria como um mapa ou um roteiro de uma ciência, fornecendo critérios para a escolha de seus problemas e das propostas para as soluções desses problemas. A ciência normal, por sua vez, procuraria solucionar os problemas "científicos" com os pressupostos conceituais, metodológicos e instrumentais que são compartilhados pela comunidade científica e que constituem o paradigma. A ciência normal, nesse sentido, amplia e aprofunda o aparato conceitual do paradigma, sem, contudo, alterá-lo. Quando, entretanto, o progresso e o desenvolvimento do conhecimento requerem explicações que o paradigma vigente não pode fornecer, a ciência passa por uma crise, que pode dar origem a uma revolução científica. Assim, para Kuhn os enunciados científicos são provisórios e a ciência não opera com verdades irrefutáveis.

Para Imre Lakatos (1922-1972), que criticou e desenvolveu as ideias de Popper, é sempre possível evitar que uma teoria seja refutada fazendo modificações em suas hipóteses auxiliares. Podemos sempre formular uma hipótese adicional, evitando assim a refutação da teoria. As refutações das teorias podem, nesse sentido, ser explicadas por anomalias atribuídas a hipóteses auxiliares incorretas. Para Lakatos, portanto, as teorias científicas seriam irrefutáveis, falhando ao proibir qualquer estado observável de coisas.

Lakatos também introduz, como substituição à noção de paradigma de Kuhn, a ideia de programas de investigação, que implicariam regras metodológicas para a investigação científica. O crescimento da ciência dar-se-ia por meio da competição entre esses programas.

Para Paul Karl Feyerabend (1924-1994), autor do célebre *Contra o método* e defensor da tese do anarquismo epistemológico e metodológico, a ciência não tem um método próprio nem é uma atividade racional, mas sim um procedimento anárquico. A ciência avançaria, portanto, sem um plano previamente ordenado, e o sucesso de algumas teorias em relação a outras seria determinado não por seu maior grau de veracidade ou correção, mas por fatores externos como política, propaganda, o *status* dos cientistas envolvidos no desenvolvimento da teoria etc.

2.6.8 A discussão contemporânea

Nas últimas décadas, uma série de outros autores e movimentos destaca-se na discussão sobre a metodologia das ciências.

Um desses movimentos é a chamada Escola de Edimburgo, que defende uma abordagem do conhecimento da perspectiva sociológica. Um exemplo já clássico dessa corrente é o trabalho de Latour e Woolgar, *A vida de laboratório*, pesquisa realizada no Instituto Salk de Estudos Biológicos, na Califórnia (Estados Unidos), em que dois sociólogos, durante anos, procuram estudar como os "fatos" científicos são produzidos por fatores externos ao discurso da ciência, e, de uma perspectiva sociológica e filosófica, como o conhecimento científico é produzido em laboratórios.

Lamb e Easton, em *Multiple discovery*,[63] exploram as situações de descobertas múltiplas em ciências quando dois ou mais cientistas ou inventores dão expressão à mesma teoria, descobrem fenômenos similares ou inventam ou projetam instrumentos e aparatos similares. A partir desse estudo, eles defendem que a descoberta científica seja essencialmente múltipla, não um evento privado e isolado, mas um processo evolucionário e coletivo. Assim, as precondições da descoberta científica seriam: o estado disponível dos equipamentos (condições materiais), fatores culturais, o nível das ideias científicas e a prontidão da sociedade para aceitar desenvolvimentos científicos.

Contra a Nova Filosofia da Ciência, um movimento denominado "racionalismo crítico" defende a objetividade da ciência e a possibilidade de uma avaliação racional das teorias.

Bas C. van Fraasen e outros empiristas discordam que o objetivo das ciências seja produzir teorias verdadeiras e que seus conceitos e modelos devam corresponder à realidade. A função das ciências seria produzir modelos e testá-los para decidir se eles são adequados empiricamente, e não procurar determinar sua similaridade com os objetos reais.[64]

63 LAMB, David; EASTON, S. M. *Multiple discovery*: the pattern of scientific progress. [Avebury, Buckinghamshire]: Avebury, 1984.

64 Uma abordagem mais ampla, mas ainda assim introdutória, dessa discussão contemporânea pode ser encontrada em ALVES-MAZZOTTI, Alda Judith; GEWANDSZNAJDER, Fernando. *O método nas ciências naturais e sociais*: pesquisa quantitativa e qualitativa. 2. ed. São Paulo: Pioneira, 1999. p. 41-64.

PARA REFORÇAR

O que você aprendeu neste capítulo:

Neste capítulo você pôde constatar como o pensamento e a linguagem estão relacionados e que ambos afetam a maneira como observamos e construímos a realidade.

Você também pôde perceber que ter um pensamento crítico significa estar sempre aberto para colocar suas próprias opiniões em dúvida.

Além disso, compreendeu os movimentos lógicos essenciais das ciências, como a indução e a dedução, e a estrutura e as características de diversos tipos de falácias.

Compreendeu também como os números são importantes em nossa leitura da realidade e aprendeu algumas operações básicas de Estatística.

Por fim, estudou alguns movimentos metodológicos contemporâneos, como a proposta de falseabilidade para as ciências de Popper.

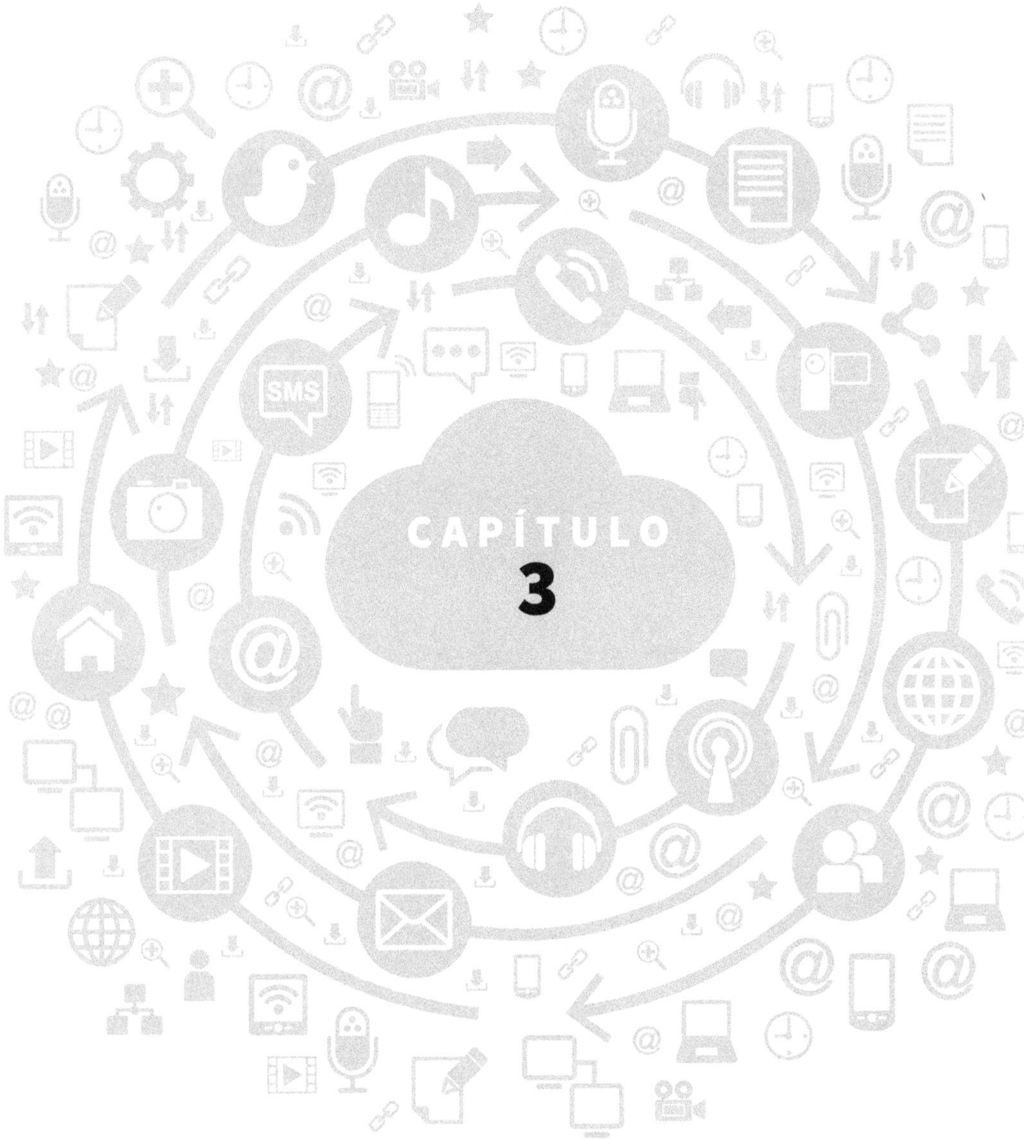

CAPÍTULO 3

ENSINO UNIVERSITÁRIO

OBJETIVOS DO CAPÍTULO

O que você aprenderá neste capítulo:

- Os principais momentos da história da educação e das universidades, inclusive no Brasil;
- Quais são as atividades principais desenvolvidas no ensino superior.

A Grécia apresenta, em face dos grandes povos do Oriente, um 'progresso' fundamental, um novo 'estádio' em tudo o que se refere à vida dos homens na comunidade. Esta se fundamenta em princípios completamente novos. Por mais elevadas que julguemos as realizações artísticas, religiosas e políticas dos povos anteriores, a história daquilo a que podemos com plena consciência chamar cultura só começa com os Gregos.[1]

3.1 BREVÍSSIMA HISTÓRIA DA EDUCAÇÃO

É claro que existem cultura e educação nas sociedades tribais, representadas principalmente por ritos e mitos, assim como na Antiguidade oriental, especialmente com os egípcios, babilônios, hindus, chineses e hebreus. Mas é na Grécia que surge um modelo de cultura e educação que marcará o Ocidente. A **paideia**, o ideal de educação grego, incluía a formação integral do corpo e do espírito, com a *gymnastiké* (educação do corpo, por meio da educação física e atlética) e a *mousiké* (educação da mente ou do espírito, por meio das musas, incluindo a música e a poesia).

A educação grega está intimamente associada à Filosofia. Os sofistas eram professores itinerantes e remunerados, que educavam os gregos principalmente na arte da dialética e nas questões de política. Platão, discípulo de Sócrates, funda por volta de 387 a.C. sua célebre Academia. Na *República*, Platão expõe seu ideal de educação, centrado no exercício da Filosofia. Por volta de 335 a.C., Aristóteles, discípulo de Platão na Academia, funda sua própria escola, o Liceu. O estoicismo e o epicurismo são os dois movimentos que dão continuidade à filosofia grega pós-aristotélica. Já destacamos, também, o importantíssimo papel do Museu de Alexandria no desenvolvimento das ciências e da educação. Entretanto, depois de seu intenso desenvolvimento que culmina com Aristóteles, a cultura e a filosofia gregas decaem.

---

1 JAEGER, Werner W. *Paideia*: a formação do homem grego. Tradução de Artur M. Parreira. 2. ed. São Paulo: Martins Fontes, 1989. p. 4.

A educação elementar em Roma era geralmente realizada em casa, pelos pais ou por um tutor, que ensinavam a criança (em geral, a partir dos 7 anos) a ler, escrever e calcular. Havia também escolas primárias, para quem as preferisse. A educação das meninas terminava aqui; se um menino fosse destinado para algum tipo de educação adicional, ele seria enviado, por volta dos 12 anos, para estudar literatura e gramática latina com um gramático, a partir dos 15 anos com um retórico, e depois com um filósofo.[2] Com o fim do Império Romano, por volta do século V, o ensino também decaiu em Roma.

Os mosteiros, que se caracterizaram como um dos locais mais importantes para a preservação da ciência e da cultura antigas, surgem por volta do século IV, e em 529 é fundada a importante Ordem Beneditina, na Itália. A partir do século IX, o ensino clássico medieval passa a se fundamentar nas sete artes liberais, o *trivium* (Gramática, Retórica e Dialética) e o *quadrivium* (Geometria, Aritmética, Astronomia e Música). A formação e o desenvolvimento das bibliotecas também merecem destaque na Idade Média, exercendo influência decisiva na história da educação.

Maior estabilidade política garantiu ao Império Romano do Oriente (ou Bizantino, cuja capital era Constantinopla) a continuidade da tradição romana na educação, além da continuidade linguística por meio do latim. Não houve no Oriente, como ocorreu no Ocidente, o predomínio do ensino religioso, mas sim do estudo dos clássicos, e por isso o Oriente acabaria por garantir a transição do conhecimento dos gregos e romanos para a civilização ocidental moderna.

Com a urbanização e o desenvolvimento do comércio, a partir dos séculos XII e XIII, as escolas medievais antigas, monásticas e rurais são substituídas pelas escolas urbanas, incluindo-se dentre elas uma grande variedade de escolas públicas, que ampliam os horizontes da educação medieval com o ensino dos clássicos latinos — e clássicos gregos disponíveis em antigas traduções latinas — e com a tentativa de aplicar o intelecto e a razão a muitas áreas da atividade humana. São essas escolas urbanas que darão origem às universidades.

No final do século XVI, entretanto, o ensino não está restrito às faculdades, em parte porque as universidades, em decadência, não atualizaram seu currículo. A educação se faz também em casa por meio da família, com o *patron* (que aprendia de quem patrocinava) e nas academias (instituições privadas voltadas basicamente para o ensino literário e filosófico). Surgem

2 LINDBERG, David. *The beginnings of Western science.* Chicago: University of Chicago Press, 1992. p. 150-151.

também os colégios, voltados especificamente para a educação (inclusive moral) das crianças, de um regime de estudo rigoroso, centrado no *trivium* e no *quadrivium* e com ênfase no estudo do latim. Os jesuítas, por sua vez, passam a desenvolver um projeto pedagógico que desempenhará papel essencial na colonização brasileira.

No século XVII, surgem as academias científicas e desenvolve-se a educação pública primária, principalmente na França e na Alemanha. No século XVIII, a filosofia educacional é marcada pelo pensamento iluminista, e a educação começa a se afastar mais da religião, passando o Estado a ser concebido como o responsável pela oferta de ensino obrigatório e gratuito. Destaca-se o filósofo e escritor Jean-Jacques Rousseau, autor de *Emílio*, que descreve em forma de romance a educação de um jovem, propondo uma instrução afastada das convenções sociais, ressaltando a importância da sensibilidade e das emoções e mais voltada para a natureza. Nessa altura, o ensino humanístico tradicional está sendo substituído por um ensino mais prático.

No século XIX, convivem várias correntes pedagógicas. O positivismo enfatiza o ensino das ciências; o idealismo destaca a importância da educação para o desenvolvimento espiritual do ser humano e do Estado no processo instrutivo da nação; o socialismo, por sua vez, desenvolve a concepção de uma educação revolucionária, voltada para a conscientização da classe oprimida e a transformação do mundo, defendendo também a democratização do ensino. Destacam-se ainda alguns pedagogos como Pestalozzi (1746-1827), que defende a formação universal do ser humano e a escola popular; Friedrich Froebel (1782-1852), considerado o fundador dos jardins de infância; e Johann Friedrich Herbart (1776-1841), que desenvolve um sistema pedagógico com maior rigor científico, que pode ser chamado pela primeira vez de uma "ciência da educação". A escola pública, leiga, gratuita e obrigatória também se desenvolve no século XIX, especificamente na França, na Inglaterra, na Alemanha e nos Estados Unidos.

No século XX, diversos campos do saber passam a influenciar a Pedagogia: a Psicologia (com o behaviorismo e a *gestalt*, por exemplo), a Filosofia (com o pragmatismo, principalmente por meio de John Dewey), a Sociologia, a Economia, a Linguística e a Antropologia, dentre outros.

O movimento escolanovista, que tem em Pestalozzi e Dewey importantes precursores, procura superar a rigidez dos métodos tradicionais, fundados basicamente na memorização, por meio de propostas mais práticas e individualizadas que envolvem a autonomia e a atividade do aluno (ao contrário da postura passiva da escola tradicional), além de uma formação integral do ser humano. O método Montessori, desenvolvido pela médica italiana Maria Montessori (1870-1952), compreende a educação como autodeterminada pelo aluno, que pode utilizar o material didático na ordem que escolher, sendo o professor concebido apenas como um dirigente e facilitador de suas atividades.

Devemos destacar também os esforços para uma educação democrática e popular nos países socialistas, que alcançaram, entre outras realizações, níveis extremamente baixos de analfabetismo. Nesse sentido, revoluções e experiências marcantes para o século XX, que desafiam os métodos pedagógicos ocidentais e capitalistas, são vividas por países como União Soviética, Cuba e China. Devem ser também destacadas as teorias e a experiência de educação anarquistas, que reforçam a importância da auto-organização e das relações entre as pessoas no processo de crescimento. Como seu contraponto, é preciso ainda registrar as experiências educacionais relacionadas ao fascismo e ao nazismo, que enfatizaram o autoritarismo e a hierarquia.

Nos Estados Unidos, por volta da metade do século XX, surge uma tendência educacional tecnicista, centrada no planejamento, na organização, na direção e no controle das atividades pedagógicas, que incentiva a utilização de diversas técnicas e instrumentos de aprendizagem, incluindo recursos audiovisuais e computadores.

Movimento ainda hoje importante é o construtivismo, que se liga às obras de Jean Piaget (1896-1980) e Lev Semenovich Vygotsky (1896-1934). O construtivismo procura superar a polaridade racionalismo/empirismo, concebendo o conhecimento como um processo contínuo de **construção**, invenção e descoberta por parte do aluno, ressaltando a importância de sua interação com os objetos e os outros seres humanos, além de considerar a existência de estruturas cognitivas no próprio ser humano.

O século XXI inicia-se sob o signo da transição na educação. A importância cada vez maior das tecnologias e das ciências, a substituição dos livros por outras formas de transmissão de conteúdos (como a informação digitalizada, as imagens e os sons etc.), o desenvolvimento das linguagens de computador e da própria informática; enfim, todas as consequências da Revolução da Informação exigem alterações profundas nos processos educacionais e nas teorias pedagógicas. Essa transição é um dos impulsos para o nosso texto e será abordada em diversos momentos daqui para a frente.

3.2 HISTÓRIA DA UNIVERSIDADE

Apenas no final do século XII e início do século XIII, em substituição às escolas da Alta Idade Média, surgem as primeiras universidades (Bolonha, Paris e Oxford), como associações ou corporações entre mestres e estudantes, às quais se seguirão Cambridge, Pádua, Nápoles, Roma, Salamanca e Toulouse, entre outras. Também no século XII, surgem as teses e dissertações, nas universidades medievais, conferindo graus acadêmicos.

As disciplinas inicialmente ensinadas eram as artes liberais (as artes das palavras e dos signos — *trivium*: Gramática, Retórica e Dialética; e as artes das coisas e dos números — *quadrivium*: Aritmética, Música, Astronomia e Geometria), a ciência sagrada (mais tarde denominada Teologia) e algumas disciplinas mais práticas, como Direito e Medicina.

O método de ensino das universidades, durante a Idade Média, baseava-se na autoridade de textos consagrados por meio de leituras e das *disputatio* (discussões entre os estudantes, coordenadas pelos mestres). Nesse sentido, o ensino medieval pode ser caracterizado como basicamente oral.

No decorrer do século XV, desenvolvem-se as bibliotecas universitárias, que serão importantíssimas, entre outras razões, pelo armazenamento e pela preservação do saber, função que continuam a desempenhar até hoje e que só agora passa a ser colocada em xeque pelo desenvolvimento dos métodos de armazenamento eletrônicos e virtuais.

Na Idade Moderna, com o estabelecimento dos Estados Nacionais, multiplicam-se as universidades, inclusive fora da Europa, e a população de estudantes universitários cresce também vertiginosamente. Os modelos de universidade diversificam-se e o poder político passa a exercer cada vez maior influência sobre essas instituições, que vão perdendo aos poucos sua autonomia. Surgem também, como já vimos, outras instituições de saber que passam a rivalizar com as universidades, como as academias e as escolas profissionalizantes.

Entre os séculos XVI e XVIII, observamos diversos movimentos de reforma universitária. Disciplinas modernas são introduzidas no ensino universitário, como História, Física e Administração, entre outras. Na América Latina, as primeiras universidades são as de São Domingos (1538), Lima e México (1551), que se caracterizam como fundações coloniais e missionárias. O Brasil, é importante que se diga, não teve nenhuma universidade durante esse período, o que marcará o atraso de seu sistema de ensino superior.

As primeiras universidades norte-americanas constituíram-se como *colleges*: Harvard (1636), Williamsburg (1693) e Yale (1701).

A Revolução Francesa, que afetou a Europa em diversos aspectos, teve também repercussões decisivas na história da universidade. Na França, as universidades são abolidas em 1793, iniciando-se desde então um processo de reconstrução do seu ensino superior, o que ocorrerá de forma análoga na Bélgica e nos Países Baixos. A Espanha e a Itália também assistem a um recrudescimento do ensino superior, como reflexo da Revolução.

Na Alemanha, sob a influência de Humboldt, Fichte e Schleiermacher, estabelece-se um modelo de ensino que preza a liberdade do aprendizado e que servirá por muito tempo como referência ao ensino universitário. Em 1810, é fundada a Universidade de Berlim, modelo de universidade como centro de pesquisa. As universidades britânicas, por sua vez, conservam suas tradições, e o ensino universitário inglês passará por um momento de expansão ultramarina, estabelecendo-se na Índia, no Canadá, na Austrália e na Nova Zelândia. As universidades escandinavas mantêm-se tradicionais também.

A independência norte-americana (1776) gera um aumento considerável das instituições de ensino superior nos Estados Unidos, que inicialmente mantêm-se fiéis ao modelo inglês. A partir do século XIX, a Rússia passa também a construir sua infraestrutura universitária.

O período que vai de 1860 ao início da Segunda Guerra Mundial apresenta a diversificação, o crescimento e a profissionalização do ensino universitário. Nos Estados Unidos, o modelo britânico do *college* é aos poucos substituído por novas instituições como Stanford, John Hopkins, Cornell e Chicago, que passam a rivalizar com as grandes universidades europeias. Cursos de *business*, por exemplo, que não são considerados dignos pelo sistema universitário europeu, são introduzidos (a Harvard Business School, por exemplo, é criada em 1908). O ambiente universitário norte-americano, diferentemente do europeu, tem características próprias, como ensino de massa, fraca intervenção do Estado, importância do ambiente executivo e do mecenato (inclusive da ajuda dos ex-alunos) e valorização da pesquisa. A partir de 1914, é introduzido na estrutura universitária norte-americana o sistema de *tenure* (titularização e emprego vitalício depois de um período probatório como *assistant professor*), que existe até hoje.

O ensino francês passa por uma reforma, entre 1868 e 1904, baseando-se no modelo alemão, com a reconstrução de inúmeras universidades e a reorganização administrativa. O ensino superior britânico também passará por reformas, sendo introduzidas, assim como nas universidades francesas, novas disciplinas nos estudos universitários, como ciências, ciências humanas, línguas estrangeiras etc. Os professores universitários ingleses tornam-se, a partir desse momento, mais valorizados, assim como os da França. Multiplicam-se as universidades, e o Estado inglês passa a investir consideravelmente no ensino superior.

Paradoxalmente, o sistema universitário alemão, que naquele momento serve como modelo para vários países, sofre uma crise por causa do excessivo crescimento do contingente de estudantes, que se afastam cada vez mais do ideal humanista humboldtiano, e pela ameaça cada vez maior à autonomia universitária, a partir da crescente intervenção do Estado. As duas guerras mundiais acabam por acentuar ainda mais a crise nas universidades alemãs.

As universidades suíças, italianas e espanholas apresentarão sensível crescimento e desenvolvimento no século XX. O Japão adotará, também, o sistema universitário ocidental. Em resumo, o século XX assistirá a uma diversificação intensa do ensino universitário, assim como ao aumento considerável por sua procura.

On-line, o leitor encontrará *links* para páginas de universidades e escolas de todo o mundo, por exemplo, em **universities.com**.

3.3 BREVE HISTÓRIA DA EDUCAÇÃO NO BRASIL

A educação não foi uma das motivações das viagens ultramarinas, e não houve em momento algum, por parte de Portugal, um projeto educacional para o Brasil. Não havia necessidade nem interesse, dentro do projeto da Coroa, em educar a mão de obra agrícola da Colônia. Durante os três primeiros séculos de nossa colonização, ficaram a cargo dos jesuítas, especialmente por meio das atividades da Companhia de Jesus, as principais iniciativas educacionais no Brasil, atreladas a seu objetivo principal de catequese. Assim, a educação em nosso país permaneceu alheia, por exemplo, aos efeitos da Revolução Científica.

Os jesuítas são expulsos do Brasil na metade do século XVIII,[3] e durante uma década nenhum outro tipo de ensino é proposto por Portugal; apenas em 1772 é implantado pelo Marquês de Pombal o ensino público oficial que, entretanto, não atinge os objetivos desejados. No início do século XIX, o Brasil ainda não possuía um sistema de educação minimamente estruturado, e os estudos superiores eram ainda feitos na Europa, principalmente em Portugal, já que o governo português não autorizava a criação de universidades no Brasil.

A chegada da família real portuguesa, em 1808, marcará um dos poucos momentos de fomento à educação e cultura no Brasil colonial, inclusive para o ensino superior. Em 1808, por exemplo, é criada a Imprensa Régia (as publicações eram até então proibidas no Brasil), e, em 1810, é fundada uma biblioteca com os cerca de 60 mil volumes trazidos por D. João VI, que em 1814 passa a ser aberta ao público, tornando-se posteriormente a Biblioteca Nacional.[4]

Com a independência, em 1822, o país inicia efetivamente a busca por um projeto educacional. No início do Império, já podemos identificar alguns estabelecimentos de ensino superior: Escola da Marinha e Academia Militar, escolas de medicina (Rio de Janeiro e Bahia), cursos de ciências jurídicas e sociais (São Paulo e Olinda) e Academia Imperial de Belas Artes, além dos seminários e colégios religiosos. Começam, então, a surgir instituições de ensino profissionalizante e faculdades, mas as primeiras universidades estabelecer-se-ão apenas a partir de 1910 (Manaus, São Paulo, Rio de Janeiro e Curitiba), tendo vida curta, já que uma lei de 1915 força a extinção das universidades existentes. No ensino secundário e elementar, o país alcança resultados ainda menos significativos durante o Império.

Com a Proclamação da República, em 1889, o país reestrutura-se do ponto de vista administrativo, e inicia-se paralelamente um período de reforma do ensino. Em 1890, surge o Ministério da Instrução Pública, Correios e Telégrafos, o primeiro dedicado à educação no país, e a Reforma Benjamin Constant determinará um Regulamento para a Instrução Primária e Secundária. Observaremos, a partir de então, o crescimento do ensino público e o desenvolvimento das instituições culturais. Em 1920, é criada a nossa primeira instituição

---

3 "A expulsão da Companhia de Jesus significou, em várias partes do Brasil, a desmontagem de algumas das maiores bibliotecas formadas ao longo de mais de dois séculos do processo de colonização e ação catequética. Frequentemente, eram essas a única biblioteca de um lugar." HERKENHOFF, Paulo. *Biblioteca Nacional*: a história de uma coleção. 2. ed. Rio de Janeiro: Salamandra, 1996. p. 6.

4 "Havia 60 mil livros na Biblioteca do Rio de Janeiro em 1814, que era muitas vezes maior do que a Biblioteca do Congresso em Washington na época. O Brasil guardava uma das grandes bibliotecas da América, se não mesmo a mais importante." HERKENHOFF, 1996, p. 9.

universitária "oficial", a Universidade do Rio de Janeiro, hoje UFRJ. Em 1927, surgirá a Universidade de Minas Gerais. A década de 1920 é ainda marcada por importantes reformas, em nível estadual, baseadas na filosofia escolanovista, quando surgem, então, no cenário nacional, grandes pensadores da educação como Lourenço Filho, Anísio Teixeira, Francisco Campos e Fernando de Azevedo, entre outros.

Com a Revolução de 1930, é criado o Ministério dos Negócios da Educação e Saúde Pública, e, em 1931, o Conselho Nacional de Educação. Os ensinos superior, comercial e secundário sofrem reformas, passando este último a ser dividido em dois ciclos: fundamental (de cinco anos) e complementar (dois anos obrigatórios para os candidatos ao ensino superior). Em 1932 é publicado o importante Manifesto dos Pioneiros da Educação Nova, liderado por Fernando de Azevedo, que defende a educação obrigatória, pública, gratuita e leiga como dever do Estado. Com a Constituição de 1934, surge a ideia de um Plano Nacional de Educação, sob a responsabilidade da União, cujo projeto seria concluído em 1937. Novas universidades importantes são criadas: Universidade de São Paulo (1934), Universidade do Distrito Federal na então capital Rio de Janeiro (1935, que durará somente até 1939) e Universidade de Porto Alegre (1936). Em 1937, surge a União Nacional dos Estudantes (UNE), que terá uma participação histórica de destaque no cenário nacional não apenas no setor educacional, mas também no processo político e social do país.

Com o Estado Novo, em 1937, surgem novas reformas educacionais, por meio de uma série de decretos-leis assinados pelo ministro Gustavo Capanema, denominadas *Leis Orgânicas do Ensino*.

Em 1938, é criado o Instituto Nacional de Estudos Pedagógicos (Inep), para funcionar como o centro de estudo das questões educacionais do Ministério da Educação e Saúde, cujas pesquisas deveriam orientar a formulação de políticas públicas relativas à educação. O Inep transformar-se-á no principal órgão de assessoramento do Ministério; em 1972, torna-se um órgão autônomo, passando a Instituto Nacional de Estudos e Pesquisas Educacionais; e, em 1997, é transformado em autarquia federal, especializando-se em avaliação e informação educacional.

Em 1942, como iniciativa da Confederação Nacional da Indústria, é criado o Serviço Nacional de Aprendizagem Industrial (Senai), ainda hoje reconhecido como uma das mais importantes instituições profissionalizantes do

Brasil. Em 1946, nos mesmos moldes, é criado o Serviço Nacional de Aprendizagem Comercial (Senac).

O ensino secundário é novamente reestruturado, passando a ser ministrado em dois ciclos: o primeiro, denominado ginasial e com duração de quatro anos, procuraria oferecer a formação fundamental; o segundo, denominado colegial, com duração de três anos, compreenderia dois cursos paralelos: clássico (fornecendo uma formação intelectual baseada em Letras e Filosofia) e científico (propondo uma formação mais forte em ciências). O ensino primário é reformado em 1946, com a criação, por exemplo, do ensino supletivo em dois anos.

A partir do final do período do Estado Novo, em 1945, inicia-se um processo de massificação do ensino superior, aumentando rapidamente o número de universidades no Brasil. A pós-graduação é oficialmente implantada no país por meio da criação da Campanha Nacional de Aperfeiçoamento de Pessoal de Nível Superior (Capes), órgão até hoje atuante no apoio a pesquisas e avaliação de cursos de pós-graduação.

Em 1953, o Ministério da Educação e Saúde é dividido em Ministério da Educação e Cultura (MEC) e Ministério da Saúde. Em 1961, entra em vigor a Lei de Diretrizes e Bases da Educação, após treze anos de intensos debates sobre temas como ensino leigo *versus* religioso e público *versus* privado.

Na primeira metade dos anos 1960, assistimos ao aparecimento de uma série de movimentos de educação popular. Em 1961, surge o Movimento de Educação de Base (MEB), fundado a partir de um acordo entre o Governo Federal e a Confederação Nacional dos Bispos do Brasil (CNBB), visando extinguir o analfabetismo por meio de emissões radiofônicas. Experiência pedagógica importante no campo da alfabetização, alcançando inclusive grande reconhecimento internacional, foi o Método Paulo Freire, batizado de "Pedagogia do Oprimido", que incluía simultaneamente a conscientização e a politização do educando, assim como sua participação ativa no processo de educação. Outro movimento importante foi a Campanha Nacional de Escolas da Comunidade (CNEC), movimento nacional comunitário que estabeleceu uma rede de escolas pelo país para o atendimento da população carente.

Em 1961, passa a funcionar a Universidade de Brasília, a partir de um modelo elaborado por Darcy Ribeiro. Em 1965, o Parecer 977/65 conceitua os cursos de pós-graduação e estabelece seus princípios fundamentais, distinguindo a pós-graduação *lato sensu* e *stricto sensu* e os níveis de formação de mestrado e doutorado.

Em 1967, surge a Fundação Mobral (Movimento Brasileiro de Alfabetização), cujos principais objetivos eram erradicação do analfabetismo, integração dos alfabetizados na sociedade e oportunidade a todos por meio da educação, beneficiando dessa forma a população menos favorecida.[5] A partir de 1980, os objetivos da Fundação Mobral viriam a ser diversificados para dar prioridade a ações comunitárias. Em 1985, a fundação foi extinta.

Em 1968, é criado o Fundo Nacional de Desenvolvimento da Educação (FNDE), com o objetivo de captar recursos para o financiamento de projetos relacionados à educação, assim como o Fundo Nacional de Desenvolvimento Científico e Tecnológico (FNDCT). No mesmo ano é promulgada a Lei da Reforma Universitária, fixando normas de organização e funcionamento do ensino superior e afirmando a indissociabilidade entre as atividades universitárias de ensino, pesquisa e extensão. Os departamentos substituem as cátedras, aparece o sistema de créditos e o vestibular é reformulado.

Ainda em 1968, o governo brasileiro, em conjunto com estudantes universitários, institui o Projeto Rondon, que busca contribuir para o desenvolvimento e a integração nacional operando nas regiões do país mais carentes de recursos e educação. Em 1968, é também instituída a Operação Mauá (Opema), que objetiva a integração universidade-empresa no âmbito da tecnologia industrial por meio da visita de estudantes universitários e de escolas técnicas a estabelecimentos industriais, além de outras atividades como cursos, simpósios e conferências. As atividades da Opema serão posteriormente absorvidas pelo Projeto Rondon, que será extinto em 1989.

A partir de 1970, inicia-se o Projeto Minerva, oferecendo formação supletiva de primeiro grau por meio do rádio (e posteriormente televisão), que acabará por desenvolver atividades em conjunto com o Mobral. Em 1972, é criado o Programa Nacional de Teleducação (Prontel), que tem como objetivo a integração na educação de meios de comunicação como rádio, televisão e outros, e que durará menos de sete anos.

5 NISKIER, Arnaldo. Educação a distância: a tecnologia da esperança; políticas e estratégias para a implantação de um sistema nacional de educação aberta e a distância. 2. ed. São Paulo: Loyola, 2000. p. 371.

Em 1971, surge a Lei 5.692/71, chamada A Revolução pela Educação, que reformará o ensino de primeiro e segundo graus no país, alterando, dentre outros aspectos, as estruturas do ensino supletivo e profissionalizante. A oferta de habilitação profissional, obrigatória a partir de então, tornar-se-á opcional desde 1982.

Na década de 1970, o ensino superior particular passa a superar o ensino público em número de vagas ofertadas. A partir de 1974, universidades, federações de escolas e escolas isoladas mantidas pela União passam a ser obrigadas a pedir licenças para a criação de novos cursos. Em 1975, é aprovado o Primeiro Plano Nacional de Pós-Graduação. A partir de 1982, a Capes passa a avaliar os cursos de pós-graduação no país. Em 1982, é lançado o Segundo Plano Nacional de Pós-Graduação.

Em 1975, é instituída a Fundação Nacional de Arte (Funarte), cujo objetivo é promover as atividades artísticas em todo o país. A partir de 1976, passa a ser obrigatório o ensino de uma língua estrangeira moderna no segundo grau. Em 1978, é reformulada a organização administrativa do Ministério da Educação, cuja nova estrutura será alterada em 1985, com a criação do Ministério da Cultura.

A partir de 1981, surge a Política de Informática Educativa (PEI) por meio da atuação do Governo Federal, das secretarias estaduais e municipais de educação e das universidades, pela qual se busca inserir o computador no processo de ensino-aprendizagem. Em 1983 é criado o Projeto Educom (Educação com Computadores), para o desenvolvimento de pesquisas sobre o uso do computador na educação e a introdução de computadores nas escolas públicas brasileiras. A partir de 1986, surge o Projeto Formar, visando à formação de professores e técnicos das redes municipais e estaduais de ensino para o trabalho com informática educativa. A partir de 1988, passam a ser implementados os Centros de Informática na Educação (Cieds), que procuram também disponibilizar a tecnologia educacional para as escolas públicas por meio das secretarias da educação de maneira descentralizada em relação ao Governo Federal.

Em 1996, é instituída a nova Lei de Diretrizes e Bases da Educação Nacional (LDB). As universidades estão definidas na LDB da seguinte forma:

> Art. 52. As universidades são instituições pluridisciplinares de formação dos quadros profissionais de nível superior, de pesquisa, de extensão e de domínio e cultivo do saber humano, que se caracterizam por:
> I - produção intelectual institucionalizada mediante o estudo sistemático dos temas e problemas mais relevantes, tanto do ponto de vista científico e cultural, quanto regional e nacional;
> II - um terço do corpo docente, pelo menos, com titulação acadêmica de mestrado ou doutorado;
> III - um terço do corpo docente em regime de tempo integral.
> Parágrafo único. É facultada a criação de universidades especializadas por campo do saber.

A partir de 1996, o governo passa a estabelecer os procedimentos para o processo de avaliação dos cursos e instituições de ensino superior (Decreto 2.026). Começam a ser realizados os Exames Nacionais de Cursos (conhecidos como Provão), que procuram avaliar a qualidade dos cursos de nível superior. Os critérios de avaliação foram modificados, a partir de 2003, com o novo governo, com a criação do Enade, que realiza provas por amostragem no meio e no final dos cursos.

Em 1997, são regulamentadas as instituições de ensino superior (Decreto 2.306) e a educação profissional (Decreto 2.208 e Portaria 646). O capítulo III da nova LDB trata da educação profissional:

> Art. 39. A educação profissional, integrada às diferentes formas de educação, ao trabalho, à ciência e à tecnologia, conduz ao permanente desenvolvimento de aptidões para a vida produtiva.
> Parágrafo único. O aluno matriculado ou egresso do ensino fundamental, médio e superior, bem como o trabalhador em geral, jovem ou adulto, contará com a possibilidade de acesso à educação profissional.
> Art. 40. A educação profissional será desenvolvida em articulação com o ensino regular ou por diferentes estratégias de educação continuada, em instituições especializadas ou no ambiente de trabalho.
> Art. 41. O conhecimento adquirido na educação profissional, inclusive no trabalho, poderá ser objeto de avaliação, reconhecimento e certificação para prosseguimento ou conclusão de estudos.

> Parágrafo único. Os diplomas de cursos de educação profissional de nível médio, quando registrados, terão validade nacional.
> Art. 42. As escolas técnicas e profissionais, além dos seus cursos regulares, oferecerão cursos especiais, abertos à comunidade, condicionada a matrícula à capacidade de aproveitamento e não necessariamente ao nível de escolaridade.

Surge, a partir de 1997, a figura dos centros universitários, instituições de ensino superior que se localizariam entre as faculdades e as universidades, inclusive em relação a seu grau de autonomia. O artigo 12 do Decreto 2.306, de 1997, define os centros universitários como:

> [...] instituições de ensino superior pluricurriculares, abrangendo uma ou mais áreas de conhecimento, que se caracterizam pela excelência do ensino oferecido, comprovada pela qualificação do seu corpo docente e pelas condições de trabalho acadêmico oferecidas à comunidade escolar [...].

A autonomia concedida aos centros universitários no Brasil, que podem abrir novos cursos e aumentar o número de vagas oferecidas sem a necessidade de autorização do Ministério da Educação, tem gerado uma acirrada discussão, já que as universidades consideram-se prejudicadas por terem de manter um quadro maior de mestres e doutores que os centros, além de serem obrigadas a oferecer pós-graduação e desenvolver atividades de pesquisa.

Em 2004, é criado o Programa Universidade para Todos (ProUni), que concede bolsas de estudo, em instituições de ensino superior privadas, para estudantes de baixa renda, oferecendo em contrapartida isenções de alguns tributos para as instituições. São criadas também novas universidades federais e novos *campi*, ampliando assim o número de vagas na educação superior no país.

A educação a distância ganha também destaque nas estratégias dos governos brasileiros, no final do século XX e início do século XXI, visando elevar o baixo percentual de jovens brasileiros que frequentam cursos superiores. No Capítulo 4, no item 4.3.2 – Educação a distância, abordamos a história da educação a distância no Brasil.

É importante ainda lembrar que, em 2006, ocorreu também a ampliação do ensino fundamental para nove anos.

3.4 AS ATIVIDADES UNIVERSITÁRIAS

A experiência da universidade é uma das mais marcantes na vida de um ser humano. O estudante passa, durante o período em que está cursando a universidade, por diversas tranformações, como mudanças de aprendizado e cognitivas, de atitudes e valores, psicológicas e sociais, além do desenvolvimento moral.

O conceito de universidade está centrado na tríade ensino, pesquisa e extensão. Se a pesquisa deve ser entendida como a produção de conhecimento por uma comunidade de investigação, e a extensão como uma forma de a universidade prestar serviços à comunidade, oferecendo cursos e atividades diversos e variados, o ensino é em geral compreendido como o momento da transmissão do conhecimento.

Entretanto, a forma de "transmissão" do conhecimento mudou, é claro, durante a história das universidades. Hoje não se pensa mais numa atitude passiva do estudante, que deve simplesmente absorver as informações transmitidas pelo professor. Também em função da introdução da Tecnologia da Informação no ensino universitário, o professor é visto hoje muito mais como um orientador de estudos, e do aluno universitário se espera uma postura ativa e reflexiva.

Matthew Lipman[6] oferece, nesse sentido, uma comparação entre o que denomina "paradigma-padrão da prática normal educativa" *versus* "paradigma reflexivo da prática crítica", que serve muito bem para ilustrar o que se espera tanto do estudante quanto do professor universitário de hoje:

6 LIPMAN, Matthew. *O pensar na educação*. Tradução de Ann Mary Figueira Perpétuo. Petrópolis, RJ: Vozes, 1995.

Quadro 3.1 – Paradigma-padrão *versus* paradigma-reflexivo

PARADIGMA-PADRÃO
A educação consiste na transmissão de conhecimentos daqueles que sabem para aqueles que não sabem. O professor desempenha um papel de autoridade no processo educacional. Nosso conhecimento do mundo é inequívoco, explicável e não ambíguo. Os alunos adquirem conhecimentos por intermédio da absorção de informações e dados sobre assuntos específicos; uma mente bem educada é uma mente bem estruturada. Os conhecimentos são distribuídos entre disciplinas não coincidentes e que juntas completam o universo a ser conhecido.
PARADIGMA REFLEXIVO
A educação é o resultado da participação em uma comunidade de investigação orientada pelo professor. O professor está pronto a admitir erros, numa postura de falibilidade. Os alunos são estimulados a pensar sobre o mundo quando o **nosso** conhecimento a seu respeito revela-se ambíguo, equívoco e inexplicável. Os alunos pensam e refletem, desenvolvendo cada vez mais o uso da razão, assim como a capacidade de serem criteriosos. As disciplinas em que ocorrem questionamentos não são coincidentes nem completas, e suas relações com os temas são bastante problemáticas.

Assim, podemos dizer que o enfoque do processo educativo da nova era não é a aquisição de informações, mas sim a percepção das relações contidas nos temas investigados. A capacidade de armazenamento de dados tornou-se praticamente infinita com o desenvolvimento da informática e de poderosos bancos de dados. O que se espera, então, do universitário, é que ele desenvolva capacidades e estratégias para pesquisar e acessar esses dados, relacioná-los e explorá-los, perceber suas semelhanças e diferenças e expor o resultado de sua pesquisa: esse é o tema do Capítulo 5 de nosso texto. De outro lado, o professor não deve ser compreendido como um mero distribuidor de conhecimentos. Segundo Wladimir Kourganoff, o ensino pode ser vivenciado como uma atividade criativa em dois sentidos: como criador de um saber estruturado e como criador da personalidade do estudante.[7]

3.4.1 Graduação

Segundo a LDB de 1996, os cursos de graduação devem ser abertos a candidatos que tenham concluído o ensino médio ou equivalente e tenham sido

7 KOURGANOFF, Wladimir. *A face oculta da universidade*. Tradução de Cláudia Schilling e Fátima Murad. São Paulo: Ed. UNESP, 1990.

classificados em processo seletivo. A graduação é o primeiro nível da universidade, na estrutura do ensino superior nacional, e não é possível saltar diretamente para a pós-graduação. Os currículos mínimos para os cursos de graduação eram fixados pelo Conselho Federal de Educação. Há uma diversidade de opções para o estudante, que é obrigado a fazer sua escolha em geral por volta dos 17-18 anos, o que acaba levando a um grande número de desistências ("descobri que não era isso o que eu queria fazer").

A oferta de cursos de graduação é imensa. Convém notar que cada vez mais passam a ser oferecidos cursos interdisciplinares de graduação, quebrando as barreiras rígidas entre os campos do saber, como *Design* e Planejamento de *Games*, Informática Biomédica, Física Médica e Biomédica, Matemática Aplicada a Negócios e Engenharia Industrial Madeireira. Essa parece ser uma tendência da educação na nova era.

A LDB de 1996 introduziu uma nova modalidade de cursos de graduação, os cursos sequenciais, baseados nos conceitos de interdisciplinaridade e estudos individualizados, que estudaremos no capítulo sobre a sociedade da informação. Nesse capítulo, abordaremos inclusive o exemplo do curso de Ciências Moleculares da USP, que também encampa essas tendências da era da informação.

Convém ainda lembrar a oferta de cursos superiores tecnológicos, em geral cumpridos num número de anos inferior em relação aos cursos indicados anteriormente, e mais voltados à formação de um profissional diretamente para o mercado de trabalho, sem a carga de reflexão implicada pelo paradigma reflexivo de Lipman.

3.4.2 Pós-graduação

De acordo com a LDB de 1996, os cursos de pós-graduação compreendem programas de mestrado e doutorado, cursos de especialização, aperfeiçoamento e outros, abertos a candidatos diplomados em cursos de graduação e que atendam às exigências das instituições de ensino.

O importante Parecer 977/65, da autoria do professor Newton Sucupira, formulou a distinção entre os cursos de pós-graduação *lato sensu* e *stricto sensu* no Brasil. A modalidade *lato sensu* inclui os cursos de aperfeiçoamento e especialização; já a modalidade *stricto sensu* inclui os cursos de mestrado e doutorado. Os cursos de pós-graduação *lato sensu* são discutidos pela Resolução 12/83 e pelo Parecer 69/88. Uma de suas modalidades bastante difundida no Brasil são os cursos de Master in Business Administration (MBA), muitos desenvolvidos em cooperação com instituições estrangeiras.

Os cursos *stricto sensu* formam professores universitários, enquanto os *lato sensu*, de duração inferior, não capacitam os docentes a ministrarem disciplinas em nível superior. O mestrado é compreendido como uma etapa preliminar para a obtenção do doutorado, e hoje grande parte das instituições de ensino superior privilegia a contratação de professores com doutorado completo, já que isso conta pontos importantes nas avaliações realizadas pelo Ministério da Educação. É possível, entretanto, a critério das instituições, que o aluno curse o doutorado diretamente, sem a necessidade de passar pelo mestrado. O candidato a mestrado deve completar uma dissertação, que demonstre a capacidade de lidar com perspectivas diversas e de sintetizá-las, além de revisar a bibliografia relacionada ao assunto do trabalho, enquanto o candidato a doutorado tem de produzir uma tese, por meio da qual algum tipo de conhecimento deve ser acrescentado ao tema abordado.

Entretanto, segundo Fátima Bayma Oliveira as fronteiras entre a pós-graduação *lato sensu* e o mestrado são tênues. Para ela, apesar de a pós-graduação *lato sensu* ter como objetivo principal o domínio técnico de uma determinada e limitada área do conhecimento e apresentar, em geral, natureza aplicada, há cursos que cobrem uma vasta área do saber; é perfeitamente possível existirem cursos de pós-graduação *lato sensu* de natureza acadêmica, assim como a ideia do mestrado profissional não é nova, uma vez que foi mencionada há mais de quatro décadas no Parecer 977/65.[8]

A Capes oferece *on-line* estatísticas e informações sobre a pós-graduação no Brasil, assim como uma lista de cursos de mestrado e doutorado reconhecidos.[9] Um dos principais problemas enfrentados pela pós-graduação no Brasil é o fato de a maior parte dos cursos de mestrado e doutorado com nível de excelência no país estar localizada na região Sudeste, o que acaba deslocando talentos de outras regiões, principalmente Norte e Nordeste, que muitas vezes não retornam a seus Estados de origem em função das oportunidades de emprego que encontram, reforçando assim ainda mais esse círculo vicioso.

8 OLIVEIRA, Fátima Bayma. *Pós-graduação:* educação e mercado de trabalho. Campinas, SP: Papirus, 1995. p. 18.

9 Coordenação de Aperfeiçoamento de Pessoal de Nível Superior – CAPES. Disponível em: <http://www.capes.gov.br>. Acesso em: 2 set. 2003.

3.4.3 Pesquisa

Para Kourganoff, a pesquisa é o conjunto de investigações, operações e trabalhos intelectuais ou práticos que tenham como objetivo a **descoberta** de novos conhecimentos, a **invenção** de novas **técnicas** e a **exploração** ou a **criação** de novas "realidades".[10]

A pesquisa moderna está muito pouco associada à invenção, apesar de a idealização do trabalho de pesquisa indicar o contrário.

> Em geral, a rotina predomina nas pesquisas teóricas ou experimentais, e o papel mais comum do pesquisador é o de um executor que não tem muita oportunidade de criar.
>
> Na falta de conhecimentos suficientes de história das ciências, perde-se de vista que a maior parte dos trabalhos de pesquisa se limita a desenvolver as ideias adquiridas e a buscar as suas consequências teóricas e práticas. A imensa maioria dos trabalhos de pesquisa, em vez de questionar as ideias correntes, consiste simplesmente em levar essas ideias às suas últimas consequências.
>
> É apenas naqueles momentos muito raros do desenvolvimento da ciência, em que se produz uma revolução de ideias, que uma ínfima minoria de grandes gênios se mostra verdadeiramente original, inovadora e revolucionária. Nas ciências, só podem ser chamados sensatamente de criadores de novas formas de pensamento ou de destruidores de dogmas seculares um punhado de grandes sábios como Newton, Darwin, Pasteur, Planck ou Einstein.
>
> Salvo para esses raros criadores, a pesquisa real consiste, para a maioria dos pesquisadores, na execução de tarefas que exigem inteligência e iniciativa, mas que não podem ser comparadas a uma criação genial, a não ser por uma extrapolação abusiva.[11]

A ciência de hoje recorre às empresas de projetos para delinear seus planos e novos aparelhos, caracterizando o que podemos denominar "industrialização da ciência". Como método de pesquisa, o trabalho dirigido toma o lugar do trabalho individual livre. Hoje, diversas pessoas intervêm numa experiência e numa pesquisa, muitas delas bem pouco criativas, no sentido idealizado desse termo.

---

10 KOURGANOFF, 1990, p. 43.

11 KOURGANOFF, 1990, p. 118-121.

> Como comparar a um criador genial aquele que contribui, por meio de seus esforços, para um pequeno passo em direção fixada de antemão, tendo em vista um alargamento ou um refinamento de uma informação já obtida anteriormente?
> A idealização da pesquisa e do pesquisador ignora a fragmentação da investigação moderna em uma infinidade de tarefas, certamente honrosas, mas quase que puramente técnicas. Ignora o fato de que a pesquisa é cada vez mais orientada para a habilidade da execução de atividades rotineiras.[12]

A pesquisa, nas universidades, realiza-se principalmente em consonância com os cursos de pós-graduação, especialmente a pós-graduação *stricto sensu*, embora notemos suas sementes já nos cursos de graduação, com os projetos de iniciação científica (muitas vezes financiados por órgãos de pesquisa) e os trabalhos de conclusão de curso. As dissertações de mestrado e as teses de doutorado, independentemente da área do conhecimento, envolvem muitas vezes requintados procedimentos de pesquisa. É bastante comum que a pesquisa, em nível de pós-graduação, realize-se em grupos, muitas vezes interdisciplinares, coordenados por um orientador, e a convivência com profissionais de outras áreas é quase sempre gratificante e recompensadora. Além disso, existem órgãos vinculados aos institutos de ensino superior (ou mesmo fazendo parte deles) que organizam e financiam a pesquisa além do nível mestrado/doutorado, como o Instituto de Estudos Avançados da USP.[13]

Outro problema ignorado em nossos meios universitários é o de que o ensino e a pesquisa exigem dons diferentes, que nem sempre podem ser encontrados na mesma pessoa. Espera-se que o docente seja também um pesquisador, e vice-versa, como se essa transmutação fosse algo natural e obrigatório. Entretanto, enquanto o ensino exige simpatia e comunicação do professor, a capacidade de se colocar no lugar do aluno, na pesquisa esse dom pedagógico não é necessário, já que em geral o pesquisador se dirige a especialistas.[14]

Duas das mais importantes instituições de pesquisa federais são a Coordenação de Aperfeiçoamento de Pessoal de Nível Superior (Capes)[15] e o

12 KOURGANOFF, 1990, p. 120.

13 Cf. Instituto de Estudos Avançados da Universidade de São Paulo – IEA. Disponível em: <http://www.usp.br/iea>. Acesso em: 2 set. 2003.

14 Cf. KOURGANOFF, 1990, p. 54-56.

15 Disponível em: <http://www.capes.gov.br>. Acesso em: 10 set. 2003.

Conselho Nacional de Desenvolvimento Científico e Tecnológico (CNPq).[16] Ambas oferecem bolsas de iniciação científica, mestrado e doutorado (no Brasil e no exterior), pós-doutorado (também no Brasil e no exterior), assim como apoio para a organização de e a participação em eventos científicos, além de outros programas.

Com o mesmo grau de importância e com ofertas similares, existem as fundações estaduais de amparo à pesquisa, como a Fapesp, Faperj, Fapergs, Fapemig, Fapeal, Fapema etc. A Fapesp, por exemplo, vem nos últimos anos ampliando seu foco, deixando de enfatizar apenas os projetos individuais e passando a estimular projetos em grupo, de relevância social e econômica. No final da década de 1990, a Fapesp criou um importante programa de apoio às pequenas empresas inovadoras e passou a desenvolver o Projeto Genoma, que reúne dezenas de laboratórios em todo o Estado de São Paulo. A parceria intensa com as três importantes universidades públicas paulistas — USP, Unicamp e Unesp — garante o sucesso de sua atuação. A Fapesp publica mensalmente a revista *Pesquisa Fapesp*, que divulga os resultados das pesquisas que ela financia e assuntos de interesse científico, bem como resenhas de livros e revistas. A revista pode também ser lida na *homepage* da Fapesp. A instituição lançou, em setembro de 2000, o programa Cepids (Centros de Pesquisa, Inovação e Difusão), propondo um modelo novo e alternativo à organização departamental da pesquisa e a criação de redes de cooperação. Os centros escolhidos para ser financiados pela Fapesp (por um período de no máximo 11 anos) devem gerar conhecimento por meio de pesquisa multidisciplinar, criar inovação de conhecimentos (para o governo ou para a iniciativa privada) e promover a difusão do conhecimento gerado.

Há diversas instituições públicas que desempenham ou financiam significativas atividades de pesquisa, por exemplo:

- Fundação Sistema Estadual de Análise de Dados (Seade);[17]
- Fundação do Desenvolvimento Administrativo (Fundap);[18]
- Instituto Paranaense de Desenvolvimento Econômico e Social (Ipardes);[19]

16 Disponível em: <http://www.cnpq.br>. Acesso em: 10 set. 2003.

17 Disponível em: <http://www.seade.gov.br>. Acesso em: 6 set. 2003. Acervo de informações socioeconômicas e demográficas sobre o Estado de São Paulo e centro de produção, tratamento, análise e disseminação dessas informações.

18 Disponível em: <http://www.fundap.sp.gov.br>. Acesso em: 6 set. 2003. Realiza projetos e pesquisas em diversos setores da administração pública.

19 Disponível em: <http://www.ipardes.gov.br>. Acesso em: 6 set. 2003. Autarquia vinculada à Secretaria de Estado do Planejamento e Coordenação Geral, realiza pesquisas e estudos e elabora projetos e programas sobre o desenvolvimento da economia estadual.

- Fundação de Economia e Estatística Siegfried Emanuel Heuser (FEE);[20]
- Fundação Joaquim Nabuco;[21]
- Fundação João Pinheiro (FJP);[22]
- Empresa Brasileira de Pesquisa Agropecuária (Embrapa);[23]
- Financiadora de Estudos e Projetos (Finep).[24]

Existem também centros de pesquisa privados, como o Instituto Universitário de Pesquisas do Rio de Janeiro (Iuperj)[25] e o Centro Brasileiro de Análise e Planejamento (Cebrap),[26] por exemplo, e instituições privadas que financiam a pesquisa no Brasil, como a Vitae.[27]

Cabe ainda ressaltar o importante papel desempenhado pela entidade multidisciplinar Sociedade Brasileira para o Progresso da Ciência (SBPC)[28] no fomento à ciência e à tecnologia no país.

A oferta em nível internacional é também bastante ampla, e segue uma breve lista de algumas das mais importantes instituições de fomento à pesquisa no exterior:

- National Science Foundation — USA (NSF);[29]
- Fundação Rockefeller;[30]
- Organização Mundial da Saúde (OMS);[31]

---

20 Disponível em: <http://www.fee.tche.br>. Acesso em: 11 maio 2007. Órgão de apoio operacional ao planejamento estadual, realiza estudos, pesquisas e análises sobre a economia e a sociedade no Rio Grande do Sul.

21 Disponível em: <http://www.fundaj.gov.br>. Acesso em: 11 maio 2007. Desenvolve pesquisas e estudos enfocando a realidade socioeconômica, cultural e ambiental brasileira, especialmente a das regiões Norte e Nordeste.

22 Disponível em: <http://www.fjp.gov.br>. Acesso em: 6 set. 2003. Entidade do governo de Minas Gerais que realiza projetos de pesquisa aplicada nas áreas da administração pública e privada, economia, estudos históricos, culturais, sociais e políticos. É também responsável pela articulação do Sistema Estadual de Estatística, que produz e divulga estatísticas básicas e indicadores econômico-financeiros, demográficos e sociais, entre outros.

23 Disponível em: <http://www.embrapa.br>. Acesso em: 6 set. 2003. Coordena diversos centros de pesquisa e tem a missão de viabilizar soluções para o desenvolvimento sustentável do agronegócio brasileiro.

24 Disponível em: <http://www.finep.gov.br>. Acesso em: 6 set. 2003. Principal agência do Governo Federal para o financiamento ao desenvolvimento da ciência e da tecnologia no Brasil.

25 Disponível em: <http://www.iuperj.br>. Acesso em: 6 set. 2003. Centro de pesquisa e ensino pós-graduado em ciências sociais. Instituição privada sem fins lucrativos, integra a Universidade Cândido Mendes.

26 Disponível em: <http://www.cebrap.org.br>. Acesso em: 13 maio 2003. Centro de estudos e pesquisas interdisciplinares, independente e sem fins lucrativos, dedicado ao estudo da sociedade brasileira. Publica a revista *Novos Estudos*, focada em ciências humanas.

27 Disponível em: <http://www.vitae.org.br>. Acesso em: 12 jun. 2003.

28 Disponível em: <http://www.sbpcnet.org.br>. Acesso em: 6 set. 2003.

29 Disponível em: <http://www.nsf.gov>. Acesso em: 6 set. 2003. Agência independente do governo norte-americano, responsável por promover a ciência e a engenharia por meio de programas que investem em projetos de pesquisa e educação.

30 Disponível em: <http://www.rockfound.org>. Acesso em: 4 mar. 2003.

31 Disponível em: <http://www.who.int>. Acesso em: 11 maio 2007.

- Fundação Calouste Gulbenkian;[32]
- Fullbright Scholar Program;[33]
- Smithsonian Institution;[34]
- The Royal Society;[35]
- Organisation Européenne pour la Recherche Nucléaire (Cern);[36]
- The Wenner-Gren Foundation for Anthropological Research;[37]
- Ford Foundation;[38]
- Deutscher Akademischer Austauschdienst (DAAD);[39]
- Deutsche Forschungsgemeinschaft (DFG);[40]
- British Council;[41]
- Alexander von Humboldt Foundation.[42]

3.4.4 Extensão

Segundo a LDB de 1996, os cursos de extensão são programas de ensino superior abertos a candidatos que atendam aos requisitos estabelecidos em cada caso pelas instituições de ensino.

A oferta de cursos de extensão é uma responsabilidade social da universidade com a comunidade em que está inserida, prestando assim serviços voltados ao benefício da população e ultrapassando seus próprios limites.

A liberdade para os cursos de extensão é praticamente total — eles não precisam ser autorizados pelo Ministério da Educação e podem se organizar em qualquer campo do saber (ou mesmo como cursos interdisciplinares), com a carga horária e para o público-alvo que a instituição de ensino determinar.

32 Disponível em: <http://www.gulbenkian.pt>. Acesso em: 6 set. 2003. Renomada instituição de pesquisa privada de Portugal.

33 Disponível em: <http://www.iie.org/cies>. Acesso em: 6 set. 2003. Fornece uma série de bolsas de estudos para pesquisas no exterior, em diversas áreas.

34 Disponível em: <http://www.si.edu>. Acesso em: 6 set. 2003. Engloba, entre outros locais e recursos, importantes museus nacionais e galerias (localizados na capital Washington e em Nova York).

35 Disponível em: <http://www.royalsoc.ac.uk>. Acesso em: 6 set. 2003. Academia científica nacional do Reino Unido.

36 Disponível em: <http://cern.web.cern.ch/CERN>. Acesso em: 6 set. 2003. Centro europeu de pesquisas nucleares.

37 Disponível em: <http://www.wennergren.org>. Acesso em: 6 set. 2003. Fundação privada que suporta pesquisa básica em todos os ramos da antropologia.

38 Disponível em: <http://www.fordfound.org>. Acesso em: 6 set. 2003.

39 Disponível em: <http://www.daad.de>. Acesso em: 6 set. 2003. Serviço Alemão de Intercâmbio Acadêmico, que intermedeia o intercâmbio e a cooperação em ciências e artes.

40 Disponível em: <http://www.dfg.de>. Acesso em: 6 set. 2003. A Associação Alemã de Pesquisas é a organização pública central de fomento à pesquisa na Alemanha.

41 Disponível em: <http://www.britcoun.org>. Acesso em: 6 set. 2003. Conselho Britânico.

42 Disponível em: <http://www.humboldt-foundation.de>. Acesso em: 6 set. 2003. Financia pós-doutorado na Alemanha em diversas áreas.

São muito comuns os cursos de extensão para os alunos de graduação ou pós--graduação da própria instituição de ensino, como complemento a seus estudos. São também comuns as atividades de extensão que envolvem atendimento e lazer para a comunidade, assim como as ofertas de cursos de extensão para alunos que ainda não tenham concluído o ensino médio. A USP, por exemplo, oferece alguns de seus cursos de extensão por meio do Projeto Universidade Aberta à Terceira Idade.

PARA REFORÇAR

O que você aprendeu neste capítulo:

Neste capítulo você aprendeu que a educação ocidental está fortemente vinculada aos ideais culturais e filosóficos da Grécia Antiga.

Você aprendeu também que o ensino superior no Brasil começa com muito atraso em relação, por exemplo, a nossos vizinhos na América do Sul.

Além disso, você foi apresentado às principais atividades da educação superior: ensino, pesquisa e extensão.

A SOCIEDADE DA INFORMAÇÃO

OBJETIVOS DO CAPÍTULO

O que você aprenderá neste capítulo:

- Como é possível, do ponto de vista da comunicação, dividir a história da humanidade em fases;
- A importância e a influência de novas tecnologias, como realidade virtual e inteligência artificial;
- A complexidade das questões relativas a direitos autorais na internet;
- Algumas das contribuições das tecnologias à educação.

Há um perigo em olhar muito para a tecnologia pura, e não o suficiente para os contextos pessoais, sociais e culturais em que usamos a tecnologia, particularmente a educação.[1]

4.1 DA SOCIEDADE ORAL À SOCIEDADE DA INFORMÁTICA

Podemos dividir a evolução da humanidade, em relação à comunicação e à transmissão de informações, em quatro grandes estágios: a sociedade oral, a sociedade da escrita, a sociedade da imprensa e a sociedade eletrônica (a aldeia global).

A invenção da escrita é um dos momentos mais importantes na história das civilizações. A comunicação oral exige a presença dos interlocutores, daqueles que falam, e o discurso oral é, portanto, indissociável do momento de sua produção. Ou seja: na situação da comunicação oral, o **momento** em que ocorre a produção dos discursos (as falas) é essencial, e é parte integrante da própria situação. Praticamente não existe comunicação, a não ser naquele instante.

Assim como a comunicação oral, a escrita produz discursos, os próprios textos escritos. Esses discursos, entretanto, libertam-se da situação em que são produzidos e passam a ter uma existência autônoma. Eles não dependem mais do momento em que foram produzidos. Podem ser até mesmo produzidos aos poucos, em momentos diversos. Configura-se comunicação na leitura de um texto escrito, em geral, sem que o escritor esteja presente. Numa sociedade primitiva, ao contrário, não se pode dialogar nem falar sem que a pessoa com quem dialogamos ou falamos esteja presente. A escrita permite e gera essa

1 BATES, Tony. *Educar na era digital: design*, ensino e aprendizagem. São Paulo: Artesanato Educacional, 2016. p. 259.

desvinculação entre o momento de sua produção e o discurso produzido. A situação de comunicação pode repetir-se indefinidamente, e não é mais necessário que as mesmas pessoas estejam presentes, no mesmo local, para que a comunicação se efetive.

A escrita apresenta desenvolvimentos e sistemas diversificados, conforme veremos, e um dos momentos de importantes transformações é o surgimento das escritas alfabéticas e fonéticas. A tipografia introduz a outra grande transformação no modo de comunicação entre os seres humanos. Com a imprensa, é agora possível reproduzir os discursos indefinidamente, as ideias podem ser transmitidas a maior número de pessoas, o que intensifica os debates e a produção do conhecimento. Importa notar que a invenção da imprensa é imediatamente anterior, por exemplo, ao movimento de Revolução Científica. Pode-se dizer, nesse sentido, que a ciência e o pensamento científico estão intimamente associados à imprensa.

Num célebre ensaio de 1936, um dos principais filósofos da Escola de Frankfurt, Walter Benjamin, discute as inovações técnicas introduzidas pela fotografia e pelo cinema em relação à pintura e ao teatro, e suas influências sobre a percepção do ser humano.[2] O ensaio introduz o conceito de **aura** do objeto de arte, ou seja, sua presença no tempo e espaço, sua existência singular no local em que ele está, que é gradualmente dissolvida a partir do momento em que a arte começa a ser produzida para ser reproduzida. Benjamin apresenta a história da reprodução das obras de arte até a fotografia e o cinema, e propõe que a reprodução elimina a aura do objeto e sua relação com a tradição. Assim, a singularidade de uma obra de arte e sua função ritual são perdidas com o surgimento das câmeras fotográficas e de filmagem, e não há mais sentido em falar da autenticidade de uma fotografia ou de um filme. O pintor e o cinegrafista assumem perspectivas distintas em relação aos fenômenos representados. Para Benjamin, a câmera nos introduz no inconsciente ótico (com a técnica do *slow motion*, por exemplo), assim como o faz a psicanálise em relação aos impulsos inconscientes. O artigo de Benjamin é impressionante por diversas razões. Se lembrarmos que Marshall McLuhan, na década de 1960, foi considerado o profeta da ideia de uma aldeia global, e recordarmos seu famoso mote "o meio é a mensagem", nós podemos retornar mais de

---

2 BENJAMIN, Walter. A obra de arte na era de sua reprodutibilidade técnica. In: ______. *Magia e técnica, arte e política*: ensaios sobre literatura e história da cultura. Tradução de Sérgio Paulo Rouanet. 7. ed. São Paulo: Brasiliense, 1994. p. 165-196.

vinte anos para (assombrosamente) ler Walter Benjamin já falando sobre mídia artística e sua influência sobre a mente e a sensibilidade humanas.

Entramos, há poucas décadas, na era da informática, e uma nova ruptura se estabelece. Da estabilidade da linguagem representada estaticamente nos livros, passa-se à instabilidade da linguagem eletrônica. Dos escribas aos internautas. Se a Revolução Industrial substituiu, na produção, a força física do homem pela energia das máquinas (por meio da utilização do vapor e depois da eletricidade), com a revolução microeletrônica as capacidades intelectuais do homem são ampliadas e substituídas por autômatos. A informação agora se apresenta digitalizada e virtualizada, não mais restrita ao suporte do papel. Do texto impresso passamos ao texto processado; do livro impresso, ao livro eletrônico.

A sociedade da informação libera o homem da especialização profissional e dos limites de uma cultura. Abre-se espaço para o surgimento do *Homo studiosus* ou homem universal, "aquele que está munido de uma instrução completa e em condições de mudar de profissão e, portanto, também de posição no interior da organização social do trabalho".[3]

4.1.1 História e influências da escrita, da imprensa e do livro

As primeiras manifestações "escritas" são os desenhos, geralmente em pedras, que procuram copiar ou imitar objetos. O salto do desenho aos pictogramas é um momento essencial no desenvolvimento da escrita e do pensamento, e o início de um longo caminho de distanciamento do sujeito em relação ao mundo. Bottéro analisa da seguinte forma esse salto, ao estudar a escrita na civilização mesopotâmica:

> Um pintor, um gravador ou um escultor, mesmo quando sonhava fazia ornatos para emoldurar letras, reproduzia cansativamente, atendendo à clientela, motivos e cenas mais ou menos repetidos; permanecia tributário de um circuito que partia da realidade imediata e voltava a ela. Quer recopiasse, embelezasse ou transformasse suas visões ou lembranças, o artista pensava, ao fazer isso, comunicar aos outros suas próprias emoções. Diante desses quadros ou diante do que evocavam — processo inevitável, pelo menos no domínio da representação do sobrenatural — o artista os transformava

3 SCHAFF, Adam. *A sociedade da Informática*. Tradução de Carlos Eduardo João Machado e Luiz Arturo Obojes. 4. ed. São Paulo: Ed. UNESP: Brasiliense, 1995. p. 125.

> em símbolos. Pelo desenho deste vaso, desta casa, deste deus, eram na verdade estas próprias realidades que ele queria designar a quem quer que visse e compreendesse a sua obra. Assim, traçando o motivo bem conhecido do feixe de juncos amarrado e recurvado[...], matéria-prima da arquitetura da época, pensava ele remeter não a qualquer construção ou casa, a qualquer "casa de deus" (era então o nome do templo), a qualquer ocupante sobrenatural de determinado templo, mas à grande deusa Inanna, dona e residente do santuário na época mais famoso da região, em Uruk, personalidade eminente do mundo divino. Mas a partir do momento em que esse mesmo desenho foi pictografado, isto é, escolhido, uniformizado e catalogado num sistema que pretendia, por imagens, comunicar todas as mensagens e não mais uma só, ele se despoja de tudo o que podia conservar de individualizante, adquire um caráter plurivalente, uma importância mais geral; não representa mais o único objeto de que fora tirado, mas sua categoria: não mais a única ocupante do grande templo de Uruk, mas a deusa Inanna como tal e em qualquer situação que estivesse. Traçar, em pictografia, o esboço de um peixe, de uma cabeça de boi, de um triângulo pubiano feminino, não era mais, como em arte, procurar evocar este peixe, este boi, esta mulher, mas qualquer peixe, boi ou mulher, reconhecíveis só pelo esquema do seu perfil esboçado ou sugerido e por aí conectáveis ao mesmo grupo. Cada pictograma remetia, pois, virtualmente, não a um espécime como tal, mas ao conjunto a que pertencia, não a um indivíduo, mas à classe, à espécie, ao gênero, sob os quais se alinhava.
>
> Nesse mesmo grau, mesmo que a pictografia só dissesse respeito diretamente às coisas e não às palavras, a escrita, em seu primeiro estado, estava no mesmo ponto que a língua: pois as palavras "peixe", "boi", "mulher", como seus pictogramas, já tinham, à sua medida, um caráter geral, referindo-se não a indivíduos, reais e palpáveis apenas neste baixo mundo, mas a essa criação do espírito que é a categoria.[4]

Além da pedra, na Antiguidade utilizavam-se também outros suportes para a escrita, como mármore, argila (esculpida e cozida), barro, metais (como o bronze e o chumbo), madeira, bambu, cerâmica e tecidos (como a seda).

---

4 BOTTÉRO, Jean. A escrita e a formação da inteligência na Mesopotâmia Antiga. In: ______ et al. *Cultura, pensamento e escrita*. Tradução de Rosa Maria Boaventura e Valter Lellis Siqueira. São Paulo: Ática, 1995. p. 33-34

Com a escrita ideográfica, objetos e ideias passam a ser representados por um sinal. Encontramos ideogramas na China e nas escritas cuneiformes e hieroglíficas. Por volta de 3100 a.C., os sumérios desenvolvem a escrita cuneiforme, assim denominada pelo aspecto exterior dos sinais, que se apresentam em forma de cunhas. Na mesma época, os egípcios desenvolvem os hieróglifos, utilizando o papiro como meio para a escrita. Folhas eram coladas e enroladas, formando os famosos rolos de papiro.

Outro suporte que passa a ser intensamente utilizado para a escrita é o pergaminho, feito a partir da pele dos animais (principalmente o carneiro).

Como já afirmamos, é essencial o momento do surgimento da escrita fonética (silábica e alfabética). Os fenícios desenvolvem um alfabeto por volta de 1000 a.C., que será depois adotado e modificado pelos gregos a partir de 730 a.C., e posteriormente transmitido aos etruscos e romanos.

Diz a lenda que em 105 o chinês Tsai Lun inventa o papel de celulose, mas sabemos que há bastante tempo já se utilizava o papel na China. Bem antes de Gutenberg, a China empregava formas de impressão que não foram observadas pelos europeus: desde o século II os chineses já utilizavam técnicas tipográficas, e no século VIII a imprensa já havia sido inventada na China, com a impressão tabular e os tipos móveis.

A partir de 1144, o papel chega à Europa, introduzido pelos árabes, com o aparecimento de uma fábrica na Espanha. Por ser bem mais barato do que o pergaminho, o papel foi essencial para a democratização da cultura e o humanismo renascentista. De fabricação puramente manual, passam-se a utilizar máquinas em sua produção apenas a partir do final do século XVIII.

Na Idade Média, conhecemos os manuscritos (em papiro, pergaminho ou papel), elaborados pelos copistas e escribas, e repletos de ilustrações (iluminuras). Surge o códice, um grande livro acorrentado e encadernado. A xilografia aparece em larga escala, acompanhando o surgimento do papel. Numa prancha de madeira, por meio de um instrumento cortante, são reproduzidos desenhos, normalmente imagens religiosas. Desenvolvem-se, então, os livros com xilogravuras, acompanhados de palavras, que se utilizam da madeira para gravar as figuras e os textos.

A imprensa é **descoberta** por especialistas em metal e durará até a Revolução Industrial e técnica do século XIX, quando surge a prensa mecânica. A imprensa manual baseia-se em três pilares: os caracteres móveis independentes em metal fundido; a tinta espessa e a prensa; e o próprio papel. Em 1454,

Johannes Gutenberg aperfeiçoa os processos de tipografia e produz uma prensa com tipos móveis de metal.

Com a imprensa, o livro manuscrito (confeccionado também em papel, além do pergaminho), que predominava no período monástico (nos mosteiros) e no período leigo (com o surgimento das universidades), é substituído pelo livro impresso. Como já dissemos, a imprensa teve papel decisivo na Revolução Científica, possibilitando, por exemplo, a divulgação das traduções de textos científicos, assim como de textos gregos e latinos.

O aperfeiçoamento do papel, a partir do século XVIII, assim como o das técnicas de impressão, dá origem ao aparecimento de uma civilização do livro, em que surgem novos personagens, além do próprio livro: o autor, a editora, o público, as bibliotecas, as gráficas, as livrarias etc.

> A moderna "civilização do livro" que emergiu das revoluções democráticas do século XVIII foi, com efeito, um compromisso regulatório entre ideais sociais em competição: a noção do autor individual responsável e com direitos, o valor do acesso democrático ao conhecimento proveitoso, e fé na competição do livre mercado como o mecanismo mais efetivo de troca pública.[5]

No início do século XIX, a celulose começa a ser utilizada, em larga escala, para fabricar o papel. Surgem a prensa mecânica, o papel de pasta de madeira e o linotipo (máquina de compor).

Com o surgimento dos computadores e dos processadores de texto, assistimos ao fim da civilização tipográfica, linear e sucessiva, e ao aparecimento da civilização eletrônica, instantânea e circular. A informática introduz a impressão eletrônica e o livro sem papel. Em sua formatação mais atual, observamos a comercialização dos livros eletrônicos, oferecidos inclusive pela internet, sendo possível, por exemplo, fazer o *download* de apenas um capítulo, ou seja, "comprar" apenas uma parte do texto.

4.1.2 História da Informática

Até chegarmos à tecnologia digital, passamos por diversas invenções importantes em relação à comunicação: telégrafos, telefones, fonógrafos, rádio,

5 HESSE, Carla. Books in time. In: NUNBERG, Geoffrey (Ed.). *The future of the book*. Berkeley: University of California Press, 1996. p. 27. [Tradução nossa.]

televisão, fax etc. As máquinas de calcular analógicas, eletromecânicas e eletrônicas são as ancestrais dos primeiros computadores. A história da computação está intimamente entrelaçada com a Segunda Guerra Mundial, já que grande parte do estímulo da indústria da informática vem dos Órgãos de Defesa. O desenvolvimento da cibernética, da inteligência artificial, da teoria dos sistemas e da tecnologia das comunicações de massa será também decisivo para o progresso da informática.

Em 1939, o engenheiro norte-americano George Stibitz constrói a primeira calculadora de relé[6] binário. O engenheiro alemão Konrad Zuse inventa, em 1941, a primeira calculadora universal controlada por um programa, precursora das máquinas modernas, que foi destruída em Berlim durante a Segunda Guerra. Em 1944, em Harvard, Howard Aiken apresenta a primeira calculadora-registro controlada por um programa, o Mark I, capaz de calcular integrais e derivadas. Em 1945, surge o Electrical Numerical Integrator and Calculator (Eniac), com válvulas a vácuo e muito mais rápido que os modelos anteriores, considerado o elemento de ligação entre as calculadoras e os computadores. Outra máquina importante, nesse sentido, é o IBM SSEC.

A partir do sucesso do Eniac, o matemático John von Neumann desenvolveu, em 1945, importantes estudos em teoria da computação, especialmente no campo de técnicas de armazenagem de programas em bibliotecas (coleção de programas-padrão e sub-rotinas, que inclui uma série de funções para serem utilizadas por outros programas).

Entre 1945 e 1951, surgem os primeiros computadores, nas universidades norte-americanas e inglesas. Os computadores são máquinas automáticas, com memória ampliada, unidade de comando interno, e que efetuam operações lógicas de cálculo e processamento de informação graças a algoritmos gravados.[7] Com o objetivo de produzir cérebros artificiais, nascem máquinas capazes de efetuar cálculos aritméticos e processar informações de forma lógica. Ao contrário das calculadoras, em que o homem conduz os cálculos, o computador realiza cálculos de forma independente e autônoma. O primeiro computador planejado é denominado Edvac, na Universidade da Pensilvânia, que funcionará a partir de 1951, mas o primeiro computador a funcionar efetivamente foi o Manchester Mark 1, na Inglaterra, em 1948. Surgirão em seguida as máquinas IAS, Binac e Edsac.

6 Dispositivo por meio do qual um circuito é controlado por variações nas condições elétricas.

7 BRETON, Philippe. *A história da informática*. Tradução de Elcio Fernandes. São Paulo: Ed. UNESP, 1991. p. 89.

A partir de 1951, os primeiros computadores digitais passam a ser comercializados, como o Univac e, em seguida, o IBM 701.

No final da década de 1950, com o aparecimento do transistor (*transconductance resistor*) em substituição às válvulas a vácuo e da memória de núcleo magnético, inicia-se uma nova fase na história da informática, em que se torna possível construir máquinas mais potentes e menores. As quatro primeiras máquinas dessa geração foram: Seac, Transac S 100, Atlas Guidance Computer Model 1 e o CDC 1604 da Control Data.

A partir dos anos 1960, os computadores tornam-se cada vez menores, e aumenta a oferta de equipamentos periféricos. A metade da década de 1960 é marcada pelo surgimento dos circuitos integrados (conjunto de transistores, resistores e capacitores construído sobre o *chip* — uma base de silício, material semicondutor), que aceleram a miniaturização dos computadores. Na década de 1970, surgem as memórias integradas em *chips*, ROM e RAM. A partir da década de 1980, assistimos a um processo ainda mais intenso de miniaturização dos computadores. Surgem os microcomputadores — Apple (1977) e IBM (1981).

A partir dos anos 1990, tornam-se disponíveis computadores que podem suportar informação gráfica e textual. Consolidam-se também as redes de computadores, o uso do correio eletrônico (*e-mail*) e a publicação eletrônica.

É importante destacar o surgimento e o aperfeiçoamento das linguagens de programação, que criam as condições de diálogo entre as máquinas e o homem, já que a linguagem de máquina e mesmo as linguagens *assembly* (de montagem), que incluem os comandos e dados com os quais os computadores trabalham diretamente, são extremamente complexas. A primeira linguagem de programação a se destacar foi a Fortran, criada na década de 1950. Ainda na mesma década surge a Lisp. Na década de 1960, surgem a Cobol e a Pascal. Num terceiro momento, surge a Basic, concebida como linguagem para a microinformática. No início dos anos 1970, surge a linguagem C, e, no início dos anos 1980, a linguagem C++. Com a programação orientada a objetos, ao Visual Basic e à hipermídia, a programação contemporânea torna-se mais simples e rápida. Mais recentemente destacam-se linguagens como Delphi, Java, ASP, php e ActionScript.

Deve-se destacar também a importância dos sistemas operacionais. No final da década de 1960, surge o Unix, o primeiro sistema operacional que pode ser aplicado em qualquer máquina. No início da década de 1980, surge o MS-DOS. Em 1984, a Apple lança o Macintosh, com o sistema operacional orientado a objetos. Na década de 1990, a Microsoft lança a versão 3.0 do Windows, baseada no sistema do Macintosh, para microcomputadores que usam o MS-DOS. Em 1995, a Microsoft lança o Windows 95 e passa a dominar o mercado de *softwares*, a ponto de ter tido de enfrentar um processo de práticas monopolistas por parte do governo norte-americano.

O incrível progresso dos *softwares* livres no final do século XX também deve ser destacado. Como exemplo, pode-se citar o sistema operacional Linux, que ganha cada vez mais espaço no mercado brasileiro.

4.1.3 A internet e a *web*

A precursora da internet é a Arpanet, desenvolvida nos anos 1960 pelo órgão do Departamento de Defesa Norte-Americano, Advanced Research Projects Agency (Arpa), como uma rede privada de computadores, que permitia que diferentes sistemas de computadores se comunicassem uns com os outros. O objetivo do projeto era criar uma rede de comunicação que pudesse sobreviver à guerra nuclear e a outros desastres, daí a estratégia de uma rede sem hierarquia e comando central, que, mesmo perdendo alguns de seus pontos, continuaria a funcionar. Em 1969, os primeiros arquivos foram trocados entre a Ucla e o Stanford Research Institute.

A denominação internet surgirá apenas mais tarde, quando a rede passa a conectar universidades e laboratórios. A partir da década de 1980, a National Science Foundation (NSF) passa a utilizar a rede para pesquisas acadêmicas. O protocolo Transmission Control Protocol/Internet Protocol (TCP/IP) permite que vários computadores, de diferentes máquinas, se comuniquem.

Em 1991, Tim-Berners Lee e outros cientistas, trabalhando no Cern, o laboratório europeu de partículas físicas em Genebra, inventaram a World Wide Web (www), formada por hipertextos[8] baseados em textos. A *web* desenvolve-se como um ambiente com interface gráfica, cujo material pode ser acessado por *softwares* denominados *browsers* (ou navegadores), que servem para visualizar suas páginas. Em 1993, surge o primeiro *browser*, o Mosaic, desenvolvido por alunos da Universidade de Illinois, em Urbana-Champaign, que permitia acesso à *web* num ambiente gráfico, com cores, som e interatividade. Posteriormente surgem outros *browsers*, como o Netscape Navigator e o Microsoft Internet Explorer. A *web* caracterizar-se-á, então, como um sistema

8 Exploraremos o sentido de hipertextos logo a seguir, na página 133.

de comunicação que transmite material de hipermídia (hipertexto, áudio, vídeo, fotos, bancos de dados e animação).

Hoje, a www é praticamente sinônimo de internet, pois mesmo os *sites* que não possuem formato de hipermídia podem ser acessados por meio da *web*.

Se desde o final da década de 1980 o uso comercial da rede já estava liberado, é somente a partir do início da década de 1990 que provedores de serviços comerciais passam a oferecer acesso à internet. A utilização de conexões por banda larga tem crescido vertiginosamente nos últimos anos, aumentando assim a velocidade de acesso e trocas de informações pela *web*.

É importante notar que não existe uma empresa comandando ou controlando a internet: a administração desse complexo de comunicação mundial é exercida pelas instituições que cooperam e pelas redes regionais que a formam. Nesse sentido, a internet não é **uma** rede, mas um **conjunto** de redes conectadas.

4.1.3.1 A internet 2

O crescimento do número de pessoas utilizando a internet, principalmente depois de sua exploração comercial, acabou diminuindo a velocidade do acesso e da transmissão de informações, prejudicando os tipos de projeto de pesquisa colaborativos. Um grupo está trabalhando para estabelecer serviços de alta velocidade para uma comunidade fechada de universidades e organizações de pesquisa, por meio de uma rede de cabos de fibra ótica, um sistema de regras, conexões e *softwares*. Trata-se de uma iniciativa norte-americana, focada em educação e pesquisa.[9] A National Science Foundation (NSF) começou a liderar o projeto a partir de 1995.

Os impactos que a internet 2 pode causar sobre a educação são imensos: uso intenso e contínuo de multimídia por meio da rede, ambientes mais propícios para o desenvolvimento de projetos de educação a distância, transferência de grande quantidade de dados, reuniões por meio da *web* (revisões *on-line* de trabalhos quando o professor e o aluno podem se encontrar virtualmente e discutir vários assuntos, por exemplo), telemedicina, bibliotecas digitais, laboratórios virtuais etc.

9 INTERNET 2. Disponível em: <http://www.internet2.edu>. Acesso em 4 ago. 2003.

Além do enfoque acadêmico, a internet 2 visa à transferência de tecnologia ao setor comercial. Assim, participam do projeto também órgãos do governo e da indústria norte-americanos.

A iniciativa já começa a se estender para fora dos Estados Unidos, por meio de parcerias. Informações sobre o desenvolvimento da internet no Brasil podem ser encontradas no *site* do Comitê Gestor da internet no Brasil.[10]

4.1.4 O hipertexto e a hipermídia

Os elementos que mais caracterizam a internet são o hipertexto e a hipermídia. A ideia de hipertexto foi enunciada pela primeira vez por Vannevar Bush, em 1945, num artigo intitulado "As we might think". O artigo diferencia o pensamento criativo do repetitivo: enquanto o primeiro estaria preocupado apenas com a seleção de material, o último poderia ser desenvolvido por máquinas, por meio da manipulação repetitiva de dados. Segundo Bush, pensamos por associação, hipertextualmente, e não por métodos de indexação, e nesse sentido o autor propõe uma máquina, o "Memex", que antecipa conceitualmente o computador e o hipertexto.

O hipertexto, ao contrário do texto linear, é estruturado em forma de rede, constituído de nós (os elementos de informação, parágrafos, páginas etc.) e de ligações ou conexões entre esses nós (referências, notas, indicadores, "botões" que efetuam a passagem de um nó a outro).[11] Ao contrário da estrutura estática do texto tradicional, o hipertexto caracteriza-se pela metamorfose e constante mutação. Com o hipertexto, foram introduzidas formas de escrever performativas, substituindo as formas de escrever estruturais das mídias escritas e impressas.[12]

Nesse sentido, o *I-Ching*, por exemplo, o livro de sabedoria chinês, já era um livro hipertextual, pois sua leitura não é linear, mas determinada pelos resultados aleatórios do jogo dos palitos. O poeta francês Guillaume Apollinaire (1880-1918), assim como o movimento brasileiro de poesia concreta, por exemplo, produziram também trabalhos que podem ser classificados como hipertextuais, já que sugerem fluxos de leitura diversos e múltiplos, em contraposição à leitura tradicional e linear da poesia. A própria Contabilidade seria de

---

10 Disponível em: <http://www.cg.org.br>. Acesso em: 6 set. 2003.

11 LÉVY, Pierre. *O que é virtual*. Tradução de Paulo Neves. São Paulo: Editora 34, 1996. p. 44.

12 HESSE, 1996, p. 31.

alguma forma uma estrutura prévia ao hipertexto.[13] Portanto, o raciocínio e a interface hipertextual não são privilégios da sociedade da informação:

> [...] Sabe-se que os primeiros textos alfabéticos não separavam as palavras. Foi só muito progressivamente que foram inventados os espaços em branco entre os vocábulos, a pontuação, os parágrafos, as divisões claras em capítulos, os sumários, os índices, a arte da paginação, a rede de remissão das enciclopédias e dicionários, as notas de pé de página [...] em suma, tudo o que facilita a leitura e a consulta dos documentos escritos. Contribuindo para dobrar os textos, para estruturá-los, para articulá-los além de sua linearidade, essas tecnologias auxiliares compõem o que poderíamos chamar de uma aparelhagem de leitura artificial.
> O hipertexto, hipermídia ou multimídia interativos levam adiante, portanto, um processo já antigo de artificialização da leitura. Se ler consiste em selecionar, em esquematizar, em construir uma rede de remissões internas ao texto, em associar a outros dados, em integrar as palavras e as imagens a uma memória pessoal em reconstrução permanente, então os dispositivos hipertextuais constituem de fato uma espécie de objetivação, de exteriorização, de virtualização dos processos de leitura. Aqui, não consideramos mais apenas os processos técnicos de digitalização e de apresentação do texto, mas a atividade humana de leitura e de interpretação que integra as novas ferramentas.[14]

Assim, ao texto (escrito) podemos contrapor novos processos de armazenamento e novas interfaces introduzidos pelo texto eletrônico, que alteram significativamente os processos de exploração de seu conteúdo.[15] É possível e interessante fazer uma distinção entre três termos que são utilizados muitas vezes indiscriminadamente, como se apontassem sempre para o mesmo significado. **Multimídia** significa a multiplicidade de mídias, ou seja, a utilização de várias mídias ao mesmo tempo, como a visual, a sonora, a textual etc. Se definimos o **hipertexto** como um texto organizado por *links*, podemos definir a **hipermídia** como uma simultaneidade de mídias (e não apenas de textos) também organizadas por *links*. Assim, a hipermídia seria, por natureza,

13 Cf. DUGUID, Paul. Material matters. In: NUNBERG, Geoffrey (Ed.). *The future of the book*. Berkeley: University of California Press, 1996.

14 LÉVY, 1996, p. 43-44.

15 Cf. AARSETH, Espen J. *Cybertext:* perspectives on ergodic literature. Baltimore: John Hopkins University Press, 1997.

múltipla e heterogênea, e nela confluiriam imagens, sons, palavras, textos, sensações, modelos etc., organizados por relações e conexões diversas que possibilitariam diversos fluxos de "leitura".

Paulo C. Cunha Filho e André Neves, no artigo "Conceituando o hipersigno: para uma abordagem semiótica da hipermídia", propõem uma interessante discussão e uma tentativa de definição do termo "hipersigno" como os elementos que estruturam a hipermídia.[16]

4.2 INFORMÁTICA E PENSAMENTO

A informática gera uma revisão de nossos conceitos de razão e pensamento. A inteligência entendida como "saber coisas" é uma noção ultrapassada, pois a informação é hoje armazenada, disponibilizada e compartilhada com bastante facilidade, por meio de poderosos bancos de dados, por exemplo. A inteligência não deve mais, portanto, ser concebida como sinônimo de acúmulo de informações, mas sim da habilidade para estabelecer conexões entre essas informações, de traçar relações. Na era da informática, significados são, em última instância, relações.

Segundo Pierre Lévy, a "razão" não seria um atributo essencial e imutável do ser humano, mas um efeito da utilização de tecnologias intelectuais pela humanidade. Sem ajudas externas como escritas simbólicas, tabelas de valores de verdade, diagramas e discussões coletivas diante de um quadro-negro, nossa razão parece diminuir sensivelmente em poder e capacidade.[17] Podemos, até mesmo, pensar nas tecnologias intelectuais como extensões de memória de longo e curto prazos:

> Uma boa parte daquilo a que chamamos de "racionalidade", no sentido mais estrito do termo, equivale ao uso de um certo número de tecnologias intelectuais, auxílios à memória, sistemas de codificação gráfica e processos de cálculo que recorrem a dispositivos exteriores ao sistema cognitivo humano.

---

16 CUNHA FILHO, Paulo Carneiro da; NEVES, André Menezes Marques das (Org.). *Projeto Virtus:* educação e interdisciplinaridade no ciberespaço. Recife: UFPE; São Paulo: Universidade Anhembi Morumbi, 2000. p. 143-158.

17 LÉVY, Pierre. *As tecnologias da inteligência*: o futuro do pensamento na era da informática. Tradução de Carlos Irineu da Costa. Rio de Janeiro: Editora 34, 1993. p. 153.

> A lógica é um desses sistemas de codificação gráfica. Ela só foi mais ou menos formalizada há vinte e quatro séculos (um curto lapso de tempo comparado à duração da aventura humana). A teoria das probabilidades só existe há três séculos, e as estatísticas há duzentos anos. O que mostra o caráter histórico e provisório de toda definição da racionalidade que se apoiasse sobre estas tecnologias intelectuais.[18]

A informática caracteriza-se, nesse sentido, como uma nova tecnologia intelectual, que nos permite potencializar não apenas nossa memória, mas também diferentes formas de raciocínio, de relacionar os objetos, de perspectivas sobre o mundo etc. Vejamos brevemente como isso ocorre na cibernética, na inteligência artificial e na realidade virtual.

4.2.1 Cibernética

A cibernética nasceu com a convicção de que se constituía em uma teoria sintética de todos os campos da informação, do pensamento e do controle. Seu objetivo era unir, por meio do eixo comum da comunicação, disciplinas como a Estatística, a Engenharia da Computação, a Teoria dos Mecanismos de Controle em Máquinas, a Biologia, a Psicologia e as Ciências Sociais. A partir de então, passam a ser intensamente utilizados termos como *feedback*, sistema, programação etc.

A cibernética estuda as máquinas automáticas e os seres vivos no que eles têm de sistema autogovernado e de realimentação, que, segundo Wiener, é um método de controle de um sistema por meio da reintrodução, nesse mesmo sistema, dos resultados de seu desempenho pretérito.[19] A cibernética incluía, ainda segundo Wiener, a teoria da transmissão das mensagens da engenharia elétrica, o estudo da linguagem, o estudo das mensagens como meios de dirigir a maquinaria e a sociedade, o desenvolvimento de máquinas computadoras e outros autômatos, certas reflexões sobre a Psicologia e o sistema nervoso e uma nova teoria conjetural do método científico. Essa vasta teoria das mensagens caracterizar-se-ia como uma teoria probabilística.[20]

Podemos também falar numa segunda cibernética com o desenvolvimento dos estudos em ciências cognitivas, que se prolongam até hoje.

---

18 LÉVY, 1993, p. 154.

19 WIENER, Norbert. *Cibernética e sociedade:* o uso humano dos seres humanos. Tradução de José Paulo Paes. São Paulo: Cultrix, [1984?]. p. 61.

20 WIENER, [1984?]. p. 15.

4.2.2 Inteligência artificial (IA)

A inteligência artificial (IA) pode ser entendida, *lato sensu*, como uma ciência da inteligência em geral, que procura entender e construir entidades inteligentes.

Seu impulso inicial foi o de construir uma máquina à imagem do homem. Em seus primórdios, acreditava-se que as máquinas pudessem abranger todos os domínios do pensamento humano, e que fosse possível traduzir a linguagem natural por meio de máquinas.

A ideia de construir uma máquina pensante é muito antiga, mas a IA só se estabelece como disciplina científica a partir da Segunda Guerra Mundial, acompanhando o desenvolvimento da Informática e da Engenharia da Computação, e como herança de um corpo de conhecimentos interdisciplinares: Filosofia (teoria do conhecimento e lógica), Matemática, Psicologia (behaviorismo e psicologia cognitiva) e Linguística.

Em projetos para criar máquinas pensantes ou uma IA paralela à nossa, trabalham cientistas de diferentes partes do mundo com formações diversas (Linguística, Psicologia, Filosofia, Ciência da Computação etc.) por meio de programas de computador. A IA procura produzir comportamentos inteligentes, portanto, é essencial para ela desvendar a natureza da mente humana. Assim, a teoria da IA desenvolveu diversos modelos de nossa capacidade de raciocinar, enxergar, falar etc.

As novas tecnologias intelectuais, de inteligência artificial e de simulação possibilitam raciocínios bastante distintos daqueles que se utilizam da lógica clássica e da teoria das probabilidades. A IA permitiu-nos visualizar de forma dinâmica e interativa um grande número de fatores que seriam impossíveis de apreender de forma eficaz somente por meio das técnicas de grafia e de cálculo sobre o papel. Nesse sentido, podemos dizer que a lógica é uma tecnologia intelectual datada, baseada na escrita, e não numa maneira natural de pensar, que a IA teria logrado estudar e descrever. A maioria dos raciocínios humanos não usa regras de dedução formais. Assim, desenvolveram-se diversos *softwares*, como os sistemas especialistas, por exemplo, que procuram auxiliar o pensamento humano em sua função de lidar com múltiplos elementos e múltiplas relações, em manipulá-los não linearmente e, inclusive, em tomar decisões, ampliando dessa forma suas potencialidades.[21]

Uma questão essencial, que reverbera a todo momento nas pesquisas em IA e que de alguma forma estamos refazendo em diferentes passagens de nosso

21 LÉVY, 1993, p. 155.

texto, é a seguinte: será a inteligência um fenômeno humano e único no universo, algo ligado a uma alma, ou existirão outras formas de comportamento inteligente na natureza, sendo inclusive possível produzir e reproduzir inteligência?

4.2.3 Realidade virtual

O movimento de virtualização é aquele que implica o desprendimento do aqui e agora. Com o desenvolvimento dos ambientes de realidade virtual e aumentada são criados por computadores mundos artificiais ou uma mescla entre realidade e virtualidade. Assim, assistimos cada vez mais a um movimento de virtualização do corpo, do texto e da própria economia. A escrita, como vimos, foi um dos momentos da virtualização da memória. Nosso corpo, por exemplo, já teve seus sentidos virtualizados por meio das invenções do telefone (audição), da televisão (visão) etc. Pode-se inclusive pensar na ideia de um hipercorpo (por meio dos movimentos de transfusão de sangue, dos bancos de esperma etc.) e mesmo de uma inteligência coletiva, com o desenvolvimento de redes de computador e da própria internet. No ciberespaço, assistimos ao movimento de virtualização do computador. O trabalho contemporâneo também se torna virtual, um dos aspectos que exploramos neste livro. A própria informação é, em sua essência, virtual.

Com os sistemas especialistas e a utilização de computadores, que nos permitem explorar diversos cenários para a solução de problemas, podemos falar de uma nova forma de conhecimento, que é o conhecimento por simulação, incluindo os poderosos recursos de simulação para a educação, como laboratórios virtuais. O conhecimento deixa de ser localizado, estático, objetivável, territorializável, para se tornar também virtual, num sentido semelhante ao que ocorre na Física Quântica. Segundo Carla Hesse, o conhecimento não é o que está contido no espaço, mas o que passa por ele, como uma série de vetores, todos com direção e duração, mas sem localização ou limite precisos.[22]

Em educação, os ambientes de realidade virtual estendem os horizontes da arena do aprendizado para além das paredes da sala de aula, como discutiremos mais à frente.

---

22 HESSE, 1996, p. 31. [Tradução nossa.]

4.2.4 Propriedade intelectual e direitos autorais no ciberespaço[23]

Numa sociedade virtualizada como a sociedade da informação, é natural que os direitos de propriedade sejam mais complexos do que numa sociedade essencialmente materializada. Os direitos de propriedade, particularmente os direitos de propriedade intelectual, consolidam-se no mesmo momento em que se estabelecem a imprensa, o livro e a figura do autor. Os direitos autorais servem a uma economia comercial que tem como base a materialidade, como engrenagem de uma rede que inclui também leitores, tradutores, impressores, editores, distribuidores, livreiros etc. Na sociedade da informação, essa figura do autor, assim como de seus respectivos direitos, é compreensivelmente colocada em jogo.

Não é tão fácil, como no caso do livro, determinar quem é o autor de textos eletrônicos, principalmente dos produzidos na internet. Os padrões legislativos sobre direitos autorais estão baseados na noção de obras ou trabalhos fixos. O *copyright* depende de uma linha divisória entre obras que marque onde um texto termina e outro começa. Os textos eletrônicos, entretanto, não são entidades estáveis e independentes. O processamento eletrônico de textos dissolve a fixidez do texto impresso, que sustentou por séculos os conceitos legais de propriedade autoral.[24] Cada vez mais assistimos à produção e difusão de textos coletivos ou mesmo anônimos na internet. A facilidade para colar e copiar passagens de textos eletrônicos torna muito mais difícil o controle do plágio. Talvez seja a própria ideia de plágio que comece a se desfazer como violação dos direitos de propriedade do autor. Muitos textos são divulgados pela internet com autorização para o leitor fazer uma cópia particular, ou até mesmo para imprimir e fazer cópias indiscriminadamente, desde que citada a fonte. Afinal, citar a autoria original é uma garantia contra a acusação de plágio (reprodução de trechos de uma obra sem a indicação da fonte), mas não é, de imediato, uma garantia contra uma acusação baseada em direitos de propriedade *(copyright)*.

---

23 Uma boa parte da discussão a seguir aproveita a palestra de Joel Bloch, "The legal debate over cyberspace: what it means for our understanding of intellectual property", no Congresso Computers and Writing 2000, cujo *abstract* pode ser encontrado em: COMPUTERS AND WRITING 2000 CONFERENCE, 2000, Fort Worth, TX. *Presentation abstracts.* Fort Worth, TX: [s.n.], 2000. p. 61-62.

24 LANDOW, George P. *Hypertext 2.0:* the convergence of contemporary critical theory and technology. 2nd ed. Baltimore: Johns Hopkins University Press, 1997. p. 302.

Na legislação nacional, esses dois conceitos a princípio não se diferenciam. O artigo 46, incisos III e VIII da Lei 9.610, de 19 de fevereiro de 1998 (Lei dos Direitos Autorais), afirma:

> Art. 46. Não constitui ofensa aos direitos autorais:
>
> [...]
>
> III – a citação em livros, jornais, revistas ou qualquer outro meio de comunicação, de passagens de qualquer obra, para fins de estudo, crítica ou polêmica, na medida justificada para o fim a atingir, indicando-se o nome do autor e a origem da obra;
>
> [...]
>
> VIII – a reprodução, em quaisquer obras, de pequenos trechos de obras preexistentes, de qualquer natureza, ou de obra integral quando de artes plásticas, sempre que a reprodução em si não seja o objetivo principal da obra nova e que não prejudique a exploração normal da obra reproduzida nem cause um prejuízo injustificado aos legítimos interesses dos autores.

Torna-se necessário, para a compreensão e aplicação da lei, interpretar algumas expressões vagas como "na **medida justificada** para o fim a atingir", "sempre que a reprodução em si não seja o objetivo principal da obra nova", "que não prejudique a **exploração normal** da obra reproduzida" e "**prejuízo injustificado** aos legítimos interesses do autor". Portanto, a indicação da fonte é apenas um dos requisitos a serem cumpridos, em respeito aos direitos do autor.

Na legislação norte-americana, a expressão utilizada, com o mesmo sentido, é *fair-use*, ou uso justo. Para determinar se a reprodução de um trecho de uma obra está baseada no *fair-use*, é necessário levar em conta o propósito e o caráter do uso, a natureza do trabalho reproduzido, a quantidade e a substancialidade do trabalho utilizado e os efeitos gerados no potencial de mercado.

Não existe, pois, uma barreira nítida entre o uso justo e os direitos de propriedade. Parece que aqui se chocam dois princípios básicos da modernidade: de um lado, o direito das pessoas de deter propriedade, e, de outro lado, o direito da sociedade de acesso ao fluxo de informação, o direito do usuário e o interesse público coletivo. Uma das grandes críticas da ideia de *fair-use* é a Disney, detentora de valiosíssimas marcas, para quem o uso justo só existe porque não conseguimos controlar tudo.

Se essas questões já se demonstravam extremamente complexas antes do texto eletrônico, pode-se imaginar o embaralhamento introduzido pela sociedade da informação. Afinal, deve a internet ser considerada segundo os mesmos parâmetros utilizados para legislar sobre a imprensa, ou trata-se de uma outra mídia, e por isso exige uma nova abordagem legal? Quando fazemos *download*, ou estamos copiando um texto, essa atividade deve estar submetida às mesmas regras tradicionais do direito autoral? Os provedores de acesso à internet devem ser considerados agentes similares às companhias telefônicas (que não têm responsabilidade sobre o conteúdo de uma chamada telefônica) ou às editoras (que são responsáveis, legalmente, pelo que publicam)? E o que dizer sobre a responsabilidade das empresas que oferecem hospedagem para *sites*?

Eis outro interessante complicador introduzido pela internet. Muitas *homepages* apresentam anúncios por meio dos quais seus organizadores são remunerados quando o internauta entra nos *sites* dos anunciantes e realiza alguma compra através dessa página. Quando alguém cria um *link* para uma página que está ligada a essa *homepage*, sem passar por ela, estaria, então, saltando sobre os anúncios, prejudicando, nesse sentido, a possibilidade de os organizadores do *site* serem remunerados. Apresenta-se mais um dilema: a *web* deve ser compreendida a partir da ideia de *sites* como propriedade, e, então, eu teria direito de determinar para o internauta por onde ele deve entrar, ou, ao contrário, deve-se respeitar a falta de controle central e a liberdade que, desde o início, marcam a *web*, e assim franquear ao internauta a escolha das formas de acesso às páginas? Enfim, deve-se conceber a *web* como um bazar (sem entradas fixas) ou como uma catedral (com uma majestosa porta de entrada)?

Outra interessante questão coloca-se em relação aos direitos autorais do material didático, organizado pelos professores, principalmente com o desenvolvimento da educação a distância. Tradicionalmente, os professores eram os "donos" do material que organizavam para seus cursos, tanto que podiam "transportá-lo" quando mudavam de uma instituição de ensino para outra, e inclusive muitas vezes chegavam a publicar esse material, recebendo *royalties* como seus autores. A questão que se apresenta, com a sociedade da informação, é a seguinte: as faculdades e universidades têm o direito de colocar o material de cursos, organizados por seus professores, *on-line* e lucrar com esse material sem que os professores sejam remunerados? Afinal, teria o professor já sido pago para desenvolver seu curso ou apenas para ministrar as aulas, mantendo, nesse sentido, os direitos de propriedade intelectual sobre o material didático? Na internet, essa propriedade sobre materiais didáticos tende a ser facilmente perdida. Afinal de contas, quem é o proprietário intelectual do material dos cursos, os professores ou a instituição? Antes, os professores não precisavam dividir os *royalties* de seu trabalho com as instituições, o que parece, agora, estar mudando.

Nunca se constituiu em infringimento a qualquer dispositivo legal o fato de emprestarmos um livro a uma pessoa. Mas o que dizer das situações em que fornecemos senha a um aluno, ou a outra pessoa qualquer, para acessar o material de um curso *on-line*? Ao transferir um direito (pelo qual teria pago), eu não estaria infringindo os direitos autorais do organizador do material? É nesse sentido que nos contratos de *software*, por exemplo, quando aceitamos as regras por meio de um simples clique, acabamos em geral abdicando do direito de passar a propriedade para outro. Surgiram, nesse sentido, autorizações mistas, encriptadas, em que só é fornecido o direito de acesso uma vez, por um dia, ou em que esse acesso é controlado de alguma outra forma.

Não é apenas em relação aos direitos autorais que a internet introduz complicadores: questões interessantes de patente também são geradas. Recentemente a Amazon, que disputa com a Barnes & Noble o título de principal livraria *on-line* do planeta, patenteou o sistema de clique para a compra de livros e iniciou um processo contra a Barnes & Noble por infringir sua patente. Mas, afinal de contas, seria patenteável o simples ato de clicar numa tecla? Não seria isso uma atividade natural, ou propriedade da internet, ela mesma uma rede sem donos?

Enfim, é possível identificar uma oposição radical nas concepções legais sobre a internet, cujo confronto deve determinar o futuro da legislação sobre o ciberespaço. De um lado, aqueles que acreditam que as leis, como estão, são suficientes, e a questão do *fair-use* deve continuar regulando as discussões sobre os direitos autorais, mesmo no ambiente eletrônico. De outro lado, aqueles que acreditam que a informação deseja ser livre, que é impossível regular a internet, por sua própria natureza anárquica e pelo processo de globalização ao qual está submetida. É possível, desde já, visualizar um meio-termo: as leis atuais não vão funcionar para a sociedade da informação, e tende a ocorrer uma erosão da noção de *fair-use*. Seria necessária, então, a redação de novas leis que possam dar conta desse novo universo.[25]

4.3 COMUNICAÇÃO E EDUCAÇÃO NA SOCIEDADE DA INFORMAÇÃO

Já percorremos um longo caminho no desenvolvimento da comunicação, desde a imprensa, passando por fotos, telégrafo, telegrafia sem fio, telefone, telecomunicações, gravação de sons, filmes, rádio, televisão, até os computadores e *softwares*. Há também uma interessante história das tecnologias da informação e da comunicação aplicadas à educação: monitores de TV, videoconferências, vídeos interativos, treinamentos por meio de *softwares* etc.

Com a sociedade da informação, nascem novos paradigmas de educação, que podemos batizar de educação não tradicional ou alternativa. A educação passa a ser considerada um projeto ao longo da vida, e não mais apenas um momento específico e localizado na primeira metade da vida de um ser humano. Surgem a ideia e a necessidade de uma formação contínua.

O próprio aprendizado prático, obtido durante a vida de um aluno, passa a ser considerado por algumas instituições de ensino como equivalente a créditos. Desenvolvem-se cada vez mais novas modalidades de educação, como o estudo autônomo, o estudo intensivo (cursos de curta duração), o estudo particular orientado por um professor universitário (em casa, no escritório etc., no ritmo determinado pelo próprio aluno, que está muitas vezes conectado ao computador da instituição de ensino), as escolas de final de semana e noturnas, os cursos por correspondência, por áudio ou videoteipe etc.

Gostaríamos de abordar três dos mais importantes princípios dessas novas modalidades de educação — a interdisciplinaridade, a educação a distância e os estudos individualizados —,[26] cuja combinação permite criar cursos e programas fascinantes, assim como estudar alguns exemplos em que podemos perceber esses princípios em prática.

---

25 Um interessantíssimo *site*, que se propõe a indexar e apresentar discussões sobre direitos autorais no ciberespaço, é administrado pelo Berkman Center for Internet and Society da Faculdade de Direito da Universidade de Harvard, denominado *Intellectual Property in Cyberspace*. Disponível em: <http://eon.law.harvard.edu/property/library>. Acesso em: 2 set. 2003.

26 Esses três aspectos são discutidos em MATTAR NETO, João Augusto. University without walls... *Estudos Acadêmicos Unibero*, São Paulo, ano 4, n. 8, ago. 1998. Os próximos três itens do texto aproveitam-se em vários momentos desse artigo.

4.3.1 Interdisciplinaridade

Já se vem teorizando há vários anos sobre a necessidade da formação de profissionais generalistas, em lugar de especialistas, para enfrentar os desafios do novo milênio. Os "especialistas em desespecialização", segundo Kourganoff,[27] que defende que as **universidades** precisam não só dos **generalistas-sintetizadores** (que não devem se dedicar a nenhum ramo particular da pesquisa, mas sim a determinar exclusivamente o espírito de cada pesquisa, a descobrir suas relações e interligações e a resumir, na medida do possível, todos os seus princípios em número menor de princípios comuns), mas também de docentes não pesquisadores dedicados ao ensino das generalidades de base (**professores-generalistas**), da mesma maneira que a **sociedade** necessita dos **escritores-cientistas** (ou cientistas-filósofos), generalistas dedicados à síntese cultural, e do **prático-formador**, outro exemplo de docente não pesquisador. Dentre os pesquisadores, Kourganoff fala do **estrategista-generalista** e do **pesquisador-especializado**, além do **pesquisador-formador** (que se dedicaria à formação de pesquisadores iniciantes e à iniciação metódica dos estudantes adiantados na pesquisa). Especialização e ambição da unidade do saber, ou mesmo interdisciplinaridade, portanto, não são projetos incompatíveis nem constituem uma contradição. Desse modo, não se implica, com a ideia de interdisciplinaridade, a necessidade de desativar a formação de especialistas (proibir cursos de Medicina, por exemplo); apenas se defende uma nova proposta de educação, uma nova opção, que procure formar esses generalistas.

Para a formação dos generalistas, há a necessidade de uma educação interdisciplinar. Mary Parker Follett já falava, no início do século XX, na necessidade de desdepartamentalizar nossa forma de pensar. A expressão *undepartmentalized thinking* é, nesse sentido, um dos tesouros colhidos em suas palestras.[28] Assim, contra uma visão de formação especializada, pluri ou multidisciplinar (várias disciplinas sem interação), poderíamos contrapropor uma educação interdisciplinar, que busca basicamente a interação entre diversos conhecimentos. O próprio conceito de disciplina, de acordo com esse modelo, precisaria ser revisto.

Entretanto, não é possível simplesmente igualar todas as disciplinas e passar a considerá-las intercambiáveis, umas pelas outras. Uma interessante divisão se-

---

27 KOURGANOFF, Waldimir. *A face oculta da universidade*. Tradução de Cláudia Schilling e Fátima Murad. São Paulo: Ed. UNESP, 1990, p. 216.

28 Cf. FOLLETT, Mary Parker. The psychology of control. In: ______. *Dynamic administration:* the collected papers of Mary Parker Follett. Edited by E. M. Fox and L. F. Uwrick. New York: Pitman Publishing, 1973.

para as disciplinas verticais (que constroem seu saber em forma de edifícios) das horizontais. As disciplinas verticais (por exemplo, Física, Química, Astronomia e Matemática) caracterizam-se pela longa permanência de seus resultados, por sua coerência lógica e por um acesso relativamente tardio à ciência em marcha, por parte daquele que se propõe a estudá-la, em razão do longo percurso necessário até que se dominem seus fundamentos básicos. Já nas disciplinas horizontais (como Letras, Sociologia, Psicologia, Antropologia, Arqueologia, Geografia, História e algumas formas de Geologia e Biologia), não existem verdades provisoriamente definitivas. Suas pesquisas têm um caráter efêmero, com um baixo grau de estruturação, e geralmente com pequena importância atribuída aos conhecimentos de base. O acesso aos resultados mais recentes da pesquisa e mesmo uma participação ativa nessas pesquisas, nas disciplinas horizontais, nem sempre exigem uma formação universitária prévia. Poderíamos ainda falar de disciplinas intermediárias, como a Geologia e a Biologia, em que nenhuma das duas características é marcante.[29]

Assim, preservando-se a especificidade das disciplinas, pode-se pensar a interdisciplinaridade tanto em programas de novas disciplinas (que procurem abordar aspectos de mais de uma disciplina tradicional) quanto em currículos que procurem agrupar disciplinas aparentemente distintas, fazendo que elas interajam. Além disso, uma proposta interdisciplinar deveria ser posta em prática não apenas na formação de alunos, mas também nas pesquisas desenvolvidas numa instituição de ensino. Ou seja, as universidades devem se tornar interdisciplinares tanto na sua missão de disseminar conhecimentos quanto na função de gerar novos conhecimentos.

Já observamos diversas experiências nesse sentido. Dentre elas, podemos citar a pesquisa interdisciplinar (dentro e fora da instituição), a criação de metadisciplinas (interdisciplinares por natureza, como Economia Ecológica, Psicanálise e Literatura etc.) e a formação de departamentos ou centros interdisciplinares focados em problemas — na própria instituição (como o Center for Environmental and Estuarine Studies da Universidade de Maryland, ou o Center for Quantitative Studies da Universidade de Washington) e mesmo fora dela etc.

Um interessantíssimo exemplo, bastante atual, e no qual podemos observar os diversos personagens descritos por Kourganoff, é o Cross-Cultural

29 KOURGANOFF, 1990, p. 57-72.

Comparative Religious Ideas Project (Crip), realizado na Universidade de Boston. O projeto parte do princípio de que categorias de comparação são essenciais no estudo das religiões. Há, entretanto, uma série de questões a serem respondidas sobre essas categorias: seriam elas descobertas ou inventadas? Podem algumas ser melhores do que outras? Pode-se tornar a comparação rigorosa e sistemática ao prestarmos atenção especial às categorias que utilizamos? Pode-se desenvolver um conjunto sistemático de categorias comparativas de forma a determinar uma teoria da religião? O Crip propõe-se a responder a essas e a outras questões seguindo uma dupla estratégia. Em primeiro lugar, o projeto procura encontrar algumas categorias comparativas úteis e utilizá-las para comparar importantes ideias religiosas. Em segundo lugar, o projeto procura implementar e testar um método complexo de realizar comparações. Há no projeto membros com características bastante diversas: especialistas em tradições religiosas importantes, generalistas em estudos religiosos e teóricos da comparação. O objetivo dessa diversidade foi tanto encorajar os especialistas a assumirem responsabilidade sobre suas comparações quanto forçar os generalistas a relacionarem suas teorias abstratas sobre religião e comparação com detalhes concretos das tradições particulares. O projeto já produziu três volumes (*The human condition, Ultimate realities* e *Religious truth*).[30]

O curso de Ciências Moleculares da USP e o conceito de estudos sequenciais, que serão estudados separadamente, são exemplos interessantes de interdisciplinaridade em nosso país. Para concluir, vale a pena indicar algumas referências bibliográficas sobre a discussão teórica no Brasil. Hilton Jupiassu introduz, ainda na década de 1970, as discussões sobre interdisciplinaridade, com seu *Interdisciplinaridade e patologia do saber.*[31] Ivani C. Arantes Fazenda, que coordena o Núcleo de Estudos e Pesquisas da PUC-SP (que tem produzido trabalhos em nível de pós-graduação sobre o assunto), traça um indispensável histórico das teorias e práticas interdisciplinares, a partir do final da década de 1960, no exterior e no Brasil, em seu *Interdisciplinaridade: história, teoria e pesquisa.*[32] Ari Paulo Jantsch e Lucídio Bianchetti, organizadores de *Interdisci-*

30 Cf. WILDMAN, Wesley. *Cross-Cultural Comparative Religious Ideas Project (Crip).* Disponível em: <http://www.bu.edu/wwildman/WeirdWildWeb/proj_crip.htm>. Acesso em: 3 set. 2003.

31 JUPIASSU, Hilton. *Interdisciplinaridade e patologia do saber.* Rio de Janeiro: Imago, 1976.

32 FAZENDA, Ivani C. Arantes. *Interdisciplinaridade*: história, teoria e pesquisa. 2. ed. Campinas, SP: Papirus, 1995.

plinaridade: para além da filosofia do sujeito,[33] apresentam uma aguçada crítica, de viés marxista, às concepções de Fazenda e Jupiassu.

4.3.2 Educação a distância

É impressionante o desenvolvimento do fenômeno da educação a distância nos últimos anos. Atualmente é possível não apenas cursar algumas disciplinas sem ir à universidade, que podem depois servir como créditos para os cursos tradicionais, como também formar-se engenheiro, fazer mestrado em Literatura, doutorado em Administração etc. sem sair de casa. A filosofia por trás dessas propostas de ensino é simples: o aprendizado não deve ocorrer apenas na sala de aula. Aliás, na sociedade da informação e do conhecimento, a sala de aula (baseada ainda num modelo de sociedade industrial e ensino em série) pode ser vista como o local menos propício para a transmissão e a geração de conhecimentos.

Os departamentos de educação à distância creem que o livro impresso não deva ser a única mídia para o ensino,[34] e utilizam-se, então, de recursos como correspondência, telefone, áudio, vídeo, CD, televisão, *e-mail*, grupos de discussão na internet etc. Muitas instituições aceitam como créditos experiências de vida adquiridas pelo estudante, viagens ao exterior, estudos independentes, estudos intensivos (como *summer courses*), estudos em casa sob orientação,[35] cursos de fim de semana e mesmo simples resultados de provas e exames. A presença na instituição não é requerida, as lições são corrigidas via correio, por *fax* ou por *e-mail*, e as provas podem muitas vezes ser realizadas no local onde o aluno mora, sob a supervisão de um profissional credenciado. O aluno estuda onde e quando quer, onde e quando pode. É possível, por exemplo, passar algumas semanas sem se dedicar muito aos estudos, por diversos motivos, e durante um ou dois meses, então, dedicar-se com mais energia. Ou seja, o aluno se autoprograma para estudar, de acordo com o seu tempo e a sua disponibilidade. Respeita-se, assim, um dos princípios básicos da teoria educacional moderna: os seres humanos progridem em ritmos próprios e muitas vezes bastante diferentes uns dos outros, no

33 JANTSCH, Ari Paulo; BIANCHETTI, Lucídio (Org.). *Interdisciplinaridade*: para além da filosofia do sujeito. Petrópolis, RJ: Vozes, 1995.

34 Nesse sentido, cf. a interessantíssima coletânea de ensaios (da qual alguns já têm sido referenciados durante nosso texto): NUNBERG, 1996.

35 O caso de orientação a distância a uma pesquisa e elaboração de uma tese de doutorado no Brasil é descrito em MAIA, Carmem (Coord.). *Ead.br*: educação a distância no Brasil na era da internet. São Paulo: Ed. Universidade Anhembi Morumbi, 2000. p. 112-117.

aprendizado e na educação. São inúmeros os caminhos que se abrem na educação a partir do desenvolvimento dessa modalidade de estudos a distância, principalmente no sentido de democratizar e simplificar o acesso ao conhecimento, funcionando como um mecanismo de justiça social. Acesso, aliás, que hoje se oferece em livrarias, bibliotecas, cursos livres, vídeos, televisão, internet, empresas etc., e não mais apenas em universidades. O Massachusetts Institute of Technology (MIT), por exemplo, anunciou em abril de 2001 que disponibilizará o material de praticamente todos os seus cursos na internet de graça, durante os próximos dez anos. O MIT OpenCourseWare (MITOCW), um programa inovador e que parece se posicionar na contramão de um mundo movido pelo mercado, desafiou a ideia do conhecimento privado.[36]

São inúmeras as instituições que oferecem cursos a distância, desde disciplinas isoladas até programas completos de graduação e mesmo pós-graduação. Em alguns casos, esses cursos são oferecidos por instituições que também disponibilizam cursos presenciais, mas em outros casos trata-se de instituições de ensino voltadas exclusivamente para o ensino a distância, as universidades virtuais, que não possuem *campus*, apenas um banco de dados de colaboradores e uma oferta de cursos a distância. O que Arthur E. Levine[37] chama de *click universities*, em oposição às tradicionais *brick universities* (universidades de tijolo). Mesmo os cursos mais técnicos podem funcionar dessa forma, utilizando, por exemplo, laboratórios próximos ao local de residência do estudante. Perde-se em convívio social e humano, sem dúvida, mas isso é compensado de diversas formas: algumas instituições só abrem suas classes a distância quando formado um grupo de estudos em determinada região, o qual se reunirá com uma certa frequência e que inclusive receberá periodicamente a visita de alguns professores; outras instituições exigem que parte das atividades seja realizada no seu *campus*, propondo um convívio social e humano que prima pela qualidade, e não quantidade, dos contatos; o tempo, o dinheiro e a energia poupados ao se superar a necessidade de transporte até a universidade podem ser utilizados para o lazer, em que o convívio humano é muitas vezes superior ao que ocorre na instituição de ensino, na qual os parceiros são impostos e não escolhidos.

36 MASSACHUSETTS INSTITUTE OF TECHNOLOGY. *MIT to make nearly all course materials available free on the World Wide Web*. 4 abr. 2001. Disponível em: <http://web.mit.edu/newsoffice/nr/2001/ocw.html>. Acesso em: 3 set. 2003.

37 LEVINE, Arthur E. The future of Colleges: 9 inevitable changes. *The Chronicle of Higher Education*, Washington, D.C., 20 out. 2000. Disponível em: <http://chronicle.com>.

A educação a distância (EaD) prescinde, portanto, da presença física num local, inclusive do professor, que pode utilizar dispositivos impressos, mecânicos e eletrônicos. A EaD acabou recebendo denominações diversas, em diferentes países, como: estudo ou educação por correspondência (Reino Unido); estudo em casa e estudo independente (Estados Unidos); estudos externos (Austrália); telensino ou ensino a distância (França); estudo ou ensino a distância (Alemanha); educação a distância (Espanha); teleducação (Portugal) etc.

O estudo a distância implica não apenas a distância física, mas também a possibilidade da comunicação diferida, na qual o aprendizado se dá sem que, no mesmo instante, os personagens envolvidos estejam participando da atividade. Assim, a EaD implica a manipulação do espaço e do tempo em favor da educação.

A EaD surgiu em meados do século passado, com o desenvolvimento dos meios de transporte e de comunicação (trens, correio), especialmente com o ensino por correspondência, nos Estados Unidos. Podemos apontar como sua primeira geração os materiais que eram primordialmente impressos e encaminhados pelo correio. A segunda geração já apresentou o acréscimo de novas mídias como a televisão, o rádio, as fitas de áudio e vídeo e o telefone. Uma terceira geração introduziu a utilização de redes de computadores, caracterizando a educação a distância *on-line*. Por volta de 1995, com o desenvolvimento explosivo da internet, ocorre um ponto de ruptura na história da educação a distância: a distância física transforma-se em aproximação virtual. Em muitas ofertas de cursos a distância, todas essas mídias ainda convivem, apesar do predomínio do uso da internet. Hoje, robustos ambientes virtuais de estudo (AVEs) simulam as situações dialógicas de uma sala de aula, oferecendo a possibilidade de comunicação que, mesmo não se caracterizando como presencial, não deixa de se realizar em tempo real.

Há diversas aplicações das modalidades de ensino a distância. A EaD caracteriza-se como um instrumento bastante rico e poderoso para treinamento e educação de professores. As novas tecnologias geram também, em muitos casos, maior interação entre professor e aluno, possibilitando a combinação da flexibilidade da interação humana com a independência no tempo e no espaço.[38] A internet pode também, por exemplo, servir como suporte para o próprio ensino presencial, sendo utilizada tanto na sala de aula quanto como mecanismo de complementação dos estudos, fora da universidade.

38 BELLONI, Maria Luiza. *Educação à distância*. Campinas, SP: Autores Associados, 1999, p. 59.

As universidades abertas europeias oferecem cursos somente a distância: a pioneira Open University,[39] na Inglaterra, criada em 1969; a FernUniversität,[40] na Alemanha; a Universidad Nacional de Educación a Distancia (Uned),[41] na Espanha; a Universidade Aberta,[42] em Portugal; a Open Universiteit,[43] na Holanda etc.

Fora da Europa também há um grande número de instituições especializadas em EaD, fundadas em geral nas décadas de 1970 e 1980: a China TV University System, que oferece também treinamento para trabalhadores; a Anadolu University,[44] na Turquia; a Universitas Terbuka Open Learning University,[45] na Indonésia; a Korea National Open University,[46] na Coreia do Sul; a University of South Africa,[47] na África do Sul; o National Correspondence College, na Zâmbia; o National Teachers' Institute of Kaduma, na Nigéria; a Allama Iqbal Open University, no Paquistão; a Al-Quds Open University,[48] na Palestina; The Open Polytechnic,[49] na Nova Zelândia; a National Open University,[50] em Taiwan; a Universidad Estatal a Distancia (Uned),[51] na Costa Rica; a Universidad Nacional Abierta, na Venezuela; etc. O Canadá possui um satélite especialmente utilizado para a educação, denominado Schoolnet.

Além disso, inúmeras associações, instituições, organizações, consórcios, *joint-ventures*, centros de estudo e programas, procuram direcionar os esforços em educação a distância: o Centre National de Enseignement à Distance,[52] na França; o Stuurgroep Open Hoger Onderwijs, na Bélgica; a Danish Association of Open Universities (Daou), na Dinamarca; a Finnish Association for Distance Education (Fade),[53] na Finlândia; a Féderation Interuniversitaire de

39 Disponível em: <http://www.open.ac.uk>. Acesso em: 6 set. 2003.

40 Disponível em: <http://www.fernuni-hagen.de>. Acesso em: 6 set. 2003.

41 Disponível em: <http://www.uned.es>. Acesso em: 12 jan. 2003.

42 Disponível em: <http://www.univ-ab.pt>. Acesso em: 6 set. 2003.

43 Disponível em: <http://www.ou.nl>. Acesso em: 3 fev. 2003.

44 Disponível em: <http://www.anadolu.edu.tr>. Acesso em: 6 set. 2003.

45 Disponível em: <http://www.ut.ac.id>. Acesso em: 6 set. 2003.

46 Disponível em: <http://www.knue.ac.kr>. Acesso em: 13 abr. 2003.

47 Disponível em: <http://www.unisa.ac.za>. Acesso em: 6 set. 2003.

48 Disponível em: <http://www.palestine-net.com/education/qou>. Acesso em: 6 set. 2003.

49 Disponível em: <http://www.openpolytechnic.co.nz>. Acesso em: 6 set. 2003.

50 Disponível em: <http://www.nou.edu.tw>. Acesso em: 20 jun. 2003.

51 Disponível em: <http://www.uned.ac.cr>. Acesso em: 6 set. 2003.

52 Disponível em: <http://www.cned.fr>. Acesso em: 4 jan. 2004.

53 Disponível em: <http://www.fade.fi/eng/fadeesc.htm>. Acesso em: 11 maio 2007.

L'enseignement à Distance (Fied), na França; o National Distance Education Centre (NDEC), na República da Irlanda; a Swedish Association for Distance Education (Sade); a Norwegian Executive Board for Distance Education at University and College Level (Soff),[54] na Noruega; a Norwegian Association for Distance Education (Nade),[55] também na Noruega; a Open Learning Foundation (OLF),[56] no Reino Unido; o Zentrum fur Fernstudien Universität, Linz (ZFUL),[57] na Áustria; o Zentrum fur Universitäre Fernstudien Schweiz, Brig (ZUF),[58] na Suíça; o Deutsch Institut fur Fernstuden (Diff), na Universidade de Tubingen, Alemanha; a Asian Association of Open Universities; a Latin American Cooperative Network for the Development of Distance Education; a European Association of Distance Teaching Universities;[59] o Consorzio Per L'Universita a Distanza (CDU), na Itália; o Irish National Distance Education Centre; o Iesad-Unesco (Inovação da Educação Superior à Distância para a América Latina e o Caribe); o Consórcio Rede de Educação a Distância (Cread) etc. O *site* de apoio para este texto possui uma série de *links* para as páginas dessas (e outras) instituições.

Entretanto, é nos Estados Unidos que a EaD alcançou maior desenvolvimento, pioneiramente com as International Correspondence Schools (ICS), direcionadas para os estudos em casa. Segue apenas uma breve indicação da oferta de programas a distância que é possível encontrar nos Estados Unidos, até mesmo em instituições de ensino presencial tradicionais.

A Universidade da Califórnia, Berkeley, uma das mais respeitadas instituições de ensino do mundo, tem o Center for Media and Independent Learning.[60] Não oferece uma graduação ou pós-graduação completa a distância, mas os créditos obtidos podem ser posteriormente transferidos para os cursos no *campus* da universidade, ou mesmo de outras faculdades e universidades. Não há restrições quanto à admissão, e os alunos podem se inscrever a qualquer momento, tendo um ano para completar cada disciplina a partir da data da inscrição. Algumas das várias disciplinas oferecidas são: Exploring Contemporary Culture through Film, Introduction to International Business, Fundamentals

54 Disponível em: <http://www.soff.uit.no/eng-info.htm>. Acesso em: 6 set. 2003.

55 Disponível em: <http://www.nade-nff.no> Acesso em: 11 maio 2007.

56 Disponível em: <http://www.olf.ac.uk> Acesso em: 6 set. 2003.

57 Disponível em: <http://www.esc.ac.at>. Acesso em: 6 set. 2003.

58 Disponível em: <http://www.fernuni.ch>. Acesso em: 27 jul. 2003.

59 Disponível em: <http://www.eadtu.nl>. Acesso em: 6 set. 2003.

60 Disponível em: <http://www-cmil.unex.berkeley.edu>. Acesso em: 17 maio 2003.

of C++ Programming. A Universidade da Califórnia, Los Angeles (Ucla), oferece um curso a distância para escritores. Os alunos podem desenvolver seus romances, que vão sendo discutidos por um grupo de outros alunos e por um coordenador pela internet.

A Universidade do Alasca, Fairbanks, por meio do seu Center for Distance Education and Independent Learning, oferece matérias como Literature of Alaska and Yukon Territory, History of the Cinema, Beginning Ancient Greek, Beginning Latin, Calculus I, II etc.

A Nova Southeastern University, em Fort Lauderdale, Flórida, por meio de sua School for Computer and Information Sciences, e a Universidade de Syracuse oferecem mestrados em Ciência da Computação, em Sistemas de Informação e em Tecnologia da Computação em Educação, além de doutorados, que podem todos ser obtidos a distância.

O Center for Media-Based Instruction do Georgia Institute of Technology, o College of Engineering da Universidade de Illinois (Urbana-Champaign), o Massachusetts Institute of Technology (MIT) e a Universidade de Stanford, consideradas todas entre as mais destacadas instituições de ensino presenciais norte-americanas, oferecem vários programas de pós-graduação em Engenharia a distância.

A Universidade de Minnesota, por meio de seu departamento de Independent Study and Distance Learning, oferece a distância, dentre outras disciplinas bastante interessantes, diversas que estudam a obra de Shakespeare, assim como uma disciplina que estuda a obra de James Joyce, por meio de audiocassetes, e que se propõe a apresentar sua biografia, estudar seus poemas, a peça *The dubliners* e os romances *A portrait of the artist as a young man, Ulysses* e *Finnegan´s wake.*

A Universidade de Nevada, Reno, oferece disciplinas de Administração Hoteleira a distância, como Lodging Operations e Hotel Advertising and Sales Promotion. A Universidade de Houston oferece disciplinas na área, como Hospitality Industrial Law, Food and Beverage Management and Control, Lodging Management Strategies e Hospitality Management Financial Planning. Já a Mind Extension University oferece um curso completo de bacharelado a distância em administração de hotéis e restaurantes.

O New Jersey Institute of Technology, por meio do seu Office for Distance Learning, oferece, entre outras opções, um curso de bacharelado em Sistemas de Informação e Ciência da Computação, totalmente a distância.

A Universidade de New York, por meio do seu Virtual College, oferece um programa avançado de certificação profissional em Tecnologia da Informação, totalmente a distância, em nível de pós-graduação.

Várias instituições norte-americanas, como a Columbia Bible College and Seminary, por exemplo, oferecem cursos detalhados sobre a Bíblia, a distância.

Outra questão importante, discutida sempre em relação à EaD, é a dos professores. Muitos temem que a informática educativa decrete o fim da figura do professor. Podemos ler a questão de um outro ângulo: muitos profissionais que no esquema tradicional não podem estar vinculados a instituições de ensino (pois não podem se comprometer a dar aulas diariamente, todas as semanas do ano — e não só do ano, pois às universidades interessam os professores de carreira —, já que viajam muito a congressos e têm compromissos constantes fora de seu local de moradia etc.), que trariam contribuições valiosíssimas à educação por meio de sua experiência prática, e que inclusive adorariam fazer da atividade didática uma de suas atividades básicas, por meio do estudo a distância podem tornar-se professores e orientadores onde quer que estejam. Ao se matricular numa disciplina na Universidade da Califórnia, em Berkeley, o aluno pode se surpreender com o fato de seu professor morar em Nova York: na verdade, o ensino a distância destrói as barreiras geográficas para a educação.

On-line, os professores podem se comunicar diretamente e experimentar. Quando o professor entra na sala de aula, ele está sozinho com seus alunos: grande parte dos outros profissionais não desempenha suas atividades de trabalho isolados uns dos outros, e a internet, nesse sentido, fornece ao professor a possibilidade de atuar numa comunidade e manter contato constante com seus colegas.

Uma das características principais da EaD é o fato de o professor ter deixado de ser uma entidade individual para tornar-se uma entidade coletiva.[61] O professor dos cursos a distância é uma equipe que inclui o autor, o editor, o tecnólogo da educação, o artista gráfico, o formador, idealizador e realizador de cursos e materiais, o pesquisador, o tutor, os recursos e o monitor.[62] Muito mais do que um professor, é uma **instituição** que ensina a distância.

No projeto de escola virtual da Universidade Carioca, por exemplo, diversos "atores" interagem no ambiente eletrônico da comunicação: administrador de rede, administradores de grupos de interesse, administrador da instituição,

61 BELLONI, 1999, p. 81.

62 BELLONI, 1999, p. 83-84.

administradores de cursos, administrador da incubadora de empresas, grupo de tecnologia multimídia e pedagogia, professores/instrutores, biblioteca, alunos regulares, comunidade, esquina universitária e administradores de BBSs.[63]

Essas modificações, contudo, não decretam o luto da função de professor e tampouco a perda de seu emprego, mas, ao contrário, apresentam novos desafios e novas funções a serem desempenhados por ele. A aula está pronta e disponível no ambiente eletrônico, e o professor, portanto, não dará aulas no sentido convencional. Entretanto, terá outras funções, como desenvolver e disponibilizar produtos multimídia, criar um ambiente virtual participativo e estimulante, dar consultoria reativa e proativa, acompanhar a participação e medir o aprendizado, entre outras.[64]

Como afirma Pierre Lévy, os professores passam a ser compreendidos como **animadores da inteligência coletiva** e sua atividade será fundamentalmente o acompanhamento e a gestão das aprendizagens, com o estímulo à troca de conhecimento, a mediação relacional e simbólica, a pilotagem personalizada dos percursos de aprendizagem etc.[65]

As vantagens para os alunos também são infinitas. Aqueles que antes não poderiam frequentar a escola, como os que residem longe dos grandes centros ou que não podem abandonar fisicamente seu local de trabalho, podem agora se educar *on-line*. Pela internet, é também mais fácil descobrir (e rapidamente) pessoas que compartilham de nossos interesses e de nossas capacidades intelectuais. Essa possibilidade de relacionamento virtual, entretanto, implica um isolamento efetivo e real do estudante, que precisa ser trabalhado emocionalmente. O ensino a distância exige também um estudante autônomo, disposto à autoaprendizagem.

E surge também uma oportunidade ainda pouco explorada: a do **aluno universal**. Um estudante pode cursar disciplinas de Informática no MIT, Administração em Harvard, Hotelaria em universidades suíças, Literatura em universidades francesas, Filosofia em universidades alemãs, Direito em universidades italianas etc. (imaginando-se que todas essas universidades ofereçam programas de estudo a distância). Normalmente, os créditos obtidos em outras instituições são aceitos pelos programas de *distance learning*.

---

63 RITTO, Antonio Carlos de Azevedo; MACHADO FILHO, Nery. *A caminho da escola virtual*: um ensaio carioca. Rio de Janeiro: Consultor: Faculdade Carioca, 1995. p. 39-43.

64 RITTO; MACHADO FILHO, 1995. p. 43.

65 LÉVY, Pierre. *Cibercultura*. Tradução de Carlos Irineu da Costa. São Paulo: Ed. 34, 1999. p. 171.

Ou seja: o aluno tem nas suas mãos a oportunidade de cursar diversas instituições de ensino, simultaneamente, e inclusive escolher as que mais se adaptam aos seus interesses, podendo posteriormente permanecer períodos mais longos em seu *campus*, o que, no esquema tradicional de ensino, implicaria gastos financeiros, de tempo e de energia, matrículas e mudanças de moradia, até que o processo de teste, erros e acertos pudesse ser mais bem avaliado.

Um dos pioneiros em EaD no Brasil foi o Serviço de Ensino a Distância (SED) da Universidade de Brasília. Criado em 1981, o SED ofereceu cursos a distância por fascículos e jornais.

A Educação a Distância no Brasil[66] foi normatizada pela Lei de Diretrizes e Bases da Educação Nacional (de 20 de dezembro de 1996), pelo Decreto 2.494 (de 10 de fevereiro de 1998), pelo Decreto 2.561 (de 27 de abril de 1998) e pela Portaria Ministerial 301 (de 7 de abril de 1998).

A nova LDB reservou um artigo especificamente para o ensino e a educação a distância:[67]

> Art. 80. O Poder Público incentivará o desenvolvimento e a veiculação de programas de ensino a distância, em todos os níveis e modalidades de ensino, e de educação continuada.
>
> § 1.º A educação a distância, organizada com abertura e regime especiais, será oferecida por instituições especificamente credenciadas pela União.
>
> § 2.º A União regulamentará os requisitos para a realização de exames e registro de diploma relativos a cursos de educação a distância.
>
> § 3.º As normas para produção, controle e avaliação de programas de educação a distância e a autorização para sua implementação caberão aos respectivos sistemas de ensino, podendo haver cooperação e integração entre os diferentes sistemas.
>
> § 4.º A educação a distância gozará de tratamento diferenciado, que incluirá:
>
> I – custos de transmissão reduzidos em canais comerciais de radiodifusão sonora e de sons e imagens;

66 Um interessante *site* sobre a história e legislação da EaD no Brasil, e do qual boa parte das informações a seguir foi retirada, é: BRASIL. Ministério da Educação. Secretaria de Educação a Distância. *Regulamentação da EaD no Brasil*. Disponível em: <http://portal.mec.gov.br/seed/index.php?option=content&task=view&id=61&Itemid=190>. Acesso em: 11 maio 2007.

67 Artigo que Pedro Demo analisa e critica em *A nova LDB*: ranços e avanços. 3. ed. Campinas, SP: Papirus, 1997. p. 85-89.

II – concessão de canais com finalidades exclusivamente educativas;
III – reserva de tempo mínimo, sem ônus para o Poder Público, pelos concessionários de canais comerciais.

A partir de 1998, passam-se a normatizar os procedimentos de credenciamento de instituições para a oferta de cursos de graduação e educação profissional tecnológica a distância.

No governo Lula, merecem ser citados: a Portaria 4.059/04, que trata da oferta de 20% da carga horária dos cursos superiores na modalidade semipresencial; a Portaria 4.361/04 (que revoga a Portaria 301/98); e o Decreto 5.622, de 2005, que revoga o Decreto 2.494/98.

Várias instituições de ensino superior brasileiras já estão credenciadas para oferta de cursos de graduação a distância, cuja lista pode ser conferida no site do MEC.

Várias empresas já oferecem *softwares* de suporte para a preparação de cursos *on-line*, programas de educação a distância e inclusive *campi* virtuais.[68] Diversas instituições de ensino superior no Brasil desenvolveram ferramentas próprias para a EaD, dentre elas a Universidade Federal de Santa Catarina (UFSC), com o Laboratório de Ensino a Distância (LED); a Universidade Anhembi Morumbi (UAM), com o Departamento de Ensino Interativo a Distância; a Universidade Federal de São Paulo (Unifesp), com o Unifesp virtual;[69] as Faculdades Cariocas, com o Univir; e a comunidade virtual de estudo da Universidade Federal de Pernambuco (UFPE), com o Projeto Virtus.[70] A Universidade de Brasília oferece também uma série de cursos de extensão e graduação *on-line*, por meio do Cead.

O Brasil já foi sede de diversos eventos e congressos nacionais e internacionais de educação a distância.

O ensino a distância já não é mais uma miragem, uma aventura ou um risco: é uma realidade que vem crescendo de forma espantosa, desafiando diversos padrões da educação tradicional. É absolutamente imprescindível que as instituições de ensino se adaptem a essa nova realidade, e podemos inclusive

68 Cf., p. ex.: eCollege.com. Denver, CO. Disponível em: <http://www.ecollege.com>. Acesso em: 15 abr. 2003; XanEdu.com. Disponível em: <http://www.proquestpack.com>. Acesso em: 15 abr. 2003; Jenzabar. Disponível em: <http://www.jenzabar.com>. Acesso em: 15 abr. 2003; WebCT. Disponível em: <http://www.webct.com>. Acesso em: 15 abr. 2003.

69 Disponível em: <http://www.virtual.unifesp.br>. Acesso em: 12 mar. 2003.

70 Disponível em: <http://www.projetovirtus.com.br>. Acesso em: 18 dez. 2003.

prever uma grande mudança de paradigma, uma descontinuidade no processo educacional conforme o ensino a distância for se firmando, o que pode possibilitar o surgimento e a consolidação de novas faculdades e universidades e a perda do fio da meada por parte de tradicionais instituições de ensino.

Além disso, mesmo com a disponibilidade cada vez maior do acesso ao computador, não estamos utilizando as potencialidades da internet como instrumento de apoio às aulas presenciais, e mantemos ainda as aulas expositivas tradicionais. Estudo a distância não significa apenas aulas a distância, mas também o uso da tecnologia da informação como suporte e complemento para aulas presenciais. A tendência é que as instituições de ensino que sobreviverão sejam simultaneamente *brick & click universities*, combinando as vantagens da educação presencial e da educação a distância.[71] As instituições de ensino superior estritamente presenciais podem ainda se beneficiar da tecnologia em suas atividades de marketing, apresentando suas propostas e seus cursos por meio de CD-ROMs e mesmo da internet.

4.3.3 Estudos individualizados

Um dos pontos mais interessantes nas experiências de educação não tradicionais é a proliferação dos departamentos de *Interdisciplinary Studies* e de *Individualized Studies*. Essas nos parecem as experiências mais radicais, pois até mesmo muitos desses departamentos oferecem também cursos a distância, que são, por natureza, em geral, interdisciplinares. Nas faculdades e universidades norte-americanas, esses departamentos recebem diversos nomes: *General Studies, Integral Studies, Integrated Studies* etc., além dos dois citados acima.

Nesses departamentos, o aluno se gradua (ou mesmo se pós-gradua) em algo que poderíamos chamar de estudos interdisciplinares. Faz um mestrado ou um doutorado em estudos individualizados. Recebe um diploma de estudos gerais. Quando tiver de preencher uma ficha de emprego, dirá que se formou em estudos integrados!

O que se observa em diversas faculdades e universidades norte-americanas, e que à primeira vista parece paradoxal, é que a ideia de interdisciplinaridade acabou gerando a formação de departamentos responsáveis pela coordenação dos estudos interdisciplinares. Departamentos próprios, separados

---

71 LEVINE, 2000.

dos demais, com professores e pessoal envolvidos em ensino e pesquisa interdisciplinares, numa estrutura organizada para atrair educadores que queiram fazer desse esforço sua atividade central. O estudo interdisciplinar, dessa forma, ganharia mais força e integração.

A filosofia que rege esses departamentos é a da aprendizagem aberta. O aluno pode, em muitos casos, projetar seu currículo sob orientação, escolhendo as matérias que vai estudar e os professores com os quais quer ter aulas. Percebemos aqui, novamente, a necessidade de um estudante independente, do aprendiz autônomo, disposto à autoaprendizagem e capacitado para a autogestão de seus estudos. Segundo Maria Luiza Belloni, a aprendizagem autônoma pode ser definida como um processo de ensino e aprendizagem que está centrado naquele que aprende, que aproveita as experiências do aluno e no qual o professor deve se assumir como recurso do aprendente, considerado ser autônomo, gestor de seu processo de aprendizagem, capaz de autodirigir e autorregular esse processo. Esse modelo de aprendizagem é apropriado a adultos que tenham a maturidade e a motivação necessárias à autoaprendizagem e um mínimo de habilidades de estudo.[72]

A mistura entre o estudo a distância e o estudo individualizado é muitas vezes chamada de *open distance learning* (estudo a distância aberto). A combinação dos estudos tradicionais e presenciais com a interdisciplinaridade, o estudo a distância e o estudo individualizado abre a possibilidade de imaginarmos uma infinidade bastante rica de programas não tradicionais, acompanhando as novas tendências da sociedade da informação. A educação do futuro pode, assim, ser visualizada na convergência entre o ensino presencial e o a distância, com ênfase no estudante, no uso intenso de tecnologias, na flexibilização, na interdisciplinaridade e na formação intensiva dos formadores.[73]

Abordaremos a seguir, como exemplos, alguns programas e projetos que seguem essas tendências, no Brasil e no exterior, procurando mostrar como essas ideias já fazem parte do cotidiano da educação na sociedade da informação.

72 BELLONI, 1999, p. 39-40.

73 BELLONI, 1999, p. 101-108.

4.3.4 Escola Gallatin de Estudos Individualizados - Universidade de Nova York

Um exemplo bastante interessante é o da Escola Gallatin de Estudos Individualizados da Universidade de Nova York. Segue um resumo da proposta do curso, exposta na internet, que serve para exemplificar muitos conceitos expostos até aqui:

> A Escola Gallatin de Estudos Individualizados é uma pequena e inovadora faculdade dentro da New York University [NYU]. A Gallatin fornece aos estudantes a oportunidade de projetar um programa de estudos voltado para suas próprias necessidades e seus próprios interesses. Quando os estudantes decidem vir para a Gallatin, eles aceitam o excitante desafio de criar seu próprio currículo e seu próprio plano de aprendizagem individualizado. Eles trabalham com professores orientadores para combinar cursos feitos em várias escolas da NYU. Usando uma combinação de estudos independentes, estágios e estimulantes cursos interdisciplinares na Gallatin, os estudantes projetam um programa significativo, coerente e personalizado.
>
> Em vez de escolher um curso principal em um departamento acadêmico específico, os estudantes da Gallatin desenvolvem uma concentração que é individualizada para servir a seus interesses e objetivos. Não há requerimentos oficiais para a concentração. Ao contrário, você e seu orientador decidirão juntos quais cursos e quais atividades extraclasse melhor o prepararão para futuros estudos em pós-graduação ou para uma carreira particular. Geralmente, a concentração envolve a combinação de trabalho em duas ou mais disciplinas acadêmicas e cursos realizados em diversos departamentos e escolas da universidade. Os estudantes da Gallatin podem se concentrar numa ampla variedade de áreas, incluindo preparação para direito e medicina,[74] artes performáticas, administração em artes, escrita e comunicação, estudos femininos, estudos ambientais e educação.
>
> A Escola Gallatin faz bom uso dos vastos recursos da cidade de Nova York, fornecendo oportunidades para experiência prática e trabalho de campo. A cada semestre, vários estudantes iniciam estágios em organizações como Lincoln Center for the Performing Arts; Bellevue

74 Direito e Medicina, nos Estados Unidos, são cursos de pós-graduação, e em geral os estudantes que desejam segui-los devem, durante a graduação, cursar disciplinas preparatórias.

Hospital Center; Manhattan Theatre Club; ONU; prefeitura; New York State Council on the Arts; "20/20" (ABC TV); Capitol Records; Working Woman magazine; Bear, Stearns and Co.; e uma variedade de outras corporações e empresas. Isso é apenas uma amostra dos muitos estágios interessantes e desafiadores de que os estudantes de graduação podem desfrutar.

Créditos podem ser obtidos por meio de projetos independentes desenvolvidos com um professor escolhido por sua especialidade. O trabalho pode ter uma natureza criativa ou acadêmica, ou mesmo estar baseado em experiências de aprendizagem relacionadas à carreira do estudante.

Por meio do Programa de Aulas Particulares, é dada a oportunidade aos estudantes na Escola Gallatin de receberem crédito acadêmico por seus estudos em estúdios de artes performáticas ou visuais em Nova York. Os alunos já estudaram em estúdios renomados como Joeffrey Ballet School; Lee Strasberg Theatre Institute; Playwrights Horizons Theatre School; Alvin Ailey American Dance Center; e Broadway Dance Center.

Além dos cursos na Gallatin e dos projetos extraclasse, os estudantes da Gallatin fazem cursos em grande parte das escolas, departamentos e programas da NYU: o College of Arts and Sciences; a School of Education; a Stern School of Business; a Tisch School of the Arts; e a Ehrenkranz School of Social Work. Grande parte dos cursos na universidade está aberta aos estudantes da Gallatin, desde que preencham os pré-requisitos, mas é necessário atentar para o fato de que, em alguns casos, a matrícula é restrita a estudantes em um departamento ou uma escola particular.

Um elemento importante para o sucesso do currículo da Gallatin é a forte ênfase dada à orientação. Um membro do corpo docente participa dos interesses acadêmicos de cada estudante e atua como um orientador pessoal. O orientador ajuda o estudante a planejar o desenvolvimento do estudo a cada semestre e também discute com ele objetivos de longo prazo. O mesmo membro do corpo docente será o orientador do estudante durante toda sua carreira na graduação.

Assim, além dos cursos em sala de aula na Gallatin e por toda a NYU, você pode planejar seus próprios projetos de estudo independentes e trabalhar individualmente com um professor da Gallatin, ou participar de várias formas de aprendizado experimental fazendo um estágio em uma das inúmeras instituições de arte, revistas, empresas, escolas e hospitais de Nova York.

> Os estudantes da Gallatin combinam cursos em disciplinas acadêmicas ou áreas de estudo profissional para criar um programa de estudo único e individualizado.[75]

Não é necessário comentar o texto, pois ele é bastante claro como ilustração dos conceitos de interdisciplinaridade e estudos individualizados. Cabe apenas ressaltar que a proposta permitiria uma longa discussão sobre a função e a necessidade de uma parcela de educação prática, fora da universidade, na formação do estudante universitário. Percebe-se que no programa da Gallatin School uma boa parte da formação do aluno deverá ser externa, aproveitando a infraestrutura que a cidade de Nova York oferece. Algo que os estágios para alunos de graduação no Brasil, pelo menos em teoria, procuram suprir.

4.3.5 Universidade de Stanford: CS 106, *minors* e *majors*, *major* individualizado

Gostaríamos de apontar alguns exemplos de combinação de estudos individualizados, interdisciplinares e a distância na Universidade de Stanford (Califórnia, Estados Unidos).[76]

A estrutura do ensino superior norte-americano tem como base a ideia de um *major* (o curso principal no qual o aluno se matricula) e um ou mais *minors* (cursos secundários em que o aluno fará menos disciplinas, mas do qual também receberá um diploma). Ou seja, a formação universitária já é interdisciplinar por natureza, por meio dessa opção por *majors* e *minors*. Em Stanford, existe ainda uma liberdade muito grande para disciplinas optativas, à escolha do aluno, já que a carga de disciplinas obrigatórias, tanto para os *majors* como para os *minors*, não esgota os créditos que o aluno deve cumprir para se graduar. Além disso, é comum também o aluno cursar um duplo *major*, por exemplo, Direito e Medicina.

Isso significa que o aluno não tem o seu programa de estudos traçado quando entra em Stanford. Ele é obrigado a escolher as disciplinas optativas e também a ordem em que deseja cursar essas disciplinas. A matrícula nas disciplinas é feita *on-line*, e a oferta é incrível. O aluno pode se matricular em qualquer disciplina, desde que atendidos os pré-requisitos e as exigências de cada departamento.

---

75 Cf. NEW YORK UNIVERSITY. *Gallatin School of Individualized Study*. Disponível em: <http://gallatin.nyu.edu>. Acesso em: 3 set. 2003. [Tradução nossa.]

76 STANFORD UNIVERSITY. Disponível em: <http://www.stanford.edu>. Acesso em: 6 set. 2003.

A Stanford oferece ainda diversos *majors* interdisciplinares, por exemplo, Interdisciplinary Studies in Humanities, Management Science & Engineering; Earth Sciences, Aeronautics & Astronautics; Science, Technology and Society; Symbolic Systems, além de uma série de institutos interdisciplinares, como o Institute for Biomedical Engineering, Center for Biomedical Ethics, Center for Surgical Computing, entre outros.

Se o aluno não se satisfaz com todas essas opções de interdisciplinaridade, a Stanford oferece ainda a possibilidade de um *major* totalmente individualizado, em que o aluno projeta seu currículo em função das diversas disciplinas da universidade que deseja cursar, sempre guiado por um orientador. Seu programa deve ser apresentado e justificado para ser aprovado pela universidade.

Para encerrar, gostaríamos de apresentar, como exemplo, a estrutura de uma disciplina específica, a CS 106A (Programming Methodology), introdutória à Computação. Todo o material do curso (programa, *schedule* — que pode ser reformulado rapidamente sempre que necessário —, programas a serem desenvolvidos, material de apoio, aulas gravadas, informações gerais, anúncios, todos os textos distribuídos durante as aulas, referências, *softwares* etc.) pode ser acessado *on-line*.[77] Os alunos participam também de uma *mailing list*, e sempre que informações urgentes e importantes precisam ser transmitidas a todos (como alteração em horário de provas, equívocos na formulação de problemas propostos etc.), isso é feito por *e-mail*. Os alunos podem ainda acessar o professor da disciplina e seus assistentes *on-line* (e, é claro, presencialmente) para tirar dúvidas.

Três vezes por semana, o professor principal da disciplina ministra aulas de 50 minutos, em um auditório para mais de 400 alunos. Essas aulas são basicamente expositivas (apesar de haver espaço para perguntas) e ministradas com o auxílio de recursos eletrônicos (no caso, apresentações em PowerPoint projetadas num telão), e as leituras são previamente programadas. Quem perde uma ou algumas dessas aulas pode posteriormente assisti-las em vídeo na biblioteca, e os alunos que cursam a mesma disciplina a distância (ela é oferecida como parte de programas a distância) têm condições de assistir à aula em suas casas, em circuito de televisão.

Uma vez por semana, o grupo se divide em classes de 10 a 15 alunos, coordenados por um *teacher assistant* (normalmente um aluno de mestrado ou

---

77 STANFORD UNIVERSITY. *CS 106A*: Programming Methodology. Disponível em: <http://www.stanford.edu/class/cs106a>. Acesso em: 6 set. 2003.

doutorado). Nessa aula, são resolvidos problemas (previamente apresentados) e tiradas dúvidas sobre a matéria.

Uma vez por semana, os alunos devem ainda desenvolver (e entregar por *e-mail*) um programa, que é sempre proposto *on-line*. Para isso, contam com o apoio de diversos laboratórios de informática, espalhados pelo *campus*, nos quais estão sempre de plantão *teachers assistants* que têm conhecimento dos programas desenvolvidos pelos alunos. Além disso, dúvidas podem ser tiradas também *on-line*. Esses programas são corrigidos pelo *teacher assistant* da classe e os exercícios são entregues individualmente a cada aluno, quando a correção e os critérios para a nota são discutidos com o estudante.

Enfim, o exemplo parece-nos apontar uma forma exemplar e eficiente de combinação entre aulas presenciais e estudo a distância.

4.3.6 Curso de Ciências Moleculares – USP

Como exemplo de um projeto de excelência e inovador, gostaríamos de tecer alguns comentários sobre o curso de Ciências Moleculares oferecido pela Universidade de São Paulo (USP). Ele é direcionado aos alunos interessados em pesquisa científica já durante a graduação e tem como base os conceitos de multidisciplinaridade, extrema liberdade acadêmica e currículo interdisciplinar.

O aluno não presta vestibular para o curso de Ciências Moleculares, mas para qualquer outro curso da USP. Um aluno regularmente matriculado em qualquer curso de graduação da USP pode, então, pedir transferência para Ciências Moleculares, passando, é claro, por uma avaliação. Caso seja aprovado, sua vaga na unidade de origem é mantida por quatro anos, no caso de desistência ou desligamento do curso de Ciências Moleculares.

O curso tem dois ciclos. O básico, de dois anos, oferece as disciplinas obrigatórias de Matemática, Química, Biologia, Física e Computação. No final do ciclo básico, o aluno escolhe um orientador (entre os inúmeros professores da universidade), que o orientará no cumprimento do segundo ciclo. Esses últimos dois anos incluem um currículo totalmente personalizado, em que o aluno terá completa liberdade curricular, entre todas as disciplinas oferecidas pela USP. Nesse momento, o aluno passa a desenvolver trabalhos de iniciação científica.

A característica mais importante do curso de Ciências Moleculares é que ele consegue combinar as ideias de interdisciplinaridade e estudos individualizados com uma formação científica e de certa maneira especializada. Afinal, o aluno acaba tendo uma forte formação em ciências gerais, e especificamente em seus aspectos moleculares, em seus dois primeiros anos de estudos, e depois tem liberdade para completar esses estudos como preferir, orientado por um professor. Pode, portanto, decidir continuar a se especializar em uma das ciências cursadas no ciclo básico; pode direcionar seus estudos para a Psicologia; pode passar a desenvolver estudos em Filosofia, e especificamente em Filosofia das Ciências; pode até mesmo se dedicar a outras ciências humanas, usando seus dois primeiros anos como conhecimentos básicos; ou dedicar-se à Ciência da Computação, algum ramo da Engenharia etc.[78]

4.3.7 Os cursos sequenciais na nova LDB

Uma das inovações da LDB é a introdução de uma nova modalidade de curso superior, os cursos sequenciais, que se distinguem dos cursos de extensão, graduação e pós-graduação. O conceito de cursos sequenciais abre, inclusive do ponto de vista legal, novas possibilidades de estudos superiores, com maior liberdade para o aluno (que pode programar seu próprio currículo) e para as instituições de ensino (que podem propor uma combinação imensa de cursos). Engloba os conceitos de interdisciplinaridade e estudos individualizados. Pela importância e inovação que essa modalidade parece-nos implicar, vale a pena traçar um breve histórico de seu percurso legal e conceitual, já que sua implementação efetiva nas faculdades e universidades brasileiras se encontra ainda em fase inicial:

1. A Lei 9.394 de Diretrizes e Bases da Educação Nacional, de 20 de dezembro de 1996, em seu artigo 44, indica como uma modalidade de cursos e programas superiores, além dos cursos de graduação, pós-graduação e extensão, "cursos sequenciais por campo de saber, de diferentes níveis de abrangência, abertos a candidatos que atendam aos requisitos estabelecidos pelas instituições de ensino".
2. O Parecer 670/97 da Câmara de Educação Superior (CES) foi elaborado com vistas à regulamentação dos cursos sequenciais no ensino superior. Aprovado em novembro de 1997 e encaminhado à homologação do ministro da Educação e do Desporto, foi depois devolvido para reexame pela CES. Foi, então, elaborado o Parecer CES 672/98, que ampliou e melhor explicitou o escopo dos cursos sequenciais. Posteriormente, alguns conselheiros apresentaram ponderações referentes à implementação dos cursos sequenciais, o que recomendou a

78 Mais informações sobre o curso de Ciências Moleculares podem ser encontradas no site da USP: <http://www.cecm.usp.br>.

retificação do Parecer 672/98. O Parecer CES 968/98 surge, assim, para retificar o anterior, sendo aprovado em 17 de dezembro de 1998. Vários outros documentos legais virão depois a discutir os cursos sequenciais da educação superior, culminando no Parecer 4.363/2004, que dispõe sobre a autorização e o reconhecimento de cursos sequenciais da educação superior.

Vejamos o que a legislação procura introduzir em nossos programas de graduação, com essa nova ideia.

Os cursos sequenciais por campos de saber de nível superior são definidos como um conjunto de atividades sistemáticas de formação, alternativas ou complementares aos cursos de graduação. Podem ter diferentes níveis de abrangência e destinar-se à obtenção e atualização de qualificações técnicas, profissionais ou acadêmicas, e de horizontes intelectuais nos campos das ciências, das humanidades e das artes.

Os cursos sequenciais devem ser ministrados por instituição de ensino que possua um ou mais cursos de graduação reconhecidos, estando dispensados de obedecer ao ano letivo regular. Esses cursos podem abranger apenas os campos de saber circunscritos às áreas de conhecimento dos cursos de graduação reconhecidos, e devem ser oferecidos nos mesmos locais onde esses cursos de graduação funcionam.

Os cursos sequenciais podem ser de dois tipos: de **formação específica** (com destinação coletiva e conduzindo a diploma) e de **complementação de estudos** (com destinação coletiva ou individual, conduzindo a certificado). Os cursos sequenciais de complementação de estudos são destinados exclusivamente a egressos ou a matriculados em cursos de graduação. No caso de destinação individual, devem ser propostos pelos alunos interessados em seguir disciplinas que configurem um campo do saber. Assim, os estudantes regularmente matriculados em curso de graduação reconhecido poderão, a critério da instituição de ensino, ampliar sua formação mediante cursos superiores de complementação de estudos com destinação individual, seguindo disciplinas adicionais às exigidas por seu curso e que componham um campo do saber.

Os estudos realizados nos cursos sequenciais podem vir a ser aproveitados para integralização de carga horária exigida em cursos de graduação desde que façam parte ou sejam equivalentes a disciplinas de seus currículos.

Os alunos de cursos de graduação reconhecidos, na hipótese de não cumprirem integralmente os requisitos exigidos para a respectiva diplomação, poderão fazer jus a certificado de curso superior de complementação de estudos, a critério da instituição de ensino e nos termos da lei.

Ora, o que os diplomas legais procuram fazer é justamente incentivar e impulsionar as instituições de ensino superior a oficializarem o estudo interdisciplinar e individualizado. Dentro dos parâmetros determinados pela legislação, é possível conceber cursos individualizados similares aos da Gallatin School, assim como diversos programas interdisciplinares. Em geral, o caminho é o oposto, mas nesse caso a lei chegou antes (com algumas exceções) da prática, e devemos, nesse sentido, louvar a visão e a coragem dos legisladores, que são quase sempre estigmatizados como retrógrados.

Uma das instituições de ensino superior que oferece um extenso programa de cursos sequenciais é a Universidade Anhembi Morumbi, em São Paulo.

4.4 ALGUNS DESAFIOS DA SOCIEDADE DA INFORMAÇÃO

Nem tudo são louros. A sociedade da informação enfrenta uma série de desafios relacionados com a educação e a comunicação, para os quais muitas vezes não se visualizam soluções imediatas.

Já foi cunhado o termo *netslaves*, referindo-se aos escravos da internet. A falta de organização e mobilização das classes dos trabalhadores da *net*; o fato de seu teletrabalho acabar sendo vigiado 24 horas por dia; o fato de não haver políticas de benefícios e estruturas corporativas para acompanhar suas condições de saúde; o fato de se contratar e dispensar com extrema facilidade nesse campo de trabalho, e de até mesmo se procurar intencionalmente o trabalho de *free-lances*; tudo isso cria uma situação em que as várias conquistas dos movimentos trabalhistas, em várias décadas, acabam sendo ignoradas.

O trabalhador (incluindo o professor) e o estudante da internet enfrentam vários problemas que o trabalhador e o estudante presencial não enfrentam: o extremo isolamento (do ponto de vista físico e emocional), uma intensa sobrecarga cognitiva, o *technostress* ou estresse da comunicação etc. A internet não privilegia o trabalho em equipe real, apenas o trabalho virtual em equipe, o que gera um empobrecimento nas relações humanas e o rompimento das relações interpessoais. A internet é fria e faz que se perca o contato humano, resultando, em alguns casos, até em desadaptação à vida social.

Outra questão grave refere-se à ergonomia. O relacionamento físico entre o ser humano e as máquinas, especialmente o computador, é problemático. Ficar sentado o dia inteiro, usando um computador, é, em regra, o que caracteriza o trabalho e o estudo a distância. O corpo naturalmente passa a doer por estarmos sentados numa cadeira por muito tempo; é comum as pessoas sofrerem lesões em razão do trabalho no teclado (as cada vez mais comuns tendinites), e prejudicarem a própria visão por forçá-la demais ao ter de olhar fixamente o monitor de vídeo por horas a fio etc.

O fato de muitas vezes, por motivos diversos, termos de trabalhar em computadores diferentes gera a necessidade da sincronização de arquivos, para evitar que novas versões sejam perdidas ao trocarmos de máquinas. Fazer cópias de segurança dos trabalhos em andamento é também essencial para evitar a perda de dados — não é raro que os arquivos que não possuem *backup* sejam perdidos ou danificados (quebra de um computador, problemas do disco rígido etc.), e assim lá se vão horas, dias, semanas, meses e mesmo anos de trabalho.

Enfim, há problemas a enfrentar, decisões a serem tomadas, barreiras a serem superadas para que a sociedade da informação e as contribuições que ela traz ao trabalho científico possam ser mais bem aproveitadas.

4.5 CONTRIBUIÇÕES METODOLÓGICAS DA TECNOLOGIA DA INFORMAÇÃO PARA O TRABALHO CIENTÍFICO

No próximo capítulo, apresentaremos especificamente algumas dessas contribuições. Gostaríamos, aqui, de tecer apenas algumas considerações gerais, para concluir este capítulo.

A tecnologia da informação permite-nos rapidez e precisão muito grandes para acessar, sintetizar e analisar a informação. As ferramentas tradicionais para ensino e pesquisa, como papel e lápis, quadro-negro e livro-texto, são hoje apenas alguns dos muitos elementos que podemos utilizar na educação. É imprescindível lançar mão, também, dos recursos eletrônicos. A tecnologia, até há bem pouco tempo, servia simplesmente para análise de dados. Agora, temos à disposição diversos recursos como processadores de texto, *e-mail*, *web browsers* (navegadores da *web*), bancos de dados, *softwares* para editoração eletrônica, *softwares* para o desenvolvimento de ambientes de estudo virtual etc.

Novas formas de ler e escrever estão surgindo: comunicação por *e-mail* em tempo real, fóruns públicos *on-line*, hipertextos interativos, desenvolvimento de bancos de dados para pesquisa genética e bibliográfica etc.[79] Os trabalhos acadêmicos em parceria (virtual) já se consagraram (como exemplo paradigmático mundial, temos o já comentado Projeto Genoma Humano).

Podemos falar, então, na necessidade de professor e aluno desenvolverem sua própria *electronic toolbox*[80] (caixa de ferramentas eletrônica) como suporte ao estudo e à pesquisa, buscando a integração entre os diversos *softwares* disponíveis que mais lhes convierem. É para isso que, esperamos, sirva o capítulo seguinte.

PARA REFORÇAR

O que você aprendeu neste capítulo:

Neste capítulo você percebeu que é possível dividir a história da humanidade em fases, em razão da importância que algumas tecnologias desempenham nas relações sociais e na comunicação entre os seres humanos.

Compreendeu também como as tecnologias digitais influenciam nosso próprio pensamento, e viu alguns exemplos em que as tecnologias são combinadas com propostas pedagógicas arrojadas, resultando em programas de ensino superior inovadores.

Por fim, você tomou consciência de alguns problemas que o progresso das tecnologias nos traz ao mesmo tempo que contribui para o desenvolvimento dos trabalhos acadêmicos e científicos.

79 HESSE, 1996, p. 32-33.

80 EDYBURN, Dave L. *The electronic scholar:* enhancing research productivity with technology. Upper Saddle River, NJ: Merril, 1999. passim.

O TRABALHO CIENTÍFICO NA ERA DIGITAL

OBJETIVOS DO CAPÍTULO

O que você aprenderá neste capítulo:

- Os elementos da estrutura do trabalho acadêmico;
- Como elaborar um trabalho científico;
- Como apresentar um trabalho científico.

Um trabalho científico é uma aventura, uma expedição intelectual que se assemelha ao ato de desvendar um mistério; é uma forma de exploração que nos leva a descobertas.[1]

5.1 TIPOS DE TRABALHOS CIENTÍFICOS

Temos utilizado com frequência a expressão "trabalho científico" como se ela se referisse a algo definido ou individual. Entretanto, existem diversos tipos de trabalhos científicos: trabalhos de síntese (sinopses e resumos), resenhas críticas, trabalhos de divulgação científica (notas ou comunicações científicas apresentadas oralmente em simpósios, congressos ou outros eventos científicos; artigos em publicações periódicas), relatórios e informes científicos, trabalhos monográficos e/ou acadêmicos (monografia, ensaio, trabalhos de conclusão de cursos de graduação e pós-graduação *lato sensu*, dissertação de mestrado ou tese de doutorado), *papers* (texto escrito a partir de uma comunicação oral) etc.

A NBR 10.719, de 2015,[2] "Relatório técnico e/ou científico — Apresentação", por exemplo, define relatório técnico e/ou científico como um "documento que descreve formalmente o progresso ou resultado de pesquisa científica e/ou técnica". O relatório técnico-científico apresenta, sistematicamente, informação suficiente para um leitor qualificado, traça conclusões e faz recomendações. É estabelecido em função e sob a responsabilidade de um organismo ou de pessoa a quem será submetido.[3]

1 GIBALDI, Joseph. *MLA handbook for writers of research papers*. 5th ed. New York: MLA, 1999. p. 3.

2 As NBRs são as normas da Associação Brasileira de Normas Técnicas (ABNT), que servem como parâmetro para a normalização no Brasil.

3 Cf. SALOMON, Délcio Vieira. *Como fazer uma monografia*. 4. ed. São Paulo: Martins Fontes, 1996, para orientações de como fazer e comunicar um relatório ou informe científico.

Já a NBR 14.724, de 2011, "Informação e documentação — Trabalhos acadêmicos — Apresentação", define três tipos de trabalhos acadêmicos, visando à sua apresentação a uma banca ou outra comissão de uma instituição.

O **trabalho de graduação interdisciplinar** (TGI) e o **trabalho de conclusão de curso** de graduação, de especialização e/ou aperfeiçoamento (TCC) são definidos como um documento, feito sob a coordenação de um orientador, que apresenta o resultado de estudo, devendo expressar conhecimento do assunto escolhido, que deve ser obrigatoriamente emanado da disciplina, módulo, estudo independente, curso, programa e outros ministrados.

A **dissertação** é definida como um documento, feito sob a coordenação de um orientador doutor e visando à obtenção do título de mestre, que

> apresenta o resultado de um trabalho experimental ou exposição de um estudo científico retrospectivo, de tema único e bem delimitado em sua extensão, com o objetivo de reunir, analisar e interpretar informações. Deve evidenciar o conhecimento de literatura existente sobre o assunto e a capacidade de sistematização do candidato.

Já a **tese** é um documento, feito sob a coordenação de um orientador doutor e visando à obtenção do título de doutor, ou similar, que

> apresenta o resultado de um trabalho experimental ou exposição de um estudo científico de tema único e bem delimitado. Deve ser elaborado com base em investigação original, constituindo-se em real contribuição para a especialidade em questão.

A discussão deste capítulo, apesar de direcionada principalmente aos trabalhos monográficos de graduação e pós-graduação, pode ser aproveitada em muitos sentidos para todo tipo de trabalho científico.

5.2 A ESCOLHA DO TEMA

A escolha do tema é um dos primeiros desafios com que o aluno se depara no desenvolvimento de seu trabalho. Afinal, de que devo falar? Será que tenho condições de abordar um tema tão complexo? Onde encontrarei informações sobre esse assunto?

A palavra que o aluno deve sempre associar à escolha do tema é **delimitação.** A principal orientação, nesse sentido, é um esforço contínuo na busca da delimitação de seu tema. Nossa tendência é quase sempre a de escolher, em um momento inicial, um tema amplo e genérico, sem que tenhamos consciência disso. Mas é preciso encontrar, dentro desse tema genérico, ou relacionado a ele, um assunto mais específico e pontual. E esse é, muitas vezes, um exercício que pede o auxílio do professor ou orientador, pois nossa percepção parece, quase sempre, indicar que a delimitação já tenha atingido o limite.

Durante a orientação a trabalhos de conclusão de curso de graduação, por exemplo, estávamos nesse momento de delimitação inicial dos temas. Um aluno propôs, como tema para o seu trabalho, "Comércio Exterior". É óbvio que esse não é um tema para um trabalho de graduação e que seria impossível a produção de um texto sobre um assunto tão amplo e indefinido. Assim, ele foi orientado a tentar delimitá-lo. Na aula seguinte, retornou com sua nova proposta: "O Comércio Exterior no Brasil e no Mundo". Percebe-se aqui um esforço, ainda que pequeno, de delimitação (o afunilamento para o Brasil), mas logo em seguida observamos o retorno à indeterminação, com a expressão "no Mundo". Esse exemplo, independentemente de seu caráter divertido e da ingenuidade do aluno, mostra com clareza nosso processo de resistência psicológica ao exercício da delimitação.

Muitas vezes nem mesmo os grandes cientistas conseguem desenvolver trabalhos muito amplos; devemos, portanto, estar sempre lutando contra essa tendência. Psicologicamente, a escolha de um tema genérico parece nos transmitir maior segurança, pois quanto mais específico o assunto escolhido, menos (ou quase nada) parece que nos resta a falar. Na verdade, esse exercício de recorte do tema não deve ocorrer apenas no momento inicial do trabalho. O trabalho de pesquisa, e mesmo de redação, acabam funcionando como uma forma de ir moldando o próprio tema, delimitando-o e mesmo modificando-o. Antes do início das leituras e das pesquisas, é possível, mesmo com o suporte do orientador, chegar apenas a determinado nível de delimitação, mas o desenvolvimento do trabalho permitirá que o assunto passe a ser mais bem compreendido, que surjam questões que antes não se colocavam, e, assim, novas possibilidades de recorte e de delimitação se abrirão.

"Focalização" talvez seja uma metáfora mais adequada do que "redução" ou "delimitação". Afinal, focar não significa necessariamente reduzir o enquadramento. Trabalho concluído, quando olhamos para trás, para os momentos iniciais da pesquisa, percebemos que nosso tema não era visualizado com exatidão, como se estivesse fora de foco. É importante destacar que a atividade de dar mais foco ao tema já é, em si, atividade de pesquisa. As fronteiras ficam mais nítidas, assim como os elementos que têm para nós mais interesse (em relação aos elementos do campo que não interessarão diretamente à pesquisa, e que podem permanecer com o foco difuso). Delimitar o tema significa, na verdade, adotar um ponto de vista sobre o objeto, de maneira que sua visualização apresente melhor foco.

O tema deve também responder aos interesses do candidato, pois normalmente o processo de investigação e redação é demorado e há a tendência da perda do interesse antes da conclusão do trabalho, o que pode ser evitado (ou ao menos retardado) caso o assunto desperte interesse no pesquisador desde o início. Além disso, as fontes de informação sobre o tema devem estar acessíveis, e as fontes de consulta devem ser manejáveis (ao alcance cultural do candidato e em uma língua que ele consiga ler).

A internet pode auxiliar o aluno nessa fase inicial de definição do tema. A simples e desinteressada atividade de navegar livremente pela *web* pode ajudar a indicar caminhos de delimitação. A internet oferecerá, com bastante rapidez, diferentes perspectivas de se abordar um assunto, que podem fornecer uma luz para o exercício da delimitação.

5.3 O PROJETO DE PESQUISA

Normalmente, é solicitado ao aluno que, no início de seu trabalho, elabore um projeto de pesquisa. A estrutura desse projeto é quase sempre definida pela instituição que o requisita. O leitor perceberá que nossa proposta mais próxima à de um projeto de pesquisa, neste livro, é a de um sumário, que se alterará conforme o trabalho progrida. O projeto de pesquisa tradicional tem um caráter muito mais estático, e, com o desenvolvimento do trabalho, é praticamente esquecido. De qualquer forma, o projeto de pesquisa faz que o aluno tenha de visualizar seu trabalho no futuro, em vários sentidos, além de servir como uma forma padrão de comunicar seus objetivos. Apresentamos, assim, suas características gerais, que não aparecem necessariamente na ordem a seguir.[4] Existe uma norma da ABNT, a NBR 15.287, "Projeto de pesquisa: apresentação", de 2011.

5.3.1 Título

Em muitos projetos de pesquisa, é necessário que o aluno forneça um título, ainda que provisório, para o trabalho. Trata-se de um exercício interessante, pois no trabalho pronto o título acaba desempenhando um papel importante. Justifica-se, portanto, antes mesmo do início das pesquisas, a proposição de um título, o qual pode ser alterado durante as leituras, experiências e redação do trabalho. A proposição desse título inicial faz que o aluno o leia e o questione constantemente, durante a redação, e fatalmente a versão do título que resistir até o fim do trabalho mostrar-se-á pronta para ser adotada como seu título efetivo.

Devemos evitar títulos muito longos e que não deixem claro o tema do trabalho. Quando necessário, pode-se utilizar um subtítulo.

5.3.2 Tema

Parte também integrante do projeto é o tema ou assunto. Ele já deve estar delimitado, pelo menos inicialmente. Muitas vezes pede-se também que o projeto inclua a justificativa para a escolha do tema. O objetivo é que o tema não esteja indicado apenas por uma frase, mas que o projeto já tenha a oportunidade de desenvolver um pouco o assunto escolhido. Portanto, é importante que, desde o início do trabalho, o aluno procure redigir um ou alguns parágrafos sobre o assunto escolhido, pois o próprio exercício de raciocínio e redação acaba demonstrando o que está claro e o que ainda está confuso em relação ao tema, servindo, assim, para auxiliar no processo de delimitação.

O tema deve ser delimitado e focado. Nesse exercício, o apoio do orientador é essencial. Cabe lembrar novamente que o próprio desenvolvimento da pesquisa contribui para a delimitação.

---

4 Cf. SALOMON, 1996, p. 153-160, para uma orientação mais detalhada sobre como desenvolver um projeto de pesquisa.

5.3.3 Problema

Deve-se identificar as questões mais interessantes que o tema levanta, ou que a ele estejam relacionadas, e que serão abordadas pelo trabalho. Um problema implica uma ou mais dúvidas ou dificuldades em relação ao tema, que você se proporá a resolver. Formulá-lo, portanto, deve envolver perguntas, às quais o trabalho procurará responder. Logo, os problemas são mais específicos que o tema.

5.3.4 Objetivos

Os objetivos ou propósitos do estudo também são parte integrante dos projetos de pesquisa. Podem ser divididos em objetivos gerais e específicos, e muitas vezes pede-se também a justificativa para sua escolha. Uma resposta subjetiva bastante honesta seria que o objetivo do trabalho é o de cumprir os requisitos para a obtenção do grau de bacharel, mestre ou doutor! O que se espera, de qualquer forma, é que o projeto discorra um pouco mais sobre o tema escolhido, indicando o que o trabalho procurará estudar e até onde pretende chegar.

5.3.5 Hipóteses

É um exercício interessante procurar formular as hipóteses do trabalho antes mesmo de iniciar as pesquisas. Além dos aspectos racionais fatalmente envolvidos nesse exercício, formular hipóteses implica também, como já vimos, um trabalho criativo, de adivinhação. Para certos fenômenos ou comportamentos, imaginamos determinadas causas ou explicações. Mas é importante notar que muitos trabalhos científicos não necessitam de hipóteses (podem se tratar, por exemplo, de trabalhos de simples levantamento bibliográfico), e que as hipóteses podem também se tornar mais claras conforme o trabalho progride. De qualquer forma, quando uma ou mais hipóteses movem uma pesquisa, sua explicitação no projeto é importante, pois os resultados das pesquisas podem confirmá-las ou contradizê-las, forçando, então, sua reformulação.

5.3.6 Metodologia

O projeto inclui também a descrição dos métodos ou procedimentos que serão utilizados na pesquisa. Isso causa uma série de equívocos, pois muitas vezes o aluno não visualiza com clareza a metodologia que pretende utilizar em sua pesquisa, e acaba, então, propondo termos (como "método hipotético-dedutivo") selecionados de uma lista de métodos apresentada em algum livro, sem ter ideia do que isso significa. Explicitar a metodologia de pesquisas de campo ou de laboratório é bastante importante, pois, como vimos, isso define de antemão os possíveis resultados do trabalho. No caso de hipóteses empíricas definidas de antemão, a metodologia deve descrever por quais meios essas hipóteses serão testadas e verificadas e como serão trabalhados os resultados desses testes. Pesquisas de campo devem indicar os locais em que a pesquisa será realizada e os tipos de abordagem utilizados (entrevistas, permanência no campo, observação etc.).

Entretanto, isso não ocorre com pesquisas basicamente bibliográficas, em que a leitura é utilizada como material primordial (e praticamente único) para o trabalho. Nesses casos, o aluno pode indicar como pretende acessar suas fontes de consulta, fichá-las, lê-las e resumi-las, construir seu texto etc.

5.3.7 Orçamento e cronograma

Muitas instituições pedem que se faça um cronograma e um orçamento da pesquisa. O orçamento só tem significado maior para trabalhos que estejam buscando financiamento ou quando houver despesas substanciais, para que o próprio pesquisador possa prever seus gastos. Traçar um cronograma para a pesquisa é um exercício interessante para todo tipo de trabalho, pois se pode de antemão prever quanto tempo haverá disponível para cada atividade necessária para a conclusão da pesquisa. Quase sempre os cronogramas falham ou precisam ser refeitos, mas é importante controlar o tempo que resta para evitar que as últimas fases do trabalho (como a redação final e revisão, por exemplo) tenham de ser realizadas às pressas, o que acaba por prejudicar toda uma pesquisa séria realizada anteriormente. Se for necessário interromper algumas atividades por falta de tempo, em geral é melhor que todas sejam reduzidas um pouco, proporcionalmente, mas a ausência de um cronograma vai empurrando tudo para a frente, e assim as fases finais acabam sendo, muitas vezes, quase integralmente puladas e ignoradas para que se possa cumprir o prazo determinado por uma instituição.

5.3.8 Bibliografia

Por fim, é importante desde o início indicar a bibliografia que se pretende utilizar. Essa lista será constantemente modificada, pois alguns textos demonstrar-se-ão sem interesse para o trabalho, e outras indicações (de especialistas, durante as próprias leituras) surgirão. A sugestão é que, durante a pesquisa, o leitor mantenha uma lista dos textos a serem consultados e que passe a fazer anotações sobre os títulos já lidos, classificando-os (em arquivos distintos), de um lado, em textos que interessam ao projeto e, de outro lado, em textos que não se mostraram interessantes. Muitas vezes, confiamos em nossa memória, mas, no caso de projetos longos, acabamos por retornar aos textos já lidos (e supostamente descartados) a fim de nos certificarmos de sua utilidade ou inutilidade, e isso acaba representando tempo perdido. Este capítulo discutirá técnicas de leitura e fichamento utilizando o computador, que servirão para o trabalho com a bibliografia.

Essa estrutura tradicional dos projetos de pesquisa, como provavelmente foi possível perceber, está baseada em estágios de pesquisa já adiantados, mas é indiscriminadamente aplicada para os trabalhos de graduação e pós-graduação. Durante as discussões seguintes, em que se abordarão diferentes tipos de pesquisa, serão apontadas algumas características específicas de cada um deles, que, é claro, podem também constar do projeto de pesquisa.

5.4 A PESQUISA CIENTÍFICA E SUAS FONTES DE INFORMAÇÃO

A pesquisa é, ao mesmo tempo, um processo de descoberta e de invenção. Há um elemento lúdico e de criatividade envolvido na atividade de investigação científica.

O problema que se coloca desde o início é: por onde começar? Uma sugestão é começar com um professor ou um especialista no tema que você selecionou, ou mesmo com um bibliotecário. Eles poderão indicar uma bibliografia básica a ser consultada, alguns *sites* confiáveis para serem acessados e assim por diante. O orientador também deve ser bastante consultado nesse momento do trabalho. Organizações, enciclopédias especializadas, livrarias eletrônicas (que permitem buscas por autores, títulos e assuntos) e, dependendo da pesquisa, jornais e revistas podem também ser interessantes fontes iniciais de pesquisa. Deve-se ainda lembrar que, para muitas pesquisas, os recursos básicos encontram-se no campo ou no laboratório.

Às vezes a pesquisa vai confirmar suas ideias ou opiniões, às vezes modificá-las, mas quase sempre vai ajudar a dar forma a seu pensamento. Nesse sentido, a pesquisa precisa ser moldada por uma prática autocorretiva, ou seja, é necessário rever e alterar os métodos de trabalho, as hipóteses, os objetivos e assim por diante, sempre que necessário.

Abordaremos a seguir as formas mais comuns de pesquisa e suas fontes, ressaltando, sempre que possível, o uso das tecnologias da informação.

5.4.1 Aulas

As aulas podem se caracterizar como uma importante fonte para as pesquisas. Entretanto, os estudantes em geral a desprezam, separando o universo da pesquisa da sala de aula. As aulas podem ser utilizadas para tirar dúvidas sobre o desenvolvimento do próprio trabalho, sempre que pertinente ao tema tratado, ou pode-se utilizar o momento logo após o final da aula para uma consulta individual ao professor. Estar atento às aulas, procurando sempre relacionar os temas tratados com o projeto de pesquisa, pode trazer interessantes sugestões para a continuidade ou a alteração do rumo do trabalho. Nesse sentido, sempre que possível, é interessante escolher um tema de pesquisa em sintonia com o programa de algumas das disciplinas a serem cursadas durante o desenvolvimento do trabalho. As aulas, dessa forma, acabam funcionando como um interessante *feedback* e estímulo à continuidade do trabalho, e a pesquisa acaba auxiliando o progresso na disciplina. Por isso, é sempre importante tomar notas das aulas quando as discussões têm relação com o tema de pesquisa proposto.

5.4.2 Participação em palestras, seminários, simpósios e congressos

Congressos, conferências, palestras, encontros, reuniões, jornadas, simpósios, seminários, mesas-redondas, *workshops*, oficinas e sessões de comunicações são também fontes muito ricas para o desenvolvimento de pesquisas. Normalmente, nesses eventos são reunidos pesquisadores experientes e é possível encontrar pessoas que estejam se dedicando a temas semelhantes ou bastante próximos ao escolhido.

Muitos desses eventos fornecem material escrito (e até mesmo *on-line*) sobre os trabalhos apresentados, mas é também interessante tomar notas, já que é metodologicamente aceitável que se indiquem, como fonte de pesquisa, informações orais colhidas em palestras. É comum que, enquanto assistimos a uma palestra que se relaciona com nosso tema, várias ideias passem por nossa cabeça: é muito importante que façamos anotações dessas ideias (mesmo que por um tempo deixemos de acompanhar o palestrante), pois esse material pode acabar se transformando em uma das mais fecundas contribuições para a redação de nossos trabalhos, já que nesse momento estamos mentalmente inspirados pelo discurso de outra pessoa e traçando ativamente relações com nosso tema, situações que não se repetirão com frequência durante a pesquisa. Essas ideias, mesmo que ainda fragmentárias, em geral acabam por se demonstrar sementes muito ricas, que depois podem ser desenvolvidas e estruturadas com paciência pelo pesquisador.

Como a oferta desses eventos é bastante ampla, é importante que alguém com mais experiência auxilie o estudante na escolha daqueles de que vale a pena participar. Nesse sentido, é ideal que a programação desses eventos seja feita em conjunto com o orientador, quando existir essa figura. Muitos desses eventos geram publicações, como os anais de congressos, que podem interessar ao pesquisador; vale um esforço extra de pesquisa para localizar os que tenham relação com o tema escolhido.

5.4.3 Pesquisa experimental e de laboratório

Já tivemos a oportunidade de apresentar brevemente alguns conceitos básicos utilizados em Estatística. A tendência do neófito em pesquisas experimentais é sair coletando dados e depois procurar analisá-los utilizando esses conceitos. No entanto, o caminho deve ser o inverso: é necessário, primeiro, programar o que pretendemos colher, como a coleta deverá ser realizada, o que pretendemos aferir e como pretendemos tratar os dados. Como já vimos, todos esses pressupostos acabam determinando decisivamente os resultados de nossa pesquisa.

Uma das definições prévias, necessárias à pesquisa, é a forma de seleção da amostra. Normalmente é impossível analisar a totalidade de uma população, conjunto ou coleção de dados. Portanto, somos obrigados a utilizar uma amostra ou um subconjunto desses dados. As técnicas de amostragem são um dos aspectos metodológicos mais importantes das pesquisas experimentais. Pode ser utilizado um critério para a seleção da amostra ou ela pode ser aleatória, sem critério algum. Dependendo dessas decisões, os resultados alcançados tendem a ser diferentes, e essa opção deve ser retomada para a avaliação dos dados obtidos. O problema principal acaba sendo o valor da amostra que justifique a extrapolação para a população total, ou seja, a possibilidade da inferência estatística. Uma estimativa é tanto melhor quanto maior for o efetivo medido e quando a dimensão da amostra for suficientemente grande em relação à população total. Além disso, como muitas vezes não temos nem mesmo acesso a essa população total, precisamos fabricar um modelo dela por meio de diversos critérios que passam também a fazer parte integrante da pesquisa.

Outra questão importante a ser respondida, antes mesmo da pesquisa experimental, é a seguinte: quais variações desejamos estudar? Os fenômenos observáveis têm normalmente uma infinidade de causas, e nossa tendência é querer simplificar essa complexidade, relacionando apenas uma (ou mesmo poucas causas) ao fenômeno. É nesse sentido que se torna essencial, na pesquisa experimental, definir que variações do fenômeno pretendemos medir e quais variáveis desejamos analisar.

Assim, é importante definir a **variável independente**, ou seja, aquela que acreditamos influenciar ou afetar um fenômeno e que lançamos como hipótese ser o fator determinante, a condição ou a causa para certo resultado, efeito ou consequência. Estando definida a variável independente, ela será geralmente o fator manipulado na pesquisa, de maneira que possamos estudar seus efeitos. Assim, é possível determinar a metodologia a ser estudada, tanto para manipular a variável independente quanto para medir a forma como ela afeta (ou não) o fenômeno em questão.

Esse fenômeno estudado é o que denominamos **variável dependente**. É ele que procuramos explicar ou descobrir, e que pode aparecer, variar ou desaparecer à medida que o investigador produz ou modifica a variável independente.

Na preparação da pesquisa experimental, muitas vezes é necessário neutralizar ou anular intencionalmente um fator, um fenômeno ou uma propriedade, procurando impedir que interfiram na análise da relação entre as variáveis dependentes e independentes. A isso denominamos **variável de controle**.

Percebe-se, assim, que uma hipótese experimental causal precisa de uma longa preparação, teórica e prática, para que possa ser testada e verificada. Com as variáveis dependentes, independentes e de controle definidas, devemos então definir a metodologia de manipulação dessas variáveis. Um exemplo bastante utilizado é o método das variações concomitantes, em que se varia a intensidade da suposta causa para estudar a variação dos fenômenos. Manipula-se, portanto, uma ou mais variáveis independentes (causas), sob adequado controle, a fim de se observar e interpretar as variações e modificações ocorridas nos objetos da pesquisa (a variável dependente). Pode-se também utilizar um grupo de controle, no qual não são introduzidas as variações nem manipuladas as variáveis independentes, e um grupo experimental, em que a manipulação ocorre, para procurarmos tirar conclusões a partir do comportamento dos fenômenos nos dois grupos.

Não podemos abordar aqui senão esses métodos estatísticos em suas linhas gerais; no entanto, conforme já sugerimos, as pesquisas que dependem intensamente de tratamento estatístico de dados devem ser planejadas com bastante rigor e as técnicas estatísticas discutidas antes do início das experiências, para minimizar o risco de essas experiências resultarem em um acúmulo amorfo e inócuo de números, momento em que os estatísticos são chamados para operar um milagre e lograr transformar esses números em informação. As pesquisas experimentais realizadas em laboratórios envolvem ainda mais complicadores que precisam ser considerados, como os instrumentos, materiais e técnicas científicas utilizados, o grau de semelhança da situação vivida no laboratório com a realidade (que garanta a generalização das conclusões obtidas) e assim por diante.

5.4.4 Pesquisa de campo

A pesquisa de campo não deixa de ser experimental, mas possui características próprias, que permitem distingui-la do universo da experiência. Ela também exige uma intensa preparação teórica e prática.

Toda pesquisa de campo parte da construção de um modelo da realidade. A partir desse modelo da realidade, podemos determinar as formas de observá-la. Há técnicas de observação bastante diversas, mas a escolha de uma ou mais dessas técnicas deve ser determinada por esses modelos prévios, que no fundo fazem parte da própria hipótese da pesquisa. Assim, é necessário definir, dentre outros parâmetros, o campo da pesquisa, as formas de acesso a esse campo e os participantes, para então ser possível determinar os meios de coleta e análise dos dados.

Uma forma bastante comum de coleta de dados é a entrevista. Ela pode ser realizada por meio de formulários que o próprio entrevistador pode preencher, de acordo com as respostas do informante, ou de questionários a que o informante responde. Nesse caso, os questionários podem, por exemplo, ser enviados pelo correio, por *e-mail* ou disponibilizados em redes sociais. Uma variação das entrevistas são os testes, aplicados para avaliar um ou mais aspectos de determinada população. As pesquisas de opinião, que devem seguir critérios rigorosos, são também uma forma interessante de pesquisa de campo.

A pesquisa de campo pode se dar, ainda, por meio da simples observação. Nesse caso, o pesquisador pode se colocar em uma posição neutra e não participante, ou, ao contrário, tornar-se ele também um participante da situação observada, interagindo com as outras pessoas e o ambiente. Em pesquisas de campo, o pesquisador pode passar a conviver, por exemplo, com moradores de rua, procurando compreender sua maneira de viver. O simples ato de conversar com pessoas já pode se caracterizar como uma estratégia de coleta de dados.

É possível também sair a campo para pesquisar empresas, igrejas, organizações e outros tipos de instituições. Os documentos assim colhidos podem se tornar fonte muito importante de informação para a pesquisa.

Muitas pesquisas de campo incluem também a medição e aferição de objetos, assim como o estudo de seu comportamento segundo algumas variáveis escolhidas, o que implica todos os desafios já levantados.

É sempre necessário, na pesquisa de campo, o exercício metalinguístico, ou seja, discutir quem é o observador, como ele agiu, quais os instrumentos de medida utilizados etc. É preciso, em vários momentos, retirarmo-nos da posição de pesquisadores e saltarmos para uma posição por meio da qual seja possível analisar e discutir a maneira como os dados foram coletados. Esse é um movimento que garante a cientificidade dos resultados obtidos e que deve estar presente no trabalho do começo ao fim, especialmente nas conclusões.

5.4.5 Pesquisa documental (documentos não encontrados em bibliotecas)

As bibliotecas são o lugar propício para encontrarmos documentos, mas elas não possuem um arquivo de todos os documentos tradicionais que podem ser úteis à nossa pesquisa, além de não arquivarem todo tipo de documento. Denomina-se **literatura cinzenta** (*grey literature*) os documentos não convencionais e semipublicados, que são produzidos no âmbito governamental, acadêmico, comercial e industrial, em cuja origem o aspecto comercial não é levado em conta, e que, portanto, não são normalmente encontrados nos circuitos de distribuição comercial e nas bibliotecas.[5] Há uma riqueza documental a ser explorada, independente das bibliotecas, que quase nunca é levada em consideração pelos pesquisadores.

Segue, então, apenas uma breve lista de alguns tipos de documentos que podem exigir uma pesquisa de campo para serem identificados, e de locais alternativos às bibliotecas que podem servir a determinadas pesquisas: tabelas e fontes estatísticas; fontes cartográficas; Instituto Brasileiro de Geografia e Estatística (IBGE); relatórios diversos de empresas; relatórios técnicos indicando o resultado ou o andamento de pesquisas; hipotecas, falências, concordatas, contratos e atas; programas; memoriais; ofícios; comunicados; documentos informativos arquivados em repartições públicas, associações, igrejas, hospitais e sindicatos; bancos; escolas; igrejas; partidos políticos; ONGs; ordens régias; correspondência pessoal ou comercial; traduções avulsas; diários; memórias; autobiografias; acervos públicos ou particulares; cartórios; registros diversos, de nascimento, casamento, desquite e divórcio, atestados de óbito, escrituras de compra e venda; testamentos e inventários; fotografias; museus; obras de arte; objetos artísticos em geral; filmes; fitas de vídeo ou sonoras; publicações governamentais e parlamentares, atas, debates, projetos de lei, relatórios, decretos e leis; anuários; alvarás; epitáfios; e obras originais de qualquer natureza.

Nas empresas ou organizações, incluindo as ONGs, o pesquisador poderá encontrar dados importantes para sua pesquisa em catálogos, folhetos, brochuras, jornais empresariais e mesmo páginas comerciais na internet. Técnicos e especialistas podem ser fontes importantes de informação sobre literatura comercial, assim como periódicos e publicações que veiculem publicidade de produtos, feiras e exposições. Deve-se notar que a literatura comercial é bastante híbrida e voltada para públicos bastante heterogêneos, como clientes, fornecedores, funcionários e acionistas. Os diretórios e guias de compras costumam listar e identificar organizações e produtos comerciais, e uma das fontes mais conhecidas para a identificação de diretórios é o *Directories in print* (Gale), que lista milhares deles.

Patentes são fontes essenciais de informação tecnológica, servindo como indicadoras do estado da arte, mas que são muito pouco utilizadas em pesquisas,

5 GOMES, Sandra Lúcia Rebel et al. Literatura cinzenta. In: CAMPELLO, B. S.; CENDÓN, B. V.; KREMER, J. M. (Org.). *Fontes de informação para pesquisadores e profissionais*. Belo Horizonte: UFMG, 2000. p. 97-103. Interessante fonte de informação sobre literatura cinzenta, disponível *on-line*, é o OpenGrey — System for Information on Grey Literature in Europe: <http://www.opengrey.eu>.

mesmo as de cunho mais técnico. O ambiente eletrônico facilitou sobremaneira o acesso às informações sobre patentes. Organizações internacionais, como a World Intellectual Property Organization (WIPO),[6] a European Patent Office (EPO) e o United States Patent and Trademark Office,[7] além de organizações comerciais especializadas, administram bancos de dados sobre patentes. O *site* do Instituto Nacional da Propriedade Industrial (INPI)[8] é bem organizado e traz uma série de informações sobre a legislação, além de oferecer um sistema de buscas de marcas e patentes.

5.4.6 Pesquisa bibliográfica

A biblioteca é uma das fontes tradicionais para a pesquisa. Mesmo as pesquisas de campo e de laboratório acabam por se utilizar da biblioteca na procura de textos teóricos, de artigos que corroborem a hipótese proposta e de outros documentos que possam interessar à pesquisa.

Normalmente, não aproveitamos todos os recursos que a biblioteca oferece. As bibliotecas atualizaram-se em função do desenvolvimento da informática e hoje não são simples depósitos de livros (o que, na verdade, principalmente as boas bibliotecas, nunca foram). De qualquer forma, mesmo em relação aos livros e documentos impressos, em geral não aproveitamos todos os recursos oferecidos por essas instituições.

Uma interessante fonte para a identificação de publicações são os catálogos ou anuários bibliográficos das editoras. Estão disponíveis impressos ou *on-line* e podem ajudar bastante em nosso trabalho, pois muitas vezes as bibliotecas utilizadas para a pesquisa não possuem alguns livros, que podem ser identificados por meio desses catálogos.

Uma das maneiras de penetrarmos nas bibliotecas são seus catálogos organizados por assuntos (geralmente em sequência por numeração dos assuntos, que discutiremos no item seguinte), títulos e autores. Há inclusive esforços para o desenvolvimento de catálogos coletivos, que identificam documentos de diversos tipos em vários acervos. Essa informatização das referências gerou facilidade e aumento de velocidade consideráveis para a pesquisa bibliográfica, pois a informação eletrônica serve para a pesquisa por palavras e por assuntos.

---

6 Disponível em: <http://www.wipo.org>. Acesso em: 6 set. 2003.

7 Disponível em: <http://www.uspto.gov>. Acesso em: 12 ago. 2003.

8 Disponível em: <http://www.inpi.gov.br>. Acesso em: 6 set. 2003.

As obras de referência (ou de consulta), gerais ou especializadas, são também importante via de acesso à informação nas bibliotecas. Possuem, em geral, caráter remissivo e podem servir para identificar (ou ajudar a identificar) informações ou outras obras. Dentre elas, podemos citar: guias de orientação para a pesquisa (com indicações metodológicas e de fontes de informação), *thesaurus*, glossários, dicionários especializados, dicionários visuais (principalmente para pesquisas relacionadas a assuntos técnicos ou em outras línguas), enciclopédias, bibliografias ou referências bibliográficas (lista de publicações relacionadas e outros materiais), coleções de *abstracts* (com resumos de artigos de jornais acadêmicos, de revistas especializadas e de outra literatura, e mesmo de teses), índices ou bancos de dados de periódicos (que nos guiam para material em jornais, revistas, jornais acadêmicos, assim como livros em coleções, contendo às vezes apenas títulos e informações gerais de publicação, às vezes *abstracts* que resumem os artigos e até mesmo o artigo completo), índices gerais, índices de citações (que listam documentos citados e identificam os trabalhos que os citaram), atlas (coleções de mapas), almanaques, anuários (ou livros do ano), *gazetteers* (textos com informação geográfica), manuais, tabelas e fontes de dados estatísticos e fontes biográficas. É importante ainda notar a existência de valiosos guias que servem para identificar dicionários, enciclopédias e outras obras de referência e fontes de informação.

Um setor importante, normalmente ignorado nas bibliotecas, é o de periódicos, em que se localizam os artigos, as revistas e os jornais acadêmicos, os jornais e as revistas populares, os boletins e outras fontes similares. Muitas revistas e jornais oferecem catálogos (hoje quase sempre *on-line*) com a organização dos artigos por autores e por assuntos, incluindo interessantes sistemas de buscas que permitem identificar o artigo de interesse do pesquisador.

Importante também lembrar da existência dos periódicos ou mesmo dos volumes anuais (*annual reviews*) que publicam especificamente artigos de revisão, que procuram cobrir o estado da arte em determinada área. Como é impossível para o pesquisador acessar, ler e absorver tudo o que é publicado em sua área de pesquisa, as leituras das revisões de literatura são, portanto, essenciais como exercício de atualização. Existem inclusive publicações e serviços que se propõem a catalogar e divulgar os trabalhos de revisão.

Muitas bibliotecas e associações possuem interessantes acervos de material audiovisual, que incluem discos, videoteipes, CDs, filmes, vídeos, *slides* etc. Em geral, esse tipo de material é também ignorado nos trabalhos universitários, mas pode servir de apoio para os mais variados tipos de pesquisa.

Várias bibliotecas têm inclusive acervos de material visual como desenhos, pinturas, gravuras, mapas, esboços, plantas, documentos cartográficos, documentos fotográficos e cartazes, material que também é normalmente ignorado pelos pesquisadores, mas que pode enriquecer imensamente quase todo tipo de trabalho de pesquisa.

Um setor essencial em bibliotecas, principalmente nas bibliotecas universitárias, é o de teses e dissertações. Normalmente, as bibliotecas universitárias possuem um acervo das dissertações de mestrado e teses de doutorado (e em muitos casos até dos trabalhos de conclusão de cursos de graduação e pós-graduação *lato sensu*) apresentadas na instituição, que, quando não publicadas, estão muitas vezes disponíveis apenas nessas bibliotecas. Como são, em geral, o resultado de anos de pesquisa, caracterizam-se como material valiosíssimo, principalmente quando têm relação direta com o tema de pesquisa que está sendo desenvolvido. Como as dissertações e teses quase nunca são divulgadas fora das instituições em que foram desenvolvidas, diversos esforços têm sido empregados para a manutenção de bancos de dados para catalogar e disponibilizar essas produções.

Muitas bibliotecas possuem um acervo valioso de textos legais, incluindo pareceres, processos etc. Algumas têm um arquivo de documentos governamentais, que podem ser de interesse para o pesquisador.

Textos menos formais podem também ser encontrados em bibliotecas, como folhetos, diários e cartas (publicadas ou não), manuscritos não publicados (códices, apógrafos e autógrafos), informações e comunicações pessoais, anotações de palestras e aulas e assim por diante. Esse material pode também ser extremamente importante para o trabalho de pesquisa em desenvolvimento.

Outro setor pouco explorado é o de documentos mimeografados, xerocopiados e microfilmados. Eles exigem bastante paciência do pesquisador, pois muitas vezes não estão organizados, mas o resultado desse esforço pode ser surpreendentemente recompensador.

Por fim, cabe lembrar o sistema de empréstimo interbibliotecas. Muitas vezes, a biblioteca em que você está pesquisando não possuirá um determinado texto ou documento, que, entretanto, pode ser identificado no acervo de outra instituição. Em muitos casos (com um pouco de insistência e muita paciência) esse texto ou documento pode ser requisitado por sua biblioteca, temporariamente, por meio de empréstimo, evitando assim que você tenha de se deslocar.

5.4.6.1 Classificação de assuntos

Os três sistemas mais conhecidos de classificação de assuntos são o de Melvil Dewey (Classificação Decimal de Dewey — CDD), a Classificação Decimal Universal (CDU), mais minuciosa e baseada na de Dewey, e o sistema da Biblioteca do Congresso de Washington (pouco difundido, mesmo nos Estados Unidos, que emprega as letras do alfabeto para as classes maiores e algarismos arábicos ou letras adicionais para as subdivisões).

A maioria das bibliotecas, pelo menos no Brasil, utiliza o sistema decimal, em que os algarismos que aparecem depois do ponto indicam as subdivisões, ou seja, quanto mais números, mais específico o assunto tratado.

"Diz-se que a CDD é decimal, porque, tomando o campo do conhecimento como unidade, divide-o em dez classes de um mínimo de três algarismos precedidos pelo ponto (ou vírgula) decimal (na prática, hoje em desuso), sendo as divisões subsequentes lidas também como números decimais."[9]

As dez classes do conhecimento, em que se baseiam o CDD e o CDU, são:

- 000 — Obras gerais
- 100 — Filosofia
- 200 — Religião e teologia
- 300 — Ciências sociais
- 400 — Filologia e linguística
- 500 — Ciências puras e naturais
- 600 — Ciências aplicadas, medicina, tecnologia
- 700 — Belas artes - Esportes - Divertimentos
- 800 — Literatura
- 900 — Biografia - História - Geografia

5.4.6.2 A documentação digitalizada

Vivemos um período de transição na forma de comunicação científica, de um sistema tradicional, fundado na impressão, para um sistema de publicação eletrônico, apesar de uma parcela do ambiente científico e acadêmico ainda resistir a essas mudanças. Nesse sentido, boa parte da informação bibliográfica que o pesquisador utilizará durante seu trabalho pode ser encontrada em formato digital.

9 GARCIA, Othon M. *Comunicação em prosa moderna*. 17. ed. reimpr. Rio de Janeiro: Ed. FGV, 1997.

As obras de consulta ou referência são cada vez mais disponibilizadas em formato eletrônico, como os dicionários temáticos, por exemplo. As enciclopédias eletrônicas (em DVD e *on-line*) substituíram os vários volumes das enciclopédias impressas, incluindo fotos, desenhos, mapas, sons e vídeos. A *Van Nostrand's scientific encyclopedia* e a *McGraw-Hill encyclopedia of science and technology*, das mais destacadas enciclopédias de referência científica no mundo, são também comercializadas em suporte digital e oferecem acesso *on-line* com atualização diária. Inúmeros catálogos e bancos de dados bibliográficos, disponíveis em suporte digital ou *on-line*, incluem desde obras de referência até livros, artigos, material audiovisual e outros. Serviços de indexação e resumo beneficiaram-se bastante do desenvolvimento da tecnologia da informação. Existem hoje inclusive diretórios contendo documentos em formato digital, como bases de dados eletrônicas e *on-line*, assim como referências coletando esse tipo de material.

A Biblioteca Nacional, por exemplo, oferece acesso *on-line* tanto para o BNlibris (catálogo de referências bibliográficas da Biblioteca Nacional, abrangendo as monografias incorporadas ao acervo a partir de 1982) quanto para a Base de Dados do ISBN (base de dados das obras cadastradas na Agência Brasileira do ISBN a partir de 1978).[10]

A Intelex oferece também importantes bancos de dados para pesquisa em humanidades, que estão disponíveis *on-line*, em formato de CD-ROMs e em redes de universidades. Os textos eletrônicos abrangem os campos de Literatura, História, Filosofia, clássicos, Economia, teoria política e estudos religiosos. São oferecidos, por exemplo, bancos de dados com as obras de autores como Platão, Aristóteles, Descartes e Hegel, entre outros, ou temáticos, como filosofia inglesa, economia (de Smith a Mill) ou filosofia política.[11]

Um exemplo interessante do potencial da digitalização de documentos tradicionalmente impressos em textos, em português, é o CD-ROM com a *Edição eletrônica brasileira das obras psicológicas completas de Sigmund Freud*.[12] Todos os 24 volumes da edição impressa estão incluídos no CD, que oferece, além da opção de busca por palavras, expressões ou artigos, por volumes ou por faixa de datas, *links* entre temas que se repetem em obras diversas, de forma que ao ler a discussão sobre o complexo de Édipo em uma obra, por exemplo, um *link*

10 Disponível em: <http://www.bn.br>.

11 Disponível em: <http://www.nlx.com>. Acesso em: 6 set. 2003.

12 FREUD, Sigmund. *Edição eletrônica brasileira das obras psicológicas completas de Sigmund Freud*. Versão 2.0. Rio de Janeiro: Imago, 2000. CD-ROM.

transporta o leitor para outras passagens (da mesma ou de outras obras) que discutem o mesmo assunto. Podem também ser acrescentados ao texto notas e comentários pessoais do leitor, assim como marcadores pessoais que permitem o retorno a um determinado ponto do texto com rapidez, além de ser possível vincular diferentes pontos do texto por meio de laços hipertextuais criados pelo próprio leitor, que pode assim desenvolver um rico ambiente de trabalho para pesquisar, explorar e estudar uma obra tão complexa e extensa como a de Freud.

É bastante comum que periódicos (como revistas e jornais) estejam disponíveis também eletronicamente e *on-line*, e a informatização trouxe facilidades incríveis na pesquisa sobre artigos em periódicos — por exemplo, o acesso *on-line* a uma lista com todos os artigos publicados na versão física de uma revista. Em uma pesquisa na internet o leitor encontrará diversos diretórios listando periódicos acadêmicos. A Scielo, por exemplo, é uma importante biblioteca virtual que abrange uma coleção selecionada de periódicos científicos brasileiros.[13] O Portal de Periódicos Capes/MEC é uma coleção bem mais ampla à qual qualquer interessado tem acesso ao conteúdo gratuito, sendo que o conteúdo assinado está disponível para os acessos com IP identificado das instituições participantes.

Em muitos serviços *on-line*, exige-se que o leitor tenha uma senha para acessar o material e que pague pelo serviço. Quando a sua biblioteca não oferece os serviços que lhe interessam, pode valer a pena uma assinatura individual, mesmo que apenas temporária, caso você identifique uma fonte que tenda a ser útil para a sua pesquisa. Cabe lembrar, entretanto, que muitas vezes os custos do acesso a informações *on-line* são elevados. Alguns jornais, como *The New York Times*,[14] oferecem um serviço que permite a filtragem dos artigos que você recebe diariamente. Assim, você pode escolher os assuntos que mais lhe interessam (economia, literatura, ciência etc.) e passa então a receber *on-line* apenas as notícias selecionadas de acordo com a sua indicação.

As editoras também passaram a oferecer um formato *on-line* de seu catálogo impresso, além de outros produtos digitais. A Editora Saraiva, por exemplo, possui mais de 700 títulos em sua biblioteca digital de Ensino Superior, bem como disponibiliza materiais de apoio *on-line* para auxiliar o professor em sala de aula.

---

13 FAPESP-BIREME. SciELO — Scientific Electronic Library Online. Disponível em: <http://www.scielo.br>. Acesso em: 6 set. 2003.

14 THE NEW YORK TIMES on the web. Disponível em: <http://www.nytimes.com>. Acesso em: 6 set. 2003.

5.4.7 Pesquisa na internet

Estar "publicado" na internet não é garantia de qualidade — a confiabilidade das fontes de informação não é característica da internet; ao contrário, como é bem mais fácil e barato publicar na *web* do que em papel, há muito mais material de baixa qualidade na internet. Deve-se sempre lembrar que, na *web*, trabalhamos com diferentes níveis de conhecimento.

Mas a *web* oferece alguns recursos de busca sobre tópicos atuais que seria difícil ou impossível encontrar em bibliotecas. O tema, entretanto, precisa ser delimitado e é preciso tempo para navegar. Na *web* podemos realizar buscas em catálogos *on-line*, índices (por exemplo, de páginas úteis, por assunto), *sites* de busca (por assunto, por palavras etc.), páginas de informação (por exemplo, de endereços de instituições ou editoras, lista de cursos ou mesmo *homepages* pessoais), grupos de discussão, redes sociais etc. Os "objetos" encontrados durante essas buscas são bastante diversificados: *websites*, trabalhos de referência (como dicionários, enciclopédias e atlas), textos, artigos (jornais acadêmicos, populares e comércio), documentos governamentais, relatórios, imagens, *e-mails*, *posts*, *tweets* e assim por diante. Como todos esses "objetos" estão expostos na mesma mídia e são o resultado da mesma busca, nossa tendência é classificá-los no mesmo conjunto e usar os mesmos critérios de avaliação da informação que eles podem nos transmitir.

Torna-se essencial, nesse sentido, avaliar as formas de acesso e as fontes das informações obtidas na internet. No caso das fontes, podemos utilizar como critérios de avaliação: quem publica ou se responsabiliza pela informação, a reputação da instituição, as credenciais do autor, a data de publicação (para assuntos atuais), as referências (se há indicações das fontes de onde a página tira suas informações), as citações feitas à fonte etc. Devemos tomar cuidado especial com informações obtidas em *sites* de propaganda e em *sites* não independentes (como páginas de empresas comerciais). Informações obtidas por meio de *sites* que possuem patrocinador têm mais relevância do que *homepages* individuais: se, por exemplo, não consta o nome do autor nem de nenhum responsável pela página, o valor da fonte é o mesmo do de uma folha que cai repentinamente em uma sala de aula: **nenhum**. Não devemos confiar automaticamente nas informações colhidas em pesquisa pela internet; ao contrário, devemos aplicar um rigor ainda maior do que na avaliação das fontes impressas, já que na internet não existem necessariamente mais os filtros da cultura impressa (editor, editora e revisor) e a responsabilidade dessa filtragem é transferida ao consumidor da informação. A *web* desafia nossas assunções sobre a autoridade das fontes e nos lembra de que precisamos questionar todas as fontes com cuidado.

Cabe, nesse sentido, tecer também alguns comentários sobre os dispositivos de busca (*searches*) na internet, mesmo porque também em geral se considera, por exemplo, que qualquer busca (*search*) deva fornecer os mesmos resultados para pesquisas iguais. Em primeiro lugar, devemos diferenciar os dispositivos de busca (*search engines*) dos navegadores (*browsers*): os últimos são *softwares* que permitem acesso à informação hipermídia disponível na *web*; os primeiros, *softwares* que permitem efetuar buscas por entre a informação contida na *web*. Há pelo menos dois tipos distintos de buscas: por meio de diretórios (organizados por categorias) e por meio dos dispositivos de busca por conteúdo.

Em geral, nos dispositivos de busca por conteúdo é possível limitar a busca por data, assunto, idioma e outras variáveis. Quase sempre os primeiros resultados de uma pesquisa em um *site* de busca são insatisfatórios — ou por serem muito amplos (muitas páginas surgem como resultado da busca) ou muito reduzidos. É então necessário refinar a busca. Para tanto, utilizamos em geral uma *query*, uma cadeia de palavras ou uma frase que descreve o tipo de informação que estamos procurando, usando operadores *booleanos* ou quase *booleanos*. Os operadores de lógica *booleana* mais utilizados nas *queries* dos *sites* de busca são: AND (que indica que os elementos identificados na *query* devem — necessária e conjuntamente — estar presentes nos resultados da busca), OR (que indica que um ou outro elemento da *query* deve estar presente nos resultados da busca) e NOT (que exclui um determinado conjunto dos resultados da busca). Por convenção, os operadores *booleanos* são sempre escritos com maiúsculas. O sinal de subtração (–) indica uma palavra ou frase que não deve aparecer no resultado da busca. As aspas (“ ”) são usadas em geral para indicar uma expressão ou frase.

Na verdade, cada dispositivo tem suas próprias regras para as construções das *queries* e cada um gera resultados de acordo com critérios próprios, dependendo da maneira como o *software* cadastra e classifica as páginas em que realiza a busca. Esse processo precisa ser aprendido pelo usuário. Com o passar do tempo e com o uso, os dispositivos de busca ficam mais fáceis e amigáveis. É necessário experimentar com diferentes termos e frases. Pesquisar com eficiência na internet é uma habilidade que precisa ser adquirida. Na verdade, a pesquisa *on-line* não é apenas uma maneira de encontrar informação: é também uma maneira (rápida) de visualizar informação por meio de múltiplas perspectivas.

As buscas nos *search engines* podem se tornar demoradas e cansativas e têm de ser muitas vezes interrompidas. Nesse sentido, é importante manter um cadastro dos resultados encontrados. Uma ideia é manter um arquivo incluindo o nome do dispositivo utilizado, a data, a *query* utilizada (exatamente como digitado), uma breve descrição dos resultados, *sites* úteis localizados, até que ponto a lista das páginas fornecidas como resultado pela busca foi verificada e assim por diante. Outra ideia importante é manter marcadores (*bookmarks*) dos *sites* importantes encontrados.

O acesso *on-line* ao acervo de museus é uma das importantes novidades trazidas pela internet. Pode-se, por exemplo, acessar os diversos museus Guggenheim,[15] e, além de informações diversas, visualizar obras de suas coleções e exposições, assim como observações sobre essas obras e seus autores.

Outro uso importante da internet para pesquisa é o acesso a bibliotecas. Várias universidades brasileiras oferecem acesso *on-line* a seus acervos. Podemos, por exemplo, utilizar a internet para localizar livros em diferentes coleções, ou seja, descobrir que obras existem e em que bibliotecas estão. Muitos dos catálogos ou *indexes standards* das bibliotecas hoje estão disponíveis *on-line*. É interessante também acessar as livrarias *on-line* para identificar os textos disponíveis comercialmente, que nem sempre fazem parte do catálogo das bibliotecas. Muitas livrarias oferecem inclusive comentários sobre os livros, reprodução da introdução, prefácio e/ou sumário e indicações que podem ser úteis para o pesquisador avaliar se aquele livro em particular interessa ou não à pesquisa. Algumas bibliotecas assinam enciclopédias *on-line*, índices e outras fontes de dados. Outras disponibilizam textos completos de jornais e revistas. Bibliotecas possuem também livros eletrônicos e oferecem a possibilidade de fazer *download* dos textos digitalizados. Existem hoje também bibliotecas digitais e virtuais, que possuem apenas textos eletrônicos.

Diversos *sites* na internet disponibilizam gratuitamente arquivos com obras inteiras. Trata-se de textos de domínio público ou expressamente autorizados pelos autores. Geralmente os arquivos disponíveis estão em formato Portable Document Format (PDF).

---

15 THE GUGGENHEIM MUSEUM AND FOUNDATION. Disponível em: <https://www.guggenheim.org>.

Devemos ressaltar que os progressos nas tecnologias da informação e sua aplicação às bibliotecas tornaram necessário um treinamento diferenciado e especial para os bibliotecários. Nesse novo cenário, os bibliotecários, que em geral desenvolveram seu trabalho isolados das demais áreas educacionais, passam a trabalhar cada vez mais envolvidos com os professores. Espera-se que um bibliotecário possa orientar o pesquisador sobre o que ele precisa saber para obter sucesso em sua pesquisa nessa nova biblioteca informatizada. As bibliotecas, na sociedade da informação, transformaram-se em um ambiente complexo, que nem mesmo os bibliotecários conseguem dominar completamente, a não ser que estejam em constante atualização. O trabalho em conjunto desses profissionais com os professores pode influenciar os currículos dos cursos oferecidos pelas instituições de ensino, os programas das disciplinas e as lições propostas para os alunos. O bibliotecário deve ser considerado, na sociedade da informação, parte integrante do processo pedagógico. No caso da educação a distância, os alunos muitas vezes não chegam sequer a visitar fisicamente a biblioteca, de maneira que precisam de treinamento *on-line* para que se tornem aptos a utilizar com eficiência todos os recursos oferecidos por ela. Há, nesse sentido, uma necessidade de segmentar o treinamento oferecido pelos bibliotecários: treinamento *on-line*, treinamento para professores, treinamento por áreas de saber e assim por diante.

Outra possibilidade aberta pela internet é a de realizarmos entrevistas eletrônicas, ou seja, entrevistarmos pessoas que não poderíamos encontrar fisicamente (por exemplo, em razão da distância), e que podem, nesse tipo de entrevista, preparar melhor e com mais calma suas respostas.

A internet permite também o acesso a grupos de pesquisa, pesquisas em andamento,[16] índices eletrônicos e bancos de dados, jornais acadêmicos[17] e diários, revistas especializadas etc.

5.4.8 Absorção, documentação e organização da informação

Após a busca e a identificação das fontes de interesse para a pesquisa, é necessário que percorramos essas fontes (sejam elas impressas, digitais ou eletrônicas). Esse percurso tem vários objetivos: identificar a informação que interessa

16 Cf. p. ex. CNPq. *Diretório dos grupos de pesquisa no Brasil*. Disponível em: <http://lattes.cnpq.br/web/dgp>, que oferece acesso a pesquisas em andamento e pesquisadores vinculados a instituições acadêmicas e centros de pesquisa no Brasil.

17 Para pesquisas acadêmicas, uma opção importantíssima é o Google Acadêmico: <scholar.google.com>.

à pesquisa, extraí-la da fonte original e incorporá-la ao nosso trabalho, organizar as informações extraídas logicamente, analisá-las etc.

A seguir, procuramos apresentar algumas estratégias para esse percurso.

5.4.8.1 O sumário como guia de leitura

Aqui vai uma sugestão metodológica para a pesquisa que utilizamos em nossos próprios textos e que aconselhamos quando da orientação de diversos trabalhos de conclusão de curso, dissertações de mestrado e teses de doutorado. Enfim, uma dica metodológica, mas que foi testada na prática e demonstrou sua eficiência.

Trata-se do uso do sumário (ou índice analítico), desde o início da pesquisa, como o elemento orientador principal do trabalho. Já no projeto de pesquisa, sugerimos o desenvolvimento de um sumário provisório. Esse sumário inicial deve estar, no mínimo, dividido em capítulos, e se possível em subcapítulos. É interessante também redigir um resumo inicial para cada capítulo. Assim, o que é inicialmente um sumário vai, pouco a pouco, se transformando no próprio trabalho escrito, já dividido e esquematizado em capítulos e partes distintas. A ideia é que o sumário seja continuamente reelaborado conforme a evolução do trabalho. Uma de suas funções, portanto, acaba sendo a de documentar, selecionar e organizar o material consultado durante a pesquisa.

O sumário funciona, assim, como guia de leitura. Conforme o autor vai adquirindo mais confiança na estrutura de seu sumário e na maneira como dividiu a abordagem e a exposição do assunto de sua pesquisa, as leituras passam a ser mais rápidas, pois o leitor/autor já é capaz de discernir, com mais facilidade, o que lhe interessa e pode ser incorporado a seu trabalho, e o que não interessa a seu texto.

Um dos grandes desafios a enfrentar, nesse método, é o fato de que pouco (ou praticamente nenhum) material consultado terá a mesma estrutura do sumário que está sendo desenvolvido pelo leitor/escritor; portanto, será necessário um esforço intelectual de quebrar estruturas sólidas e conectadas (nos textos lidos) e subdividi-las pelas partes do sumário (em geral ainda não tão sólidas, pois o texto está em fase de elaboração). Assim, muitas vezes um capítulo de algum texto será lido, mas as informações ali contidas terão de ser distribuídas por diferentes capítulos do trabalho em andamento.

Durante esse processo, o sumário será continuamente modificado, por vários motivos: em alguns casos, o aluno perceberá que não há nele espaço para algum tipo de anotação, então precisará criar esse novo espaço (uma nova subdivisão ou capítulo); em outros casos, perceberá que há mais de um espaço em que determinada informação poderá ser encaixada, então terá de reformulá-lo; conforme o sumário aumentar, algumas partes ficarão cada vez maiores, com mais assuntos, e será necessário quebrá-las em subpartes; em determinados momentos, por não terem sido preenchidas adequadamente com anotações e ideias, algumas divisões inicialmente previstas terão de ser desfeitas; e assim por diante.

Em certos dias, acordamos com ânimo para arrumar as coisas, para organizar aqueles documentos que estão há tempos para serem organizados, para colocar livros em seus devidos lugares nas prateleiras e assim por diante. O ânimo especial desses dias pode ser utilizado para dar atenção à reorganização do sumário, ou seja, o pesquisador pode relê-lo, rever suas anotações e procurar reorganizar a estrutura de seu texto.

Durante a pesquisa, o sumário poderá ser utilizado de várias formas:

a) **Citações e anotações:** quando, durante as leituras, o pesquisador identificar citações que imagina possam fazer parte do seu texto final, poderá transcrevê-las diretamente para o capítulo ou subitem de seu sumário, já com as indicações bibliográficas (devendo também incluir os dados completos do livro na bibliografia). Cabe insistir na importância da inserção, simultaneamente à citação, das referências bibliográficas, caso contrário abre-se uma grande possibilidade de a citação desvincular-se de sua fonte de origem, que muitas vezes acaba, em uma fase posterior do trabalho, demonstrando-se impossível de recuperar. Anotações podem ser introduzidas da mesma forma que as citações;
b) **Resumo de ideias:** resumos de trechos que pareçam interessantes ao autor/leitor, mas que não justifiquem uma citação, podem também ser inseridos já diretamente no capítulo ou subitem apropriado do sumário, com as indicações bibliográficas e a informação de que se trata do resumo de uma passagem (de página tal a tal etc.);
c) **Comentários:** leituras acabam muitas vezes gerando interpretações ou comentários por parte do leitor já durante o próprio ato de leitura. Normalmente, a primeira leitura causa impressões e sensações mais fortes e distintas do que as subsequentes do mesmo texto, e convém, então, registrar essas primeiras impressões. Esses comentários podem ser também inseridos de forma apropriada no sumário;

d) **Ideias próprias:** em vários momentos (seja em leituras, pesquisas, ou mesmo sem motivação aparente) surgem ideias que se mostram importantes para o texto que está sendo desenvolvido. O método do sumário permite que essas ideias sejam também inseridas, na parte adequada do texto, para que não se percam em nossa mente.

Essa técnica de pesquisa, leitura e redação acaba por economizar muito tempo, pois normalmente temos a tendência de ler e pesquisar bastante para só depois começar a escrever: a metodologia proposta aqui faz que uma primeira leitura já se transforme em parte do texto, que ideias vagas possam ser registradas, que comentários e interpretações já sejam agregados como parte integrante do trabalho que está sendo produzido.

Quando tratarmos da produção do trabalho científico, especificamente dos processadores de texto, indicaremos algumas estratégias tecnológicas específicas para o uso do sumário durante a produção do texto

5.4.8.2 Técnicas de leitura

Há diversos cursos que se propõem a transmitir ao aluno técnicas para leitura veloz e mais proveitosa. A pesquisa exige uma leitura dinâmica, tanto do material escrito quanto do eletrônico. É preciso desenvolver estratégias para percorrer o material consultado, identificando rapidamente o que interessa e o que não interessa para a pesquisa. Ler rápido, selecionar rapidamente o que interessa (por meio, por exemplo, do sumário de livros e da leitura da introdução), ler o início e final dos parágrafos etc. Assim, o pesquisador precisa utilizar diferentes níveis de leitura: uma leitura de reconhecimento e triagem, prévia ou de contato (focalizando o índice, o sumário, o prefácio, a quarta capa, a orelha, páginas salteadas etc.); uma leitura mais atenta, seletiva e cuidadosa; uma leitura para resumir o texto; uma leitura para interpretar o texto, mais crítica e analítica; e assim por diante.

Um poderoso recurso eletrônico que pode ser utilizado durante as leituras são os dicionários, principalmente no caso de textos lidos em outras línguas. Uma simples tecla nos fornece o acesso à palavra na língua original e sua tradução em português (ou o significado da palavra na língua de origem), o que economiza bastante tempo do pesquisador. Muitos dicionários oferecem inclusive acesso gratuito e *on-line*, até mesmo traduções de longos textos, não apenas palavras.

Délcio Salomon desenvolve uma interessante comparação entre o bom e o mau leitor. Enquanto o primeiro possui vários padrões de velocidade, o segundo só tem um ritmo de leitura; se de um lado o bom leitor avalia o que lê, o mau leitor, de outro lado, acredita em tudo o que lê; o bom leitor sabe quando deve ler um livro até o fim, quando interromper a leitura definitivamente ou periodicamente, enquanto o mau leitor não sabe decidir se é conveniente ou não interromper uma leitura; se o bom leitor discute frequentemente o que lê com colegas, o mau leitor raramente o faz.[18]

Ler não significa aqui ler apenas textos. É preciso também desenvolver estratégias para percorrer e gerar sentido com base em gráficos, tabelas, imagens, sons etc.[19]

5.4.8.3 Resumo

Resumir textos é um dos grandes problemas que o pesquisador enfrenta. Dentre outras dificuldades, em geral falta uma consciência de como utilizar as fontes escritas corretamente sem cometer plágio.

Uma ex-aluna minha tinha desempenho exemplar em todas as matérias. Estava desenvolvendo um trabalho de conclusão de curso sobre a indústria automobilística. Seu primeiro capítulo contava a história da indústria automobilística no Brasil. Desde a primeira vez em que li seu texto, percebi que havia sido copiado de alguma fonte, pois sua linguagem diferia sensivelmente de outros textos produzidos pela aluna. Depois de insistir muito, apesar de sempre receber a resposta de que ela mesma havia redigido aquele texto, acabou confessando que o capítulo em questão tinha sido retirado de algum lugar, e completou: "Não teria sentido eu reescrever isso, a história da indústria automobilística, pois é um assunto técnico e já está todo redigido".

Apesar de aparentemente banal, meditei muito sobre esse episódio, pois me parece que dele podemos tirar várias lições. Em primeiro lugar, pela própria seriedade da aluna e por suas palavras, estava claro que ela não tinha feito aquilo com a intenção de me enganar, como se estivesse consciente de que estava fazendo algo errado. Além disso, o episódio serve para mostrar a naturalidade com que a ideia de incorporar um texto alheio, sem a indicação de que se trata de uma citação, nem a indicação das referências bibliográficas das fontes, apresenta-se para o pesquisador. O episódio serve ainda para mostrar

18 SALOMON, 1996, p. 38-41.

19 Cf. SALOMON, 1996, p. 59-64, para algumas técnicas básicas de leitura e interpretação de tabelas e gráficos.

que quanto mais técnico um tema, parece mais natural não haver a obrigação de indicarmos as fontes da informação.

Ocorre que, no caso desse trabalho de conclusão de curso, dezenas de páginas haviam sido simplesmente copiadas de uma fonte sem que houvesse a mínima menção a isso. Há aqui dois problemas: em primeiro lugar, não há a menção da fonte; mas, em segundo lugar, mesmo que a fonte tivesse sido mencionada, não é correto, metodológica e legalmente, simplesmente copiar páginas e páginas de outro texto. Algumas passagens de textos mostram-se passíveis de serem citadas, outras apenas de serem resumidas ou parafraseadas (quando são muito longas, como no caso do trabalho de conclusão de curso citado, ou quando os parágrafos não formam estruturas coerentes em si mesmas, com sentido de conclusão). Em casos como a história da indústria automobilística no Brasil, há a necessidade de resumir o material pesquisado.

Uma dica para situações como essa, ou mesmo para resumo de histórias, por exemplo, é a utilização de mais de um texto, sendo pelo menos um deles pequeno e resumido, outro mais amplo, e, caso seja possível, um deles em outra língua. A utilização de dois textos sobre o mesmo assunto, com dimensões marcadamente distintas, traz a vantagem de que nos dois aparecem pontos repetidos, padrões, que a dupla leitura acaba destacando como essenciais para constarem do resumo; em muitos casos, um dos textos (em geral o mais amplo) indica algo que não aparece no outro, mas que pode se mostrar também importante para o resumo a ser inserido na pesquisa; além do mais, os textos quase sempre mostram diferentes perspectivas sobre o mesmo tema, o que auxilia bastante a redação do resumo. Um texto em outra língua apresenta, também, outra perspectiva cultural sobre o mesmo tema. Utilizando essa técnica, bastante simples, quase que naturalmente o resumo acaba tomando cara própria e sendo redigido como um texto distinto das duas (ou mais) fontes utilizadas. Pode-se indicar, no final do subitem ou capítulo assim redigido, que essa parte do trabalho foi escrita baseada nas fontes a, b etc., ou mesmo que utilizamos citações ou informações de uma fonte específica, indicando a referência bibliográfica naquele momento.

Durante a leitura e a produção inicial do resumo, pode-se efetivamente resumir o que está sendo lido, utilizando-se linguagem corrente, ou simplesmente começar a traçar um esquema (ou uma enumeração) do assunto estudado. Esse esquema pode, por exemplo, ser completado com elementos da segunda ou das demais leituras, e a partir dele é então possível redigir o texto em linguagem corrente, retornando às fontes sempre que necessário.

Normalmente, esse esquema ou resumo pode desde o princípio ser inserido na parte apropriada do nosso sumário. Entretanto, quando uma obra consultada se mostra muito complexa em sua construção e leitura, mas ao mesmo tempo demonstra-se essencial para nosso trabalho, sugerimos que se faça um resumo em separado da estrutura do sumário e do trabalho em construção, resumo no qual se procura reproduzir a argumentação do texto original, parafraseando-o, esquematizando-o e/ou citando suas partes mais importantes. Isso nos ajuda a deglutir com mais calma o texto que estamos lendo, antes de ser incorporado à estrutura do sumário. Nesse sentido, o resumo (ou esquema) tem muito mais uma função de suporte e auxílio à interpretação, de ajudar na sua compreensão, e, passada essa fase, as ideias e/ou o resumo do texto lido podem, então, ser distribuídos pelo sumário em desenvolvimento.

5.4.8.4 Documentação: organização e registro de informações

Matthew Lipman defende que as quatro habilidades cognitivas mais importantes para a educação são investigação, raciocínio, tradução e organização de informações. Segundo Lipman, devemos ser capazes de organizar as informações que recebemos em redes de relações e significados.[20]

A proposta metodológica do uso do sumário como suporte para a construção de nosso trabalho funciona nessa direção. Costumava-se orientar os alunos a utilizar cartões para resumir os textos lidos. Nossa proposta dá um duplo salto em relação aos cartões. Em primeiro lugar, reconhece que os bancos de dados substituíram as fichas de resumo, sugerindo que nos utilizemos do suporte eletrônico para os resumos. Mas a proposta implica ainda que os resumos não sejam realizados como um exercício separado da redação do trabalho (a não ser no caso citado de textos consultados que sejam muito complexos), mas, ao contrário, sugere que o próprio ato da leitura e do resumo seja incorporado à redação do texto, constituindo-se de imediato em partes redigidas.

Nesse sentido, conforme já indicado, é essencial, desde o início, documentar as fontes bibliográficas do trabalho (tanto as que serviram quanto as que não serviram). Caso contrário, acabamos retornando, depois de meses de uma leitura inicial, ao mesmo texto, esquecendo-nos de que aquele texto já

---

20 LIPMAN, Matthew. *O pensar na educação*. Tradução de Ann Mary Figueira Perpétuo. Petrópolis, RJ: Vozes, 1995. p. 67-72.

havia sido descartado, por exemplo. Os textos que são automaticamente incorporados (por meio de citações, resumos, comentários etc.) formarão a lista dos livros consultados, que se transformará nas referências no final do trabalho.

É importante também anotar sempre, nos textos fotocopiados, as fontes bibliográficas completas. Temos uma tendência de querer anotar essas referências de forma abreviada ou confiar em nossa memória, e isso muitas vezes acaba gerando a infeliz situação de termos uma cópia xerox na mão que nos serve bastante ao trabalho, mas que não sabemos de onde foi tirada.

No caso de textos eletrônicos, a preocupação deve ser ainda maior. Arquivos do qual fizemos *download* devem ter de imediato sua fonte indicada, sob o risco de também se desvincularem da fonte e transformarem-se em textos sem mãe. Discutiremos normas técnicas para a referência de fontes eletrônicas mais à frente, mas cabe lembrar que devem ser anotados, quando os textos são extraídos da internet, a URL (o endereço da *homepage* de onde o texto foi retirado) e qualquer outra informação que possa ser útil (data em que o texto foi acessado, data da última alteração registrada na *homepage*, nome do autor etc.). Deve-se ainda lembrar que páginas com várias *frames* (janelas) apresentam uma dificuldade extra para a obtenção dessas informações, já que o endereço das *frames* não é o mesmo que o endereço da página principal (que é o que aparece de imediato na tela). Ou seja, o endereço das janelas não é o mesmo endereço da *homepage* em que está inserida — precisa ser pesquisado.

5.5 A ESTRUTURA DO TRABALHO CIENTÍFICO

Seguem, na ordem sugerida pela NBR 14.724, os elementos mais importantes que compõem o trabalho científico escrito. Não abordaremos aqui alguns elementos opcionais e mesmo obrigatórios, já que a orientação quanto à sua formatação tende a se modificar bastante em função da instituição para a qual o trabalho estiver sendo produzido, como no caso de capa, lombada, errata, folha de aprovação, dedicatória, agradecimentos ou epígrafe. A sequência em que todos os elementos do trabalho devem aparecer, assim como indicações específicas sobre cada um deles, deve ser solicitada à instituição. De qualquer maneira, a NBR 14.724 fornece orientações gerais para todos esses elementos.

5.5.1 Folha de rosto

A folha de rosto contém os elementos essenciais à identificação do trabalho, como nome do autor, título e subtítulo, número de volumes, natureza e objetivo, nome da instituição a que é submetido o trabalho, área de concentração, nome dos orientadores, local e data. O verso da folha de rosto deve conter a ficha catalográfica. Falsa folha de rosto é uma folha opcional que precede imediatamente a folha de rosto, contendo apenas o título principal do trabalho.

5.5.2 Resumos

O resumo é a apresentação concisa dos pontos relevantes de um texto, devendo fornecer uma visão rápida e clara do conteúdo e das conclusões do trabalho. Constitui elemento essencial inclusive em livros de natureza técnico-científica. Podem ocorrer também resumos das principais divisões do livro, no início ou no final das seções.

A NBR 6.028, de 2003, "Resumos", fixa condições exigíveis para resumos e estabelece uma técnica para sua redação e apresentação, aplicando-se a qualquer tipo de texto. Os resumos destinados a indicações breves devem ter entre 50 e 100 palavras, artigos de periódicos entre 100 e 250 palavras, e relatórios técnico-científicos e trabalhos acadêmicos entre 150 e 500 palavras. Os resumos devem terminar com palavras-chave.

5.5.3 Listas

As listas são elementos opcionais. Quando necessário devem-se elaborar listas próprias para cada tipo de ilustração (desenhos, esquemas, fluxogramas, fotografias, gráficos, mapas, organogramas, plantas, quadros, retratos e outros), assim como para abreviaturas e siglas. São comuns também as listas de símbolos e tabelas.

5.5.4 Sumário

É um índice analítico, que inclui a enumeração das principais divisões, seções e outras partes do trabalho, na ordem em que nele se sucedem, acompanhadas dos respectivos números das páginas. A NBR 6.027, de 2012, "Informação e documentação — Sumário — Apresentação", estabelece os requisitos para a apresentação do sumário, aplicando-se, quando cabível, a documentos eletrônicos.

5.5.5 Prefácio

O prefácio é o primeiro elemento textual discursivo do trabalho, e pode incluir esclarecimentos, justificação, comentário ou apresentação do texto. Pode ser escrito pelo autor ou por outra pessoa, e pode também ser chamado de apresentação, prólogo ou advertência. É um elemento opcional e mais comum em livros do que em trabalhos acadêmicos.

5.5.6 Introdução

Resumidamente, a introdução deve indicar por que, como e para quem o texto foi escrito. Em um sentido mais amplo, podemos indicar as seguintes partes de uma introdução, que não precisam aparecer necessariamente na ordem sugerida:

a) introduzir e delimitar sumariamente o **tema** (ou o problema que levou ao estudo proposto) e o ponto de vista a partir do qual ele será enfocado;

b) **revisão da literatura:** inserção do tema ou problema no âmbito da literatura acadêmica ou do estado atual da discussão, incluindo, por exemplo, as deficiências que podem ser identificadas nessa literatura; definir a situação do tema no tempo e no espaço (situar o tema no conjunto dos conhecimentos ou das atividades já desenvolvidos anteriormente por diferentes autores); enunciação da documentação (destacar alguns trabalhos ou parte da literatura analisada que foram essenciais para o desenvolvimento da pesquisa);

c) **objetivos** (gerais e específicos) da obra, ou seja, como se pretende utilizar o tema proposto e aonde pretendemos chegar;

d) **perguntas** (ou problemas) e **hipóteses de trabalho**: pode-se, nesse sentido, levantar uma ou mais questões sobre o tema proposto e deixar para respondê-las durante o desenvolvimento do trabalho, retomando-as na conclusão;

e) a **história da pesquisa:** seu impulso inicial, os principais acontecimentos que determinaram sua direção, suas etapas etc.;

f) a **metodologia** do trabalho ou da pesquisa: o roteiro metodológico escolhido para o desenvolvimento do trabalho;

g) **justificativa:** demonstração da importância do tema;

h) identificação do **público** a que o trabalho se destina e o significado do estudo para esse público;

i) indicar a **estrutura** do texto, anunciando as partes em que ele está dividido;
j) **definição de termos:** definir alguns termos importantes ou neologismos que serão utilizados durante o trabalho.

5.5.7 Desenvolvimento

Em geral, o trabalho divide-se em unidades (partes, capítulos, seções etc.). A NBR 6.024, de 2012, "Informação e documentação — Numeração progressiva das seções de um documento escrito — Apresentação", estabelece um sistema de numeração progressiva das seções de documentos escritos.

Em diversos momentos de nosso texto apresentamos estratégias para o desenvolvimento do trabalho acadêmico.

5.5.8 Notas

As notas possuem diversas funções, entre as quais:

a) apresentar indicações bibliográficas dos trabalhos citados;
b) listar indicações bibliográficas gerais e de reforço, fornecendo trilhas para o aprofundamento do assunto tratado e revelando o âmbito de pesquisa do autor;
c) inserir agradecimentos, considerações, comentários, esclarecimentos, explicações, informações, indicações, observações, explanações e aditamentos complementares — que se incluídos no texto comprometeriam desnecessariamente seu desenvolvimento e truncariam o raciocínio exposto, mas que podem ser úteis ao leitor — feitos pelo autor, tradutor ou editor, contidos em fontes bibliográficas, ou mesmo realizados por terceiros;
d) introduzir uma citação de reforço que no texto atrapalharia a leitura, ou a citação de um texto original que estiver parafraseado, comentado ou resumido no trabalho;
e) apresentar remissões internas e externas, para outros capítulos ou partes do trabalho e para outras obras e autores relacionados com o assunto em pauta;
f) apresentar a versão original de alguma citação traduzida no texto, quando se fizer importante e necessária à comparação dos trechos, ou traduzir uma citação utilizada no texto em língua estrangeira;
g) apresentar termos e conceitos técnicos e específicos.

As notas podem aparecer no rodapé da página, na margem esquerda ou direita do texto ou no final de capítulos, de partes ou do próprio texto. Quanto à sua apresentação, elas devem ser:

a) numeradas sequencialmente em algarismos arábicos dentro de cada unidade importante do trabalho ou ao longo de todo o texto; nas notas do tradutor ou do editor pode-se utilizar outro sinal de chamada (por exemplo: *). O número ou sinal de chamada é colocado acima do alinhamento do texto, sendo repetido na mesma posição no início da nota correspondente;
b) compostas em fonte menor que a do texto;
c) contidas, quando em rodapé, dentro da margem, ficando separadas do texto por um espaço simples e por um filete de 5 cm a partir da margem esquerda; devem ser alinhadas, a partir da segunda linha da mesma nota, iniciando abaixo da primeira palavra, sem espaço entre elas.

5.5.9 Conclusão

Parte final do texto em que se apresentam considerações apoiadas no desenvolvimento da matéria e em função dos objetivos e hipóteses propostos. A conclusão não deve introduzir dados novos, mas reorganizar as informações e interpretações discutidas durante o desenvolvimento do texto, de forma a funcionar como um fechamento. Pode-se também apresentar a importância, os desdobramentos, o encaminhamento, a projeção e a repercussão da pesquisa realizada.

5.5.10 Referências

A bibliografia ou lista de referências, que deve aparecer no final do texto e ser elaborada conforme a NBR 6.023, pode estar organizada de diferentes maneiras (e é importante indicar efetivamente qual o critério utilizado para estruturá-la).

Pode, por exemplo, incluir uma lista de trabalhos citados, da literatura citada durante o texto. Essa lista pode ser comentada, ou seja, incluir breves comentários sobre cada uma das fontes indicadas (como no caso de algumas das referências constantes da bibliografia deste livro). Nesse sentido, é interessante que, conforme o pesquisador esteja lendo artigos e livros, acessando e explorando *sites*, ele registre simultaneamente a referência completa da obra pesquisada e um breve comentário, que servirá tanto para orientá-lo e lembrá-lo do conteúdo do documento referenciado quanto para enriquecer a bibliografia que apresentará no final do seu trabalho.

A bibliografia pode também ser selecionada, incluindo uma lista de obras consultadas e sugerindo leituras no campo de estudo. Nesse caso, pode incluir, portanto, não apenas os textos citados durante o trabalho, mas também outros que não foram mencionados. Pode, inclusive, prescindir de algumas fontes citadas, mas que não apresentam interesse especial para o estudo do tema (a citação pode ter sido, nesse caso, localizada, de uma frase ou passagem específica que interessou apenas em um determinado momento do trabalho). E pode também, é claro, ser comentada.

Em trabalhos acadêmicos, deve-se incluir a referência completa de todos os trabalhos citados ou mencionados durante o texto.

5.5.11 Glossário

O glossário é uma lista em ordem alfabética de palavras ou expressões técnicas utilizadas no texto, acompanhadas das respectivas definições. Trata-se de um elemento opcional, comum em trabalhos de cunho mais técnico.

5.5.12 Anexos e apêndices

Geralmente confundidos, os apêndices são documentos da autoria de quem redigiu o trabalho a fim de complementar a argumentação sem prejuízo da unidade do trabalho, enquanto os anexos, ao contrário, incluem documentos não redigidos pelo próprio autor, para fundamentar, comprovar ou ilustrar o trabalho.

Nos apêndices, devem ser incluídas as informações desenvolvidas pelo próprio autor, na própria pesquisa ou em outros trabalhos, como questionários, entrevistas ou formulários criados pelo pesquisador.

Nos anexos, devem ser incluídas as informações complementares, não produzidas pelo autor, como projetos de lei, decretos, gráficos, tabelas, recortes de jornal e revista, estatísticas etc.

O próprio texto deve fazer referências aos apêndices e anexos, citando-os no desenvolvimento do trabalho ou em notas de rodapé. Ambos devem ser identificados com letras maiúsculas consecutivas, travessão e respectivos títulos. Seus subitens, como notas, ilustrações, quadros e tabelas, podem receber numeração autônoma.

5.5.13 Índices

A NBR 6.034, de 2012, define índice como: "Relação de palavras ou frases, ordenadas segundo determinado critério, que localiza e remete para informações contidas num texto".

Há diferentes tipos de índices, o que nem sempre fica claro para o pesquisador. O sumário, por exemplo, é um tipo de índice, denominado analítico. Nele, são listadas as partes e seções do texto.

Os índices remissivos remetem-nos a termos, expressões ou assuntos que aparecem no texto. São bastante comuns os índices de assuntos e o índice onomástico (de nomes próprios), ou mesmo uma combinação entre os dois. Podem se organizar, por exemplo, em ordem alfabética ou sistematicamente, por classes, números ou cronologicamente. As referências cruzadas são aquelas que nos remetem a outra entrada do índice por meio das expressões "ver" ou "ver também".

Os processadores de texto possuem diversos recursos para facilitar a preparação de índices analíticos, remissivos e de figuras, em diferentes formatos. No Microsoft Word, o menu Referências/Inserir Índice fornece a seguinte janela:

Figura 5.1 - Índices

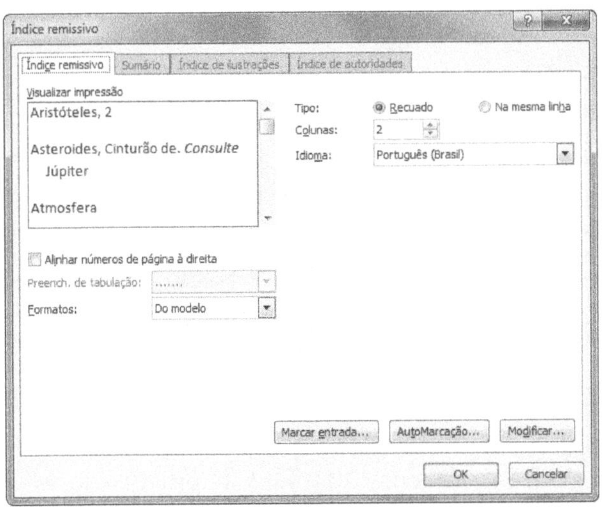

5.5.14 Características especiais da estrutura dos trabalhos em forma de hipermídia

É cada vez maior a tendência de se produzir trabalhos acadêmicos em suporte eletrônico. Desde requisições de que a entrega de um trabalho de conclusão de curso, de uma dissertação de mestrado ou de uma tese de doutorado seja acompanhada de um CD ou DVD com o arquivo do texto em um programa de processador de textos, até trabalhos mais ousados, que podem incluir recursos audiovisuais, sonoros e páginas na internet, cada vez mais a tecnologia da informação passa a influenciar a estrutura dos trabalhos científicos.

Os elementos que indicamos anteriormente compõem a estrutura tradicional dos trabalhos científicos em forma de texto impresso. A influência da tecnologia da informação está sem dúvida alterando essa estrutura (e tende a alterá-la cada vez mais), adicionando novos elementos (como *hiperlinks*, não linearidade, *frames*, sons, imagens, vídeos) e, ao mesmo tempo, tornando outros elementos obsoletos. Durante todo nosso texto, inclusive e principalmente nos itens seguintes, há várias indicações de elementos que podem ser incorporados aos trabalhos científicos em função da tecnologia da informação.

5.6 A PRODUÇÃO DO TRABALHO CIENTÍFICO

5.6.1 Redação

5.6.1.1 Processadores de texto

A utilização de uma série de comandos e técnicas dos processadores de texto (e aqui utilizaremos como exemplo o Microsoft Word) pode auxiliar imensamente no processo de redação de um texto científico. Muitos cientistas, de um lado, e muitos experientes usuários de processadores de textos, de outro, não têm em geral conhecimento de alguns dos mais importantes recursos desses processadores, que podem funcionar como suporte para seu trabalho. Procuraremos aqui abordar os recursos mais importantes. De qualquer maneira, uma sugestão puramente tecnológica é a de que o pesquisador, no início de sua pesquisa, atualize-se em cursos rápidos de processadores de texto (oferecidos por diversas escolas de informática), por meio dos quais certamente descobrirá comandos e recursos no *software* que poderá inclusive adaptar às suas necessidades. A mesma sugestão pode ser estendida para cursos em planilhas eletrônicas, *softwares* de apresentação, bancos de dados etc.

O sumário como guia para a redação do texto

Já indicamos anteriormente, de forma breve, a ideia do uso do sumário como guia para a produção do trabalho científico. Agora, gostaríamos de nos fixar especificamente no uso do sumário durante a redação do texto, destacando alguns pontos específicos.

Vários cursos ou textos sobre redação de trabalhos científicos sugerem que a primeira etapa desse processo seja um movimento de escrita livre, com a mínima interferência do senso crítico, em que o escritor lance no papel (ou no computador) as ideias que passam por sua cabeça em relação ao tema. Em uma segunda etapa, então, o escritor passaria a colocar em ordem palavras, frases, parágrafos etc. que teriam surgido nessa primeira etapa de livre associação.

Essa sequência de etapas parece extremamente natural e é quase sempre aceita sem críticas. Nossa proposta do uso do sumário, entretanto, aponta para uma metodologia diferente, se não oposta. Sugerimos que não se deva passar pelo processo do caos (*brainstorming*, escrever livremente etc.) para depois procurar estabelecer ordem nesse caos. O método do sumário tende a preservar tanto a possibilidade da livre associação quanto a da ordenação, do começo ao final da redação do texto. Do nosso ponto de vista, o caos deve estar pré-ordenado, desde o início, e, com o sumário, o espaço para o caos fica preservado até o final do processo de redação. Evita-se, assim, pensar em fases estanques pré-escrita/escrita. Na verdade, quase nunca acaba ocorrendo essa divisão estanque nos textos efetivamente produzidos; o aluno em geral perde muito tempo antes de iniciar o processo de ordenamento, acaba retardando a elaboração do texto (o corpo a corpo com as palavras) e não sobra tempo para a redação e a revisão. Nossa proposta defende a redação do trabalho desde o início; que, ao mesmo tempo que lemos, estejamos escrevendo o trabalho — que, ao mesmo tempo em que se gera caos, o estejamos ordenando. E a tecnologia justamente ajuda a questionar essa visão pré-escrita/escrita, pois permite que façamos as duas coisas simultaneamente. A metodologia do sumário, aqui proposta, defende, portanto, uma dialética entre caos e ordenação do começo ao fim do trabalho científico.

Isso não significa que defendamos que o trabalho tenha de ser racionalmente direcionado desde o início. Ao contrário, o sumário (que vai aos poucos se transformando no texto) permite que, a qualquer momento, o escritor introduza devaneios, comentários, ideias que surgem repentinamente, mesmo que a conexão racional com o resto do texto já escrito (e com sua estrutura global) não pareça de imediato clara. Assim, o sumário permite que o trabalho tome rumos diversos e mude de direção durante a redação do texto.

Com a metodologia aqui proposta, o texto vai crescendo, pouco a pouco, ganhando forma lentamente, no constante trabalho de arranjar e desarranjar suas partes. Como já dissemos, às vezes acordamos e queremos arrumar as coisas, outras vezes acordamos e queremos escrever livremente, outras vezes queremos simplesmente ler e resumir ideias dos outros. A metodologia do sumário aqui sugerida permite que todos esses dias sejam igualmente aproveitados na construção do trabalho. Assim, respeitam-se mais as diferentes energias de que estamos imbuídos em diferentes momentos, ao contrário do que ocorre quando se definem fases estanques, em que inicialmente se deva ler, depois escrever capítulo por capítulo, e assim por diante.

A técnica básica para lidar com o sumário é a utilização de indicações visuais para os capítulos, subcapítulos, subitens etc. durante a redação do trabalho. Isso pode ser feito por meio da janela de estilos (no menu Página Inicial do Microsoft Word), na qual podemos selecionar diversos níveis de títulos (Título 1, Título 2, Título 3 e assim por diante). Desse modo, quando esses títulos são redigidos a partir dessa seleção, o sumário é construído automaticamente, com a indicação das páginas para cada título (Referências/Sumário/Inserir Sumário, e uma série de opções para formatar o sumário).

Figura 5.2 – Sumário

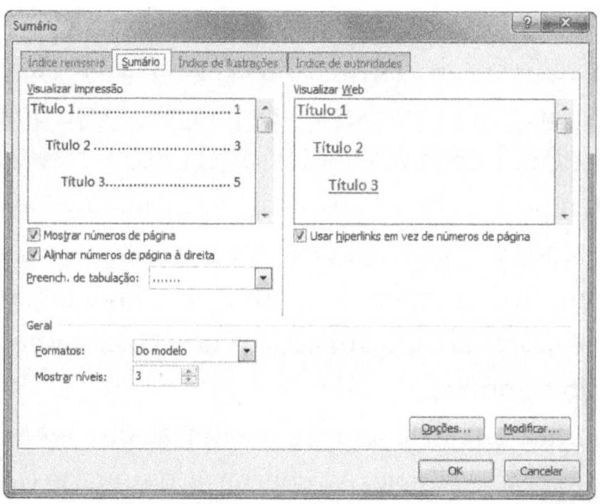

Assim, deve-se constantemente refazer os títulos, acrescentando alguns, excluindo outros, reorganizando alguns para outro nível (um Título 2 que se transforma em Título 3, um Título 4 que se divide em dois etc.), o que depende apenas de um clique na janela de estilos. O sumário pode então ser refeito instantaneamente, espelhando a nova configuração escolhida pelo pesquisador.

Dois recursos auxiliam bastante o trabalho com o sumário aqui proposto. Um deles é a exibição do documento no formato "Estrutura de Tópicos" (esquematizador, visão esquematizada, modo de tópicos ou *outline view*), o mapa do documento. Essa forma de exibição aciona automaticamente, no Word, um conjunto de ícones que permitem fácil manipulação de partes de texto (seu deslocamento, a mudança de seu nível de classificação em relação aos outros itens do texto, a visualização de diferentes níveis de títulos etc.).

Figura 5.3 - Estrutura de tópicos

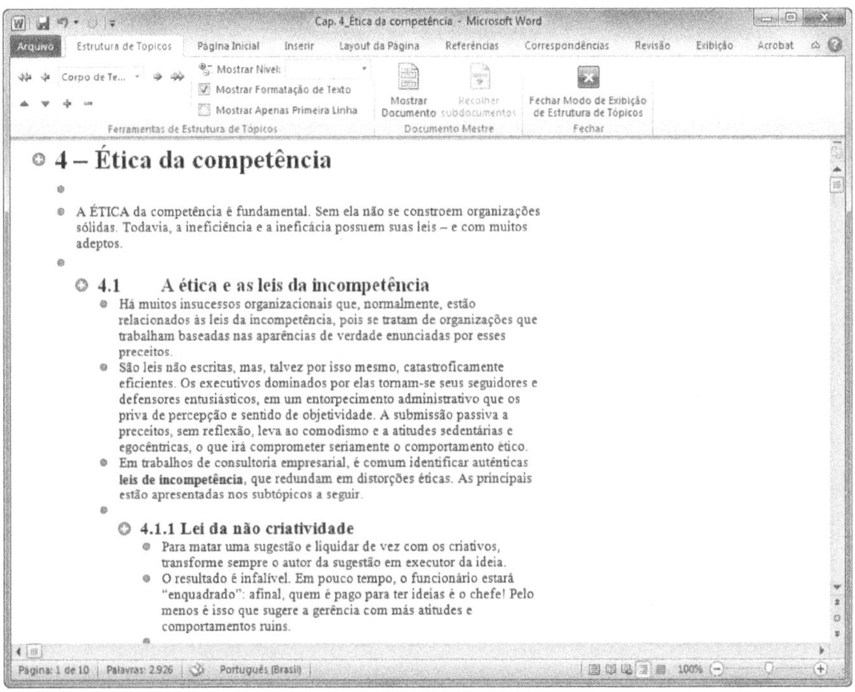

Outro recurso importante é a estrutura do documento (que pode ser adicionada também por meio do menu Exibir/Painel de Navegação, ou de um ícone adicionado à Barra de Ferramentas de Acesso Rápido), que abre o sumário do lado esquerdo da tela e permite que com um simples clique se pule para a parte que interessa do texto.

Figura 5.4 – Painel de navegação

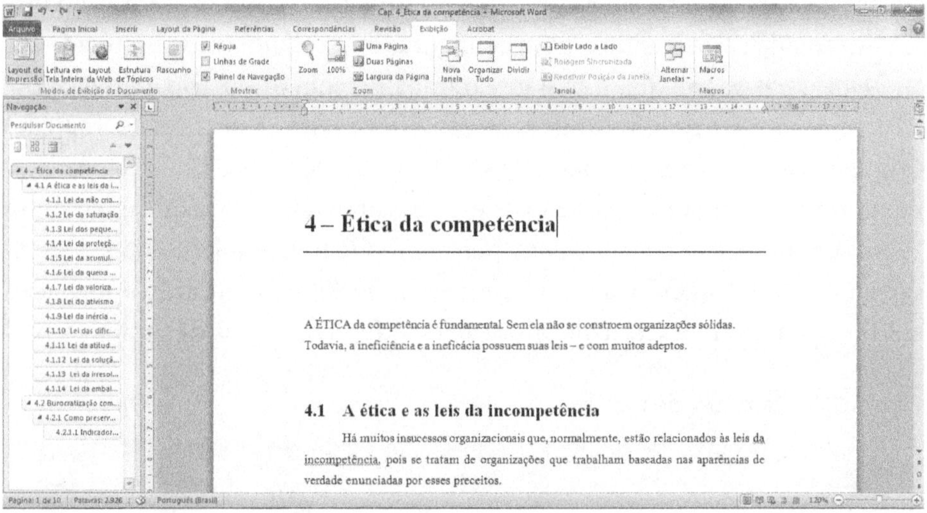

Estilos

Quando criamos um novo arquivo de processador de texto no Microsoft Word, o modelo de documento selecionado é automaticamente o Normal, que possui uma série de formatações prévias para serem utilizadas pelo usuário: os estilos. É possível alterar os parâmetros dos estilos por meio do menu Página Inicial/Estilos. São, então, listadas as diversas opções de estilos existentes, e é possível alterar sua formatação em relação a fonte, parágrafo, tabulação, idioma etc. As alterações podem ser feitas também em outros estilos, como os títulos, texto de nota de rodapé, texto de comentários, referências de notas de rodapé etc.

É ainda possível que o próprio usuário crie seu(s) estilo(s). Brincar com estilos antes do início da redação do texto, até achar um modelo ideal, é uma atividade que pode acabar economizando tempo e facilitar bastante o desenvolvimento da pesquisa.

Figura 5.5 – Estilos

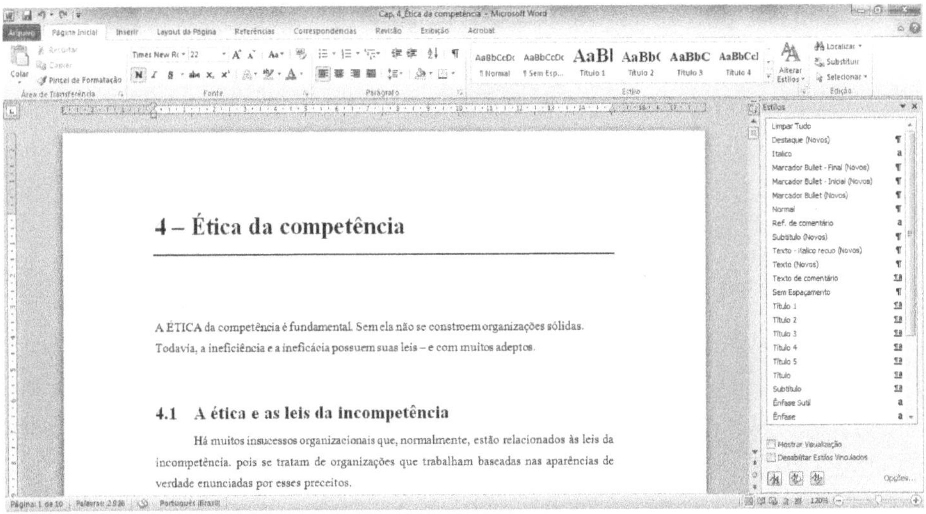

Notas

É importante também, como já indicamos, inserir no trabalho em produção desde o início citações, paráfrases, resumos, comentários etc. sobre textos que estejamos lendo. Nesse sentido, cabe introduzir notas indicando as referências. A inserção de notas é feita por meio do menu Referências/Inserir Nota de Rodapé.

Como já dissemos, é também essencial que, no momento em que palavras, frases, parágrafos etc. vão sendo introduzidos no texto, fique claro (para o escritor) de onde elas vieram, ou seja, quando foram introduzidos comentários do próprio autor, quando se trata de resumos de ideias de outros, quando se trata de paráfrase ou citação etc. Enfim, é necessário desde o início demarcar quais palavras e ideias são suas e quais não são. É claro que as ideias dos outros e as nossas fundir-se-ão no texto completo. Mas, na metodologia de redação aqui proposta, corremos o risco de nos perder desde o início, assumindo como nossas as palavras dos outros, e vice-versa. A solução que muitos propõem para esse problema é o uso de caracteres ou cores diferentes (para diferenciar as nossas ideias das dos outros). Nossa sugestão é que, a cada introdução em nosso trabalho de ideias ou textos alheios (citação, resumo, até mesmo nossos comentários sobre alguma passagem), já indiquemos em nota de rodapé as referências bibliográficas. Isso pode ser um pouco mais demorado, mas de qualquer maneira já estaremos adiantando algo que teríamos de fazer mais à frente, ou seja, estamos, na verdade, construindo pouco a pouco o texto. Outro recurso importante, nesse sentido, é o uso de anotações ou comentários.

Figura 5.6 – Notas de rodapé

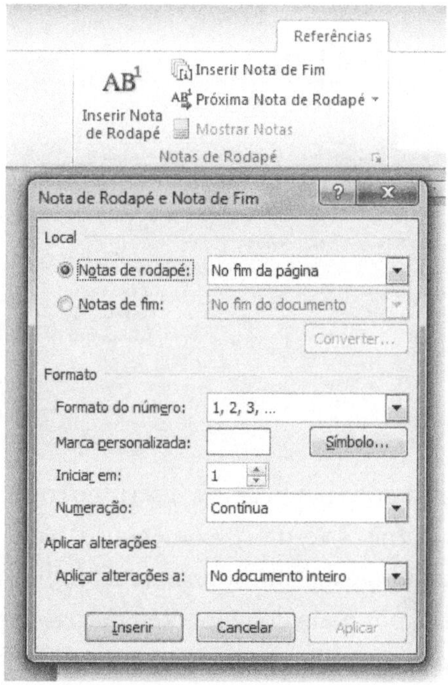

Anotações (ou comentários)

Esse é um recurso poderoso, mas bem pouco utilizado (talvez até mesmo pouco conhecido) para a redação de textos científicos. Pode ser acionado por meio do menu Revisão/Novo Comentário.

Os comentários normalmente não aparecem quando imprimimos um texto, ao contrário das notas de rodapé e de fim de texto, mas podem ser impressos, inclusive sem o texto, nas configurações de impressão.

Figura 5.7 - Comentários

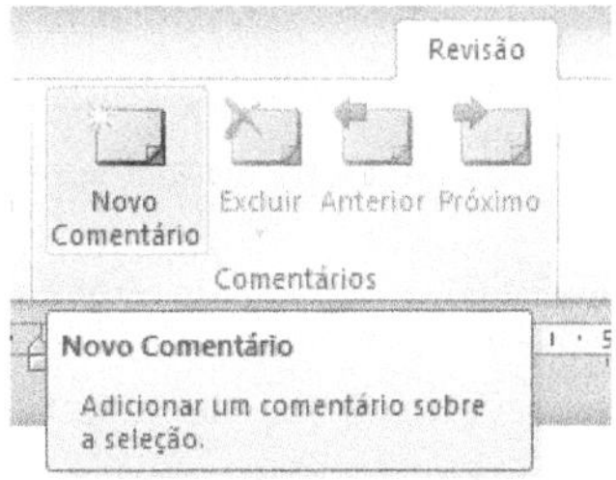

Esse recurso eletrônico do comentário pode ter várias funções. A primeira é a revisão de textos por outra pessoa (seu orientador, por exemplo), sem que sejam feitas alterações no texto original. Assim, o revisor pode ler seu arquivo e introduzir os comentários que achar cabíveis, que você poderá ler e deletar depois de alterar o texto, caso considere necessário. Revisões podem ser facilmente realizadas eletronicamente, já que arquivos de texto, planilhas e outros arquivos podem ser simplesmente enviados por *e-mail*, revisados e enviados de volta para o aluno. Os comentários podem também ser utilizados em traduções: o tradutor pode introduzir comentários com dúvidas sobre o texto na língua original para o autor; pode lançar versões alternativas para as traduções propostas; pode manter no comentário parte do texto original, quando considerar que a tradução daquela passagem específica não esteja ainda clara; e assim por diante. Os comentários podem ainda ser feitos para você mesmo, ou seja, enquanto você está construindo seu texto pode introduzir comentários (sobre passagens de outros autores, sobre suas próprias ideias, alguma lembrança de bibliografia não analisada mas que faça sentido para aquela passagem etc.). Nesse sentido, os comentários introduzidos para você mesmo seriam lembranças, palavras ou frases que provavelmente não apareceriam no texto final. O recurso do comentário tem também função decisiva na produção de trabalhos colaborativos. **É importante não se esquecer de deletar todos eles na versão final do texto.**

Nesse aspecto, pode haver mais de um comentador para um mesmo texto (o orientador, o próprio autor, um revisor etc.). Para identificar cada um deles, é possível alterar o nome do usuário do Word, de forma que seus comentários sejam identificados por um signo que os diferencie dos demais.

É importante ainda registrar outra forma de se trabalhar com comentários, por meio de Caixas de Texto (Inserir/Caixa de Texto). Os comentários podem ser introduzidos em caixas de texto e é possível mudar o formato das caixas, colori-las e assim por diante. A principal vantagem desse sistema é a maior facilidade para visualizar os comentários, inclusive destacá-los uns em relação aos outros (por sua cor, fontes utilizadas, tamanho da caixa de texto etc.).

A combinação entre o uso de notas de rodapé, notas de fim de texto e comentários é um recurso importantíssimo para o sucesso da metodologia do sumário que propomos neste trabalho. Cada autor tenderá a encontrar um equilíbrio adequado às suas necessidades, conforme for testando, experimentando e combinando todos esses recursos. Apresentamos aqui apenas breves sugestões para destacar a importância do aprendizado da manipulação desses recursos na produção dos trabalhos científicos.

Índices

O Microsoft Word permite a criação de diversos índices, por meio do menu Referências/Inserir Índice.

No caso dos sumários, o usuário pode escolher diferentes estilos, os níveis dos títulos e as maneiras de preenchimento dos espaços entre os títulos e o número das páginas. O sumário depende de o usuário haver selecionado estilos apropriados (Título 1, Título 2 etc.) em seus diferentes capítulos e seções.

Os índices remissivos exigem que sejam criadas entradas para palavras ou expressões por meio do menu Referências/Marcar Entrada. Abre-se então uma série de opções (como descrição da entrada principal e da subentrada e referência cruzada). É ainda possível selecionar uma palavra ou expressão no texto e optar na janela "Marcar entrada de índice remissivo" pela opção "Marcar todas", o que gerará a marcação automática de todas as palavras ou expressões selecionadas, por todo o texto, para a confecção do índice remissivo. Assim, o usuário construirá o índice remissivo a partir dessas marcações.

O Microsoft Word permite ainda a criação de índices de outros objetos como figuras, tabelas, equações ou outro nome que o usuário definir, por meio do mesmo menu, que correspondem às listas dos trabalhos acadêmicos. As legendas para esses objetos, que permitem a digitação de um título e ao mesmo tempo funcionam como as marcações de referência para esses índices, podem ser introduzidas por meio do menu Referências/Inserir Legenda.

Correções

Um dos outros importantes suportes que a tecnologia da informação introduziu na produção do trabalho científico são as inúmeras possibilidades de correção de textos. Já é bastante comum o uso de corretores ortográficos e gramaticais (muitas vezes embutidos nos próprios processadores de texto).

Outro recurso extremamente poderoso para a correção de textos é a possibilidade de substituição rápida de palavras ou expressões. É bastante comum que, durante a redação de nosso trabalho, acabemos deixando mais de um espaço entre palavras (por termos deletado uma palavra ou expressão, por termos pressionado duas vezes a barra de espaço etc.). Isso pode ser facilmente corrigido com a ajuda do recurso da substituição, acionável por meio do menu Página Inicial/Substituir. Podemos então, no espaço Localizar, teclar dois espaços (com a barra de espaço) e clicar em "Localizar próxima". O cursor se encaminhará para um local do texto em que existem dois espaços. Se esse espaço duplo for realmente inadequado, podemos acionar a janela Substituir e no espaço "Substituir por" digitar apenas um espaço. Esse procedimento deve ser repetido, pois podem existir no texto espaços triplos, quádruplos etc., mas no final acaba-se por corrigir todos os problemas de espaçamento inadequado.

Um dos maiores tormentos é o fato de o autor ter de ler e reler seu texto inúmeras vezes para corrigi-lo, estruturá-lo e aperfeiçoá-lo. A partir de certo momento, esse processo torna-se enfadonho e parece que nos tornamos cegos para nossos próprios erros: não conseguimos mais ler o que escrevemos, nem alterar o texto — parece que ele se torna mais forte e poderoso do que nós. Nossa metodologia do sumário implica também que tenhamos de rever e revisar constantemente nosso trabalho. Isso pode ser feito, é claro, por meio da simples leitura do texto na própria tela do computador e a subsequente introdução das alterações necessárias. Entretanto (e aqui vai uma sugestão "não eletrônica"), é imprescindível também que, com certa frequência, imprimamos o texto (inteiro ou em partes) para relê-lo, tomar notas, introduzir comentários escritos à mão etc. Sugerimos isso por várias razões: o texto impresso tem características bastante distintas do texto lido na tela do computador e conseguimos captá-lo (mesmo que se trate de uma ilusão psicológica) em sua integridade (segurá-lo por completo); pode ser manuseado de forma distinta do texto eletrônico e levado para diversos lugares (lido em uma fila de espera, em uma rede etc.); o texto impresso gera um prazer bastante diferente do texto percorrido eletronicamente — há uma sensação mais forte de que algo está sendo produzido, o que injeta um ânimo novo no escritor. Enfim, sugerimos que, em vários momentos, o texto seja impresso e lido em papel e as alterações anotadas a mão sejam depois acrescentadas no arquivo. A alternância da correção do trabalho na tela do computador e no papel cria uma dialética que incentiva e motiva a revisão do autor. Nesse sentido, é interessante que diferentes versões do texto, em momentos distintos, sejam encaminhadas para o orientador, que pode assim oferecer valiosas contribuições ao trabalho, em suas fases distintas.

Realces

Cabe lembrar a importância (e a facilidade) da utilização dos vários recursos de realce disponíveis eletronicamente. Palavras podem ser coloridas, expressões podem ser sublinhadas, fontes de frases podem ser alteradas e assim por diante, com diferentes propósitos. Cada pesquisador deve testar as várias combinações possíveis no uso dos recursos de realce e criar um estilo próprio; as diferentes utilizações desses recursos, durante a redação do texto, podem trazer-lhe imensos benefícios.

Controlar as alterações

Um recurso que em geral é também ignorado na redação de textos é a possibilidade de controlarmos as alterações introduzidas em nosso trabalho, e ele pode ser acionado por meio do menu Revisão/Controlar Alterações. Uma série de opções possibilitam que sejam visualizados, ao mesmo tempo, o texto original e as alterações que nele foram introduzidas.

Seu efeito no caso de revisão de textos legais, como contratos, cartas de negócios etc. é impressionante. Mas pode também ser utilizado, por exemplo, em uma fase final da redação do texto, para acompanharmos as mudanças que estão sendo introduzidas, facilitando assim o retorno a versões prévias; em revisões, de maneira que o revisor indique as alterações propostas, mas o autor tenha a opção de descartar algumas delas; em traduções; etc.

Versões

Outro recurso importante, no mesmo sentido, e também muito pouco utilizado, é a possibilidade de gravarmos nosso texto em suas diferentes versões, ou seja, manter em um arquivo as diversas versões do texto que estamos produzindo. É possível ainda abrir diferentes versões e então comparar um documento com outro, observando, por exemplo, onde foram feitas alterações.

Backup

Por fim, cabe ressaltar a importância do exercício constante e contínuo do *backup*. Computadores apresentam problemas por diversos motivos e é bastante comum a perda de arquivos (gravados em *hard-disks*), o que significa meses ou até mesmo anos de trabalho jogados fora. É extremamente desestimulante ter de recomeçar um trabalho do zero, utilizando a metodologia do sumário aqui proposta, mesmo que tenhamos em nossas mãos toda a bibliografia consultada (o que quase nunca é o caso). Temos a sensação de que nunca vamos chegar ao mesmo ponto em que estávamos, pois fizemos várias anotações e vários comentários em momentos diferentes, o que será difícil recuperar.

Portanto, devemos sempre, e principalmente à medida que fazemos significativas alterações no texto, gravá-lo em um segundo suporte, além do próprio computador. Esse segundo suporte pode ser outro computador, um CD, DVD, *drive* externo etc. A opção de imprimir com frequência o texto também funciona como garantia, pois, como última opção, o texto impresso pode ser escaneado.

Deve-se ressaltar, ainda, a importância da utilização de *nobreaks*, que impedem que o computador desligue imediatamente após queda ou oscilação de energia, evitando assim que parte do trabalho digitado seja perdida por falta de gravação. Logo, é também importante que o trabalho que está sendo desenvolvido seja gravado com certa frequência, para minimizar esse risco.

5.6.1.2 Definições e comparações

As definições e comparações não são exatamente um processo lógico, mas se caracterizam como um processo essencial na construção de trabalhos científicos.

Uma falácia bastante comum é a do acento: expressões acentuadas são tratadas como não acentuadas ou acentuadas em um sentido diferente. Ou seja, realça-se algum ponto de uma definição (ou de um termo definido), mas, no decorrer do discurso, esse acento se perde e o termo (ou expressão) passa a ser utilizado, então, em um sentido diferente. É importante, portanto, manter uma homogeneidade no significado dos conceitos definidos e utilizados durante todo o trabalho.

É também extremamente comum observarmos a construção de comparações falhas por diversos motivos: indefinição (ou excessiva generalidade) do(s) elemento(s) utilizado(s) como base para a comparação; aproximação de situações que absolutamente não permitem comparação; utilização de um elemento de comparação que não tem recorrência estatística significativa etc.

Temos uma tendência de construir comparações a partir de qualquer sinal, mesmo que mínimo, de semelhança. Convém, ao contrário, sempre que construirmos uma comparação em nossos trabalhos científicos, analisarmos com cuidado e explorarmos com o máximo de detalhes possível para nos assegurarmos de que ela resiste à crítica: as comparações mal formuladas podem se constituir em um dos pontos fracos (e em uma porta de entrada) para a avaliação negativa de nosso trabalho.

Nesse sentido, estudar com paciência a forma como estão construídas comparações complexas e interessantes pode ajudar bastante o pesquisador. Como sugestão, lembraremos aqui de dois exemplos. O primeiro, já clássico: em seu *Curso de linguística geral*, o pai da linguística Ferdinand de Saussure realiza uma longa e belíssima analogia entre "o jogo" da língua e uma partida de xadrez, analisando, entre outros aspectos, como os movimentos do xadrez correspondem às mudanças nas línguas.[21] O segundo exemplo é mais atual e menos conhecido, mas nem por isso menos interessante: o filósofo francês Pierre Livet leva seu leitor a imaginar uma bela paisagem, na qual os vales representam as oportunidades e os cumes, as dificuldades, para exemplificar sua discussão sobre o papel da revisão na investigação científica e na ética.[22] A comparação, a analogia e a metáfora são artes, e é preciso estudar e praticar para desenvolvê-las.

5.6.2 Ilustrações

Tabelas são elementos demonstrativos de síntese que constituem unidade autônoma e apresentam informações tratadas estatisticamente. As ilustrações são desenhos, gravuras ou imagens que acompanham um texto.

21 SAUSSURE, Ferdinand de. *Curso de linguística geral*. Tradução de Antônio Chelini, José Paulo Paes e Izidoro Blikstein. 17. ed. São Paulo: Cultrix, 1993. p. 104-105.

22 LIVET, Pierre. The role of revision in Dewey's inquiry and ethics. *Cognitio*: revista de filosofia do Centro de Estudos do Pragmatismo da PUC-SP, n. 3, p. 53-63, nov. 2002.

Tabela 5.1 – Cooperativas autorizadas a funcionar por tipo e estado, junho de 1974

Estado	Tipo de Cooperativa				Total
	Consumidor	Produtor	Escola	Outras	
São Paulo	157 (24%)	269 (42%)	143 (22%)	79 (12%)	648 (100%)
Paraná	73 (24%)	124 (42%)	67 (22%)	37 (12%)	301 (100%)
Rio Grande do Sul	146 (24%)	250 (42%)	133 (22%)	73 (12%)	602 (100%)
Total	376 (24%)	643 (42%)	343 (22%)	189 (12%)	1.551 (100%)

Fonte: BUSSAB, W. O.; MORETTIN, P. *Estatística básica*. 9. ed. São Paulo: Saraiva, 2017.

Ilustrações são designações genéricas de imagens que ilustram ou elucidam um texto; incluem gráficos, diagramas, desenhos, fotografias, mapas etc. que explicitam ou complementam visualmente o texto.

Depois das calculadoras gráficas e estatísticas, os computadores tornaram-se poderosos recursos para lidarmos com números, gráficos e tabelas. Os processadores de texto dispõem de ferramentas úteis para a construção de quadros e tabelas.

Mas os principais programas para a manipulação de números são as planilhas eletrônicas, ferramentas imprescindíveis para análise e cálculos matemáticos e estatísticos. Na bibliografia, citamos os livros de Juan Carlos Lapponi, *Estatística usando Excel 5 e 7* e *Matemática inanceira usando Excel 5 e 7*, em que os conceitos estatísticos e de Matemática Financeira são orientados para o uso de uma planilha eletrônica. Os dois textos utilizam-se dos recursos do Microsoft Excel (gráficos, fórmulas, funções financeiras etc.). Mais específicos e potentes que as planilhas são os pacotes estatísticos e matemáticos.

As planilhas possibilitam a construção de gráficos com uma rapidez incrível, assim como uma flexibilidade imensa na forma da disposição visual dos dados, que pode ser alterada em um simples clicar do *mouse*. Normalmente, as planilhas incorporam auxiliares que orientam o usuário, passo a passo, na construção dos gráficos.

Além dos *softwares* disponíveis comercialmente, o usuário encontra também *on-line* diversas opções de ferramentas para lidar com números.

Assim como no caso dos corretores ortográficos, esses *softwares* não resolvem todos os problemas da manipulação e análise de números. Já discutimos, em diferentes momentos, a importância de uma formatação prévia da realidade e da programação da coleta de dados. Devemos também lembrar da importância da escolha das unidades nos eixos, que pode acabar determinando uma visualização (e, por consequência, análise) totalmente diversa dos dados coletados. No caso dos histogramas, por exemplo, modelo de gráfico extremamente utilizado, o eixo do x deve ser construído com base em um intervalo de classes, e o eixo do y com base na frequência de cada intervalo. Dependendo da complexidade dos números analisados e da importância da análise quantitativa na condução e conclusão da pesquisa, torna-se necessário o trabalho (conjunto) com estatísticos e matemáticos, caso o pesquisador não tenha domínio das técnicas de manipulação de dados numéricos.

Figura 5.8 – Histograma da variável S = salário dos empregados da seção de orçamentos da Companhia Milsa

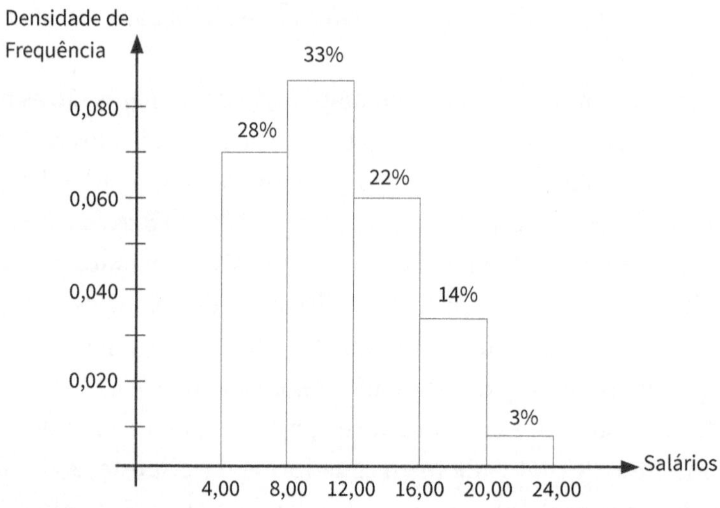

Fonte: BUSSAB, W. O.; MORETTIN, P. *Estatística básica*. 9. ed. São Paulo: Saraiva, 2017.

As planilhas nem sempre exploram com eficiência o universo dos desenhos e diagramas. Há programas especializados para esses fins, que permitem construir com facilidade organogramas e fluxogramas, desenhar esquemas técnicos, construir mapas de *websites* etc. Esses recursos acabam sendo essenciais em quase todos os trabalhos de pesquisa, pois o esqueleto dos organogramas, por exemplo, pode ser usado para diversas finalidades, como apresentação esquemática de conceitos, apresentação de acontecimentos do ponto de vista histórico, exposição da divisão de obras analisadas e assim por diante.

5.6.3 Recursos digitais

Além de processadores de textos e planilhas eletrônicas, há uma série de outros recursos multimídia eletrônicos que podem ser utilizados em trabalhos científicos: programas para utilização e manipulação de imagens, *slides*, fotos e vídeos; *softwares* para produção e manipulação de efeitos sonoros; *softwares* para capturar e manipular fotos de tela; dentre outros. Dependendo da necessidade do pesquisador, esses recursos podem ser incorporados ao trabalho, e uma consulta aos profissionais da área pode determinar o programa mais adequado ao tipo de trabalho que está sendo desenvolvido.

São bastante populares os pacotes que oferecem um conjunto dos *softwares* mais importantes que destacamos (processador de textos, planilha eletrônica, banco de dados, *software* de apresentação etc.): Microsoft Office, Google Docs e OpenOffice, entre outros.

Deve-se também destacar os *softwares* para gerenciamento de referências, como EndNote, Zotero e Mendeley.

5.7 A COMUNICAÇÃO DO TRABALHO CIENTÍFICO

5.7.1 Formas de apresentação

Os resultados dos trabalhos de pesquisa, parciais ou finais, podem ser disseminados em diferentes formatos: oralmente (relatórios técnicos, palestras, cursos, encontros, reuniões científicas, seminários, congressos, mesas-redondas, reuniões, jornadas, simpósios, colóquios, fóruns, oficinas, sessões de comunicações científicas, painéis, *workshops* etc.), pôsteres (cartazes com fotos, figuras, esquemas, quadros e textos concisos, apresentados em eventos científicos, em que o autor fica à disposição para esclarecer dúvidas), transparências, impressos (relatórios, *papers*, artigos, monografias, dissertações, teses, periódicos científicos, livros publicados etc.), eletronicamente (CDs, *softwares* de apresentação, *web*, periódicos eletrônicos etc.) ou por meio de combinações dessas mídias.

Além da escolha da mídia mais apropriada para a divulgação de sua pesquisa, o pesquisador precisa também realizar escolhas no interior da mídia selecionada. No caso das mídias impressas, deve-se decidir sobre o tamanho e tipo das letras, parágrafo, alinhamento e espaço entre as linhas, numeração de títulos, tabelas e figuras, cores, tamanho da página e formatação, margens, sua apresentação gráfica, como e onde imprimir e publicar etc. No caso de trabalhos que lidam intensamente com números, acaba sendo necessário realizar uma escolha sobre a forma de apresentação e transmissão das informações estatísticas e numéricas (gráficos, quadros etc.). Trabalhos com maior tendência artística muitas vezes precisam criar sua própria arte para fugir dos problemas de direitos autorais.

Podemos destacar algumas formas de apresentação e os *softwares* que suportam essas atividades. É cada vez mais comum que apresentações em conferências sejam acompanhadas de recursos visuais. Certos *softwares* permitem que o usuário crie apresentações visuais de alta qualidade, produzindo uma série de telas ou *slides*, cuja velocidade pode ser controlada automaticamente pelo *mouse* ou por outros recursos disponíveis. Dentre eles, destacam-se o PowerPoint da Microsoft e o Prezi. A criação de cursos interativos eletrônicos é também uma tendência crescente, com desenvolvimento de *softwares* hipermídia, e o Macromedia Dreamweaver, de desenvolvimento para a *web*, tem sido utilizado para os dois propósitos, assim como para produzir animações que têm se tornado cada vez mais populares. Programas como o Adobe Photoshop, por exemplo, permitem a manipulação e o *design* de imagens e fotos. Importantes programas gráficos são ainda o Corel e o AutoCAD (para projetos técnicos). Devem ser ainda lembrados os *softwares* para a edição de vídeos, como Final Cut, Premiere e After Effects.

A NBR 10.719, de 2015, "Apresentação de relatórios técnico-científicos", fixa as condições exigíveis para a elaboração e apresentação de relatórios técnico-científicos. Trata exclusivamente de aspectos técnicos de apresentação, não incluindo questões de direitos autorais.

A NBR 6.022, de 2003, "Informação e documentação — Artigo em publicação periódica científica impressa — Apresentação", estabelece um sistema para a apresentação dos elementos que constituem o artigo em publicação periódica científica impressa.

Já a NBR 14.724, de 2011, "Informação e documentação — Trabalhos acadêmicos — Apresentação", fixa os princípios gerais para a elaboração de trabalhos acadêmicos (trabalhos de conclusão de curso, teses, dissertações e similares), visando à sua apresentação a uma banca ou comissão examinadora de professores, especialistas ou outros designados por uma instituição.

5.7.1.1 A defesa da monografia, tese ou dissertação

A defesa pública de trabalhos de conclusão de curso, dissertações de mestrado e teses de doutorado é um dos momentos de maior tensão para o candidato. Apesar dos meses e anos de estudos, há sempre o temor de que não saberemos responder às perguntas formuladas pela banca, de que os membros da banca discordarão de nossas ideias e interpretações, de que algum erro grotesco de nosso trabalho seja revelado durante a arguição etc.

O método de trabalho que propusemos aqui, com a utilização do sumário como guia para o desenvolvimento do texto, acaba gerando bastante segurança na defesa de suas ideias perante a banca: o trabalho foi construído por partes, pouco a pouco; várias considerações puderam ser incluídas no texto; houve a flexibilidade para alterar ou incluir alguma passagem sempre que necessário etc. Assim, o método do sumário garante que o candidato tenha em sua mente uma radiografia de seu texto, tanto do ponto de vista histórico (como ele foi construído) quanto da sua estrutura finalizada.

De qualquer forma, seguem duas breves sugestões para aquele que terá de passar por uma banca.

Em primeiro lugar, fazer um resumo das principais ideias de seu trabalho, um esqueleto de sua estrutura, procurando perceber os momentos importantes da argumentação, os momentos em que você avança mais em suas interpretações, aquelas passagens em que as conclusões tiradas parecem pouco fundamentadas, as contradições etc. A consciência desse mapa do texto ajuda bastante a aumentar a confiança do candidato e também serve como suporte para que as perguntas colocadas pela banca possam ser respondidas com segurança e domínio sobre todas as partes do trabalho.

Em segundo lugar, convém anotar as perguntas que cada membro da banca faz e procurar responder a todas. As anotações das perguntas possibilitam inclusive, passada a defesa de tese, que o trabalho seja revisto da perspectiva das questões levantadas e possivelmente corrigido. É importante ainda, durante a defesa, reconhecer as fraquezas ou erros evidentes do trabalho, quando sugeridos pela banca — uma postura agressiva e de irredutibilidade na defesa de suas próprias opiniões só diminui as chances de uma boa nota.

5.7.2 *Softwares* de editoração eletrônica

Os *softwares* de editoração eletrônica (Desktop Publishing — DTP) revolucionaram os setores de editoração e artes gráficas e ofereceram aos usuários comuns a possibilidade de produzir documentos e publicações profissionais e de qualidade. Antes dos DTPs, produzir qualquer tipo de publicação era um processo lento e complexo, que envolvia as habilidades especiais de muitos profissionais: o autor (usando uma máquina de escrever), o projetista (responsável pelo *design*), o compositor (que utilizava equipamentos especiais para compor o original), o arte-finalista (que manualmente dispunha o texto em páginas de acordo com as especificações do projetista), a empresa ou birô de fotolito e a gráfica. Os DTPs integram o projeto, a composição e a arte-final em uma só tarefa, que pode ser controlada por uma pessoa em um computador pessoal. Esses *softwares* têm recursos para especificar o projeto de publicação, para definir o tipo a ser usado e para dispor os tipos e os gráficos de modo a deixá-los prontos para impressão. Muitos desses recursos já são compartilhados pelos editores de texto, mas os DTPs têm recursos mais profissionais de controle dos tipos, controles gráficos, controles de *layout* de páginas e documentos e controles pré-impressão.

Podemos citar, dentre os mais utilizados DTPs, o Adobe InDesign[23] e o QuarkXPress.[24]

5.7.3 Publicando eletronicamente

A divulgação de trabalhos de pesquisa por meio da *web* tem aumentado incrivelmente nos últimos anos. A *web* tornou-se uma mídia importantíssima para a publicação e a promoção de trabalhos científicos. Entretanto, simplesmente transcrever para a internet um texto, com a mesma formatação e apresentação visual com que ele seria impresso, torna-o bastante desinteressante perante a riqueza dessa nova mídia. É necessário trabalharmos com hipertextos, *links*, imagens e gráficos, vídeos e sons.

Hoje está cada vez mais fácil construir um *website*, bem como é extremamente simples publicar na internet. Basta conseguir um espaço em um servidor *web*, compor uma *web page* (podemos, para isso, utilizar um *software* para editoração), colocar sua página em um servidor e organizar, administrar e atualizar seu *website*.

23 ADOBE Indesign. Disponível em: <http://www.adobe.com/br/products/indesign>. Acesso em: 11 maio 2007.

24 QUARKXPRESS. Disponível em: <http://www.quark.com>. Acesso em: 6 set. 2003.

Há diversas linguagens utilizadas para a publicação na internet: html (hypertext markup language),[25] sgml, xml, vrml; e linguagens de programação, como CGI, Script, Java e PHP. Há também programas específicos para produzir *web pages* que não exigem um conhecimento de linguagem de programação por parte do usuário, o que simplifica a criação de uma *web page*, a manipulação de imagens e até mesmo a publicação do *site* em um servidor: Microsoft Front Page e Macromedia Dreamweaver, por exemplo. *Sites* mais sofisticados apresentam diversas *frames*. Editores de imagens, como o Adobe Photoshop e o Micromedia Fireworks são também preciosas ferramentas para a criação de páginas na internet, assim como o Macromedia Flash, um *software* multimídia que se tornou um padrão no início do século XXI e que se utiliza de uma linguagem de programação também cada vez mais popular, o ActionScript. Há, ainda, editores especializados em administração de *sites*. É importante sempre manter os *sites* atualizados e indicar a data da última revisão.

O AdobeAcrobat é um *software* que permite converter qualquer documento (inclusive *websites*) em um arquivo PDF, com sua aparência original preservada, e então distribuí-lo para visualização e impressão em qualquer sistema. Seu *reader* (*software* que permite ler os arquivos em PDF) é distribuído gratuitamente para *download* pela internet.[26]

Jornais e revistas acadêmicos estão disseminados hoje pela internet. A *web* é uma ferramenta útil para promover artigos que apareceram em jornais e revistas, por meio da publicação de *abstracts*. Já existem também diversas editoras eletrônicas (que em geral oferecem percentuais de direitos autorais bem mais elevados do que as editoras de textos impressos). Empresas como a Chapbooks.com (fundada em 1998) oferecem um serviço *on-line* que permite criar e imprimir livros rapidamente e com qualidade profissional, podendo depois o autor solicitar quantas cópias desejar, a qualquer momento, e utilizá-las ou distribuí-las como bem entender. A Chapbooks, por exemplo, oferece (gratuitamente) acesso ao seu *WorkSpace*, uma ferramenta de publicação *on-line* que permite criar, editar e publicar livros impressos e para a *web*. Essas empresas não se equiparam às editoras tradicionais, já que o autor mantém os direitos autorais sobre seu trabalho, além de atuar diretamente como o *designer* visual de seu livro.

25 Vários textos (como FAIGLEY, Lester. *The Longman guide to the web*. New York: Addison Wesley Longman, 2000.; VITANZA, Victor J. *Writing for the world wide web*. Boston: Allyn and Bacon, 1998; SAMMONS, Martha C. *The internet writer's handbook*. Needham Heights, MA: Allyn and Bacon, 1999, por exemplo) funcionam como guias com orientações para a construção e formatação de *websites*, apresentando as linguagens mais utilizadas, seus comandos básicos etc.

26 ACROBAT Family. Disponível em: <http://www.adobe.com/products/acrobat>. Acesso em: 6 set. 2003.

PARA REFORÇAR

O que você aprendeu neste capítulo:

Neste capítulo você explorou as diversas facetas de um trabalho científico ou acadêmico, incluindo as contribuições que as novas tecnologias da informação e da comunicação podem trazer para a sua elaboração.

Você aprendeu quais são os elementos que fazem parte da estrutura de um trabalho acadêmico.

Aprendeu também o caminho desde a pesquisa em fontes de informação diversas até a construção da metodologia, passando pela delimitação do tema, a formulação do problema ou questão da pesquisa, a definição dos objetivos e a proposição de hipóteses.

Por fim, você recebeu algumas dicas sobre a apresentação do trabalho final.

CAPÍTULO

6

NORMAS TÉCNICAS

OBJETIVOS DO CAPÍTULO

O que você aprenderá neste capítulo:

- Como elaborar referências seguindo as normas da ABNT;
- Quais são as diferenças entre citação direta e indireta;
- Como fazer citações seguindo as normas da ABNT.

Recomenda-se, quando digitado, a fonte tamanho 12 para todo o trabalho, inclusive capa, executando-se citações com mais de três linhas, notas de rodapé, paginação, dados internacionais de catalogação-na-publicação, legendas e fontes das ilustrações e das tabelas, que devem ser em tamanho menor e uniforme.[1]

6.1 DEFINIÇÃO DE NORMAS TÉCNICAS

Normas técnicas são definidas, em nível nacional e internacional, por diversas organizações. Mundialmente, uma das mais importantes é a International Standardization Organization (ISO).[2] Deve-se ainda destacar outras associações internacionais, como:

- Conseil International du Bâtiment pour la Recherche, l'Étude et la Documentation (CIB) (Holanda);
- Comité International Institutt (CIDSS) (Noruega);
- Fédération International de Documentation (FID) (Holanda);
- International Council for Science (ICSU) (Itália);
- United Nations Educational, Scientific and Cultural Organization (Unesco).

No Brasil, destaca-se a Associação Brasileira de Normas Técnicas (ABNT),[3] entidade privada e sem fins lucrativos fundada em 1940. A ABNT é o órgão responsável pela normatização técnica no país, representa o Brasil nas entidades internacionais de normatização técnica e é a representante no Brasil das entidades de normatização internacional ISO e International Electrotechnical Commission (IEC).

Os estudantes em geral se surpreendem com o fato de as normas técnicas para o desenvolvimento de trabalhos científicos não serem universais e

---

1 ASSOCIAÇÃO BRASILEIRA DE NORMAS TÉCNICAS – ABNT. *NBR 14.724*: informação e documentação: projeto de pesquisa: apresentação. Rio de Janeiro, dez. 2005. p. 14.

2 Disponível em: <http://www.iso.ch>. Acesso em: 14 ago. 2016.

3 Disponível em: <http://www.abnt.org.br>. Acesso em: 14 ago. 2016.

padronizadas. Elas fornecem apenas um arcabouço geral, sobre o qual, inclusive, há muitas vezes significativas variações, dependendo da instituição responsável. Cada disciplina, por sua vez, tende a desenvolver normas próprias e distintas das outras. Em um sentido mais estrito, as normas acabam sendo determinadas pela política editorial do veículo para o qual o trabalho está sendo produzido ou pelas instituições de ensino superior em que o aluno está desenvolvendo seu trabalho de conclusão de graduação, mestrado ou doutorado.

Procuraremos usar a ABNT nas sugestões a seguir. Alguns casos importantes não são previstos pela ABNT e, então, sempre que conveniente, indicaremos a fonte das normas sugeridas.

6.2 NORMAS TÉCNICAS SEGUNDO A ABNT

6.2.1 Abreviaturas dos meses

Esta é a abreviatura para os meses do ano:

- jan.
- fev.
- mar.
- abr.
- maio
- jun.
- jul.
- ago.
- set.
- out.
- nov.
- dez.

6.2.2 Referências

As principais organizações norte-americanas utilizadas como modelos na padronização de normas para referências são a American Psychological Association (APA), especialmente em Psicologia e ciências sociais; a Modern Languages Association (MLA), especialmente em humanidades; a Council of Biology Editors (CBE), especialmente em ciências (as quais, entretanto, utilizam vários manuais diferentes e específicos); e o Chicago Style (Universidade de Chicago), especialmente em História. No Brasil, a principal associação é a ABNT.

A NBR 6.023, de agosto de 2002, "Informação e documentação — Referências — Elaboração",[4] que está sendo reformulada no momento em que esta nova edição está sendo publicada, especifica os elementos a serem incluídos em referências, fixando sua ordem e estabelecendo "convenções para

4 A norma é exaustiva e repleta de exemplos de referências, como folhetos, guias, manuais, catálogos e almanaques. Fizemos uma seleção das referências mais frequentes nos trabalhos acadêmicos, mas a norma deve ser sempre consultada no caso de referências a documentos não identificados em nossos exemplos.

transcrição e apresentação da informação originada do documento e/ou de outras fontes de informação". A norma é destinada a "orientar a preparação e compilação de referências de material utilizado para a produção de documentos e para inclusão em bibliografias, resumos, resenhas, recensões e outros". A definição dada na norma para **referência** é: "Conjunto padronizado de elementos descritivos, retirados de um documento, que permite sua identificação individual".

A concepção de que o conhecimento é coletivo é a principal justificativa da necessidade da referência. Nesse sentido, deve-se considerar pelo menos cinco princípios da referência: acesso (facilidade para a localização), propriedade intelectual (respeito aos direitos autorais), economia (a referência bibliográfica deve conter a informação necessária, e apenas a necessária), padronização (todos devem entender o código que está sendo utilizado) e transparência (a informação deve ter um caráter intuitivo).[5]

A referência pode aparecer em notas de rodapé ou de fim de texto (ou capítulo), em lista de referências ou no início de resumos, resenhas e recensões. Quando as referências aparecerem em listas, devem ser apresentadas em sequência padronizada, alinhadas somente à margem esquerda, em espaço simples e separadas entre si por espaço duplo. A pontuação deve ser uniforme para todas as referências, seguindo padrões internacionais, assim como o recurso tipográfico (negrito, grifo ou itálico) utilizado para destacar o elemento título.[6]

6.2.2.1 Elementos essenciais e sua ordem

Os elementos essenciais da referência, ou seja, as informações indispensáveis à identificação do documento, são estritamente vinculados ao suporte documental e variam, portanto, conforme o tipo de suporte. Os elementos essenciais e os complementares (aqueles que permitem melhor caracterizar os documentos) devem ser retirados do próprio documento, ou, quando isso não for possível, podem ser utilizadas outras fontes de informação, e os dados assim obtidos devem ser indicados entre colchetes.

5 WALKER, Janice R.; TAYLOR, Todd. *The Columbia guide to online style*. New York: Columbia University Press, 1998.

6 Um dos problemas da norma 6.023 é que faltam modelos ou padrões para as referências e sobram exemplos, ou seja, muitas vezes o leitor precisa extrair dos próprios exemplos a "norma", que na verdade deveria estar explícita para servir como padrão para referências a um conjunto de documentos com características similares. Portanto, em alguns casos não fica claro o que efetivamente pertence ao caráter normativo da norma e o que não faz propriamente parte da norma. Nos casos em que se fizerem necessárias, principalmente em relação ao uso da pontuação e destaques tipográficos, faremos algumas observações nesse sentido.

Uma **sequência** genérica dos elementos essenciais[7] de uma referência pode ser representada da seguinte maneira:

> AUTOR. *Título*. edição. Local: Editora, data.
>
> FAVARETTO, Celso. *A invenção de Hélio Oiticica*. 2. ed. São Paulo: EDUSP, 2000.

A memorização dessa sequência permite resolver várias formas de referência e serve também como fundamento para as normas de referência a documentos eletrônicos. Elementos complementares e particularidades podem ser sempre acrescentados à referência para melhor identificar o documento. Denomina-se **imprenta** aos dados do local de publicação, editora e ano da publicação.

Nos casos em que o documento não possui autor ou sua autoria é desconhecida, inicia-se a referência pelo título, sendo a primeira palavra grafada em letras maiúsculas e sem nenhum outro destaque tipográfico para o título:

> GUIA do estudante. São Paulo: Abril, 2001.

Quando a referência é feita a uma **parte** (trechos, fragmentos, volumes, capítulos etc.), a localização da parte referenciada torna-se também elemento essencial da referência. Deve-se indicar inicialmente o autor e o título da parte referenciada, seguidos da expressão "In:" e da referência da publicação no todo, informando-se no final da referência a paginação ou outra forma de individualizar a parte referenciada:

> ALMEIDA, Marcus Elidius Michelli de. Propriedade industrial frente à concorrência desleal. In: SIMÃO FILHO, Adalberto; LUCCA, Newton de (Coord.). *Direito empresarial contemporâneo*. São Paulo: Juarez de Oliveira, 2000. p. 107-136.

7 Apenas para efeito de destaque, os exemplos a seguir não estão alinhados à esquerda, conforme as referências em lista devem aparecer. Serão abordados a seguir apenas os elementos essenciais para a elaboração de referências. Exemplos de elementos complementares seriam: tipos de responsabilidade (ilustrador, tradutor, revisor, adaptador, compilador etc.), informações sobre características físicas do suporte material, páginas e/ou volumes, ilustrações, dimensões, série editorial ou coleção, notas, ISBN (International Standard Book Numbering), informações sobre a periodicidade (no caso de periódicos), mudança de título ou incorporações de outros títulos, indicações de índices, ISSN (International Standard Serial Number) etc. Dependendo do suporte físico do documento, elementos normalmente classificados como complementares tornam-se essenciais. Em alguns exemplos, acrescentaremos elementos complementares para a melhor identificação do documento, sugestão que deve ser também seguida pelo leitor.

Ligam-se por hífen as páginas inicial e final da parte referenciada (cujos números devem vir precedidos da abreviatura "p."), bem como as datas limites de determinado período de publicação:

A GAZETA DO RIO DE JANEIRO. Rio de Janeiro: Impressão Régia, 1808-1822.

No caso de **publicações periódicas** (revistas, jornais, coleção etc.) consideradas no todo, o título deve ser o primeiro elemento da referência, mesmo quando houver um autor, entidade coletiva etc., e deve ser grafado em letras maiúsculas, sem outro destaque gráfico. Como data deve ser indicado o início da coleção e, se a publicação cessou, a data do encerramento da publicação:

DIÁRIO DE PERNAMBUCO. Recife: [s.n.], 1825- .

NEW LITERARY HISTORY. Charlottesville, VA: University of Virginia, 1969- .

CORREIO BRAZILIENSE OU ARMAZEM LITERARIO. Londres: W. Lewis, Paternoster, 1808-1822.

KLAXON. São Paulo: [s.n.], 1922-1923.

REVISTA BRASILEIRA DE BIBLIOTECONOMIA E DOCUMENTAÇÃO. São Paulo: Febab, 1973- . Semestral.

SCIENTIFIC AMERICAN BRASIL. São Paulo: Duetto, 2002- . Mensal.

No caso de **partes de uma publicação periódica** (volume, fascículo, suplemento, caderno, número especial ou outras), sem título próprio, o título da publicação também deve ser grafado em maiúsculas, e utilizando-se a seguinte sequência:

TÍTULO (da publicação). Título (da parte). Local: Editora, número (do ano e/ou volume, e do fascículo), data (incluindo períodos de publicação), e demais particularidades (que identificam a parte).

Observação: ligam-se por barra transversal os elementos do período coberto pelo fascículo referenciado:

RAE — REVISTA DE ADMINISTRAÇÃO DE EMPRESAS. São Paulo: Fundação Getulio Vargas, v. 41, n. 2, abr./jun. 2001.

PMLA. New York: MLA, v. 115, n. 7, dec. 2000. Special millennium issue.

No caso de **artigos** ou **matérias em periódicos**, deve-se obedecer à seguinte ordem:

> AUTOR. Título e subtítulo (do artigo). *Título* (do periódico), Local, volume e/ou ano, fascículo ou número, paginação inicial e final do artigo, informações de período e data de publicação.
>
> STEWART, Arthur F. C. S. Peirce, god, and realism: the neglected crossroads of science and religion. *Cognitio*: revista de filosofia do Centro de Estudos do Pragmatismo da PUC-SP, São Paulo, ano 1, n. 1, p. 153-183, 2 sem. 2000.

No caso de partes de publicações periódicas com título próprio, como volumes, fascículos, números especiais e suplementos, quando não houver autor, o título deve aparecer primeiro, com a primeira palavra grafada em maiúsculas, sem nenhum outro destaque gráfico:

> O BRASIL resgata a sua história. *Pesquisa FAPESP*, São Paulo, n. 57, set. 2000. Suplemento especial.

No caso de **artigos** ou **matérias em jornais**, deve-se obedecer à seguinte ordem:

> AUTOR. Título (do artigo). *Título* (do jornal), Local, data (dia, mês e ano). Descrição física (número ou título do caderno, seção, suplemento ou parte do jornal, e páginas do artigo referenciado).
>
> COLOMBO, Sylvia. Inédito de Antonio Candido é lançado este ano. *Folha de S.Paulo*, São Paulo, 21 maio 2001. Folha Ilustrada, E-6.

Quando não houver seção, caderno ou parte, a paginação do artigo precede a data:

> LEAL, L. N. MP fiscaliza com autonomia total. *Jornal do Brasil*, Rio de Janeiro, p. 3, 25 abr. 1999.

No caso de **trabalhos acadêmicos**, em nota deve-se indicar o tipo de documento (tese, dissertação, trabalho de conclusão de curso etc.), o grau, a vinculação acadêmica, o local e a data da defesa, mencionada na folha de aprovação, do seguinte modo:

MONTAGNINI, Regina. *Concorrência desleal nos contratos de distribuição*. 2000. Dissertação (Mestrado em Direito) Faculdade de Direito, Pontifícia Universidade Católica de São Paulo, São Paulo, 2000.

No caso de **trabalhos apresentados em eventos**, reunidos em um produto final do próprio evento (atas, anais, resultados, *proceedings*, entre outras denominações), deve-se indicar os dados do evento (nome, numeração, ano e local de realização) seguidos dos dados do documento (título, subtítulo) e dos dados da imprenta (local, editora e data de publicação). No caso de trabalhos apresentados em evento, inicia-se a referência pelos dados do autor e o título do trabalho, seguidos da expressão "In:" e dos dados do evento.

Em caso de **Anais de congresso publicados em periódicos**, pode-se, ao final da referência, acrescentar uma nota indicando em qual evento foi apresentado ("Trabalho apresentado...").

Para **resumo de artigo publicado em "*abstract*"**, após a referência ao resumo, pode-se acrescentar uma nota indicando em qual periódico o artigo está publicado integralmente, com sua referência bibliográfica completa ("Resumo do artigo publicado em: ...").

No caso de **legislação** (Constituição, emenda constitucional, lei, medida provisória, decreto, norma, portaria, resolução etc.),[8] deve-se obedecer à seguinte ordem:

Jurisdição. Título (especificação da legislação, número e data). Ementa. Dados da publicação.

BRASIL. Constituição (1988). *Constituição da República Federativa do Brasil*: promulgada em 5 de outubro de 1988: atualizada até a Emenda Constitucional n. 20, de 15 de dezembro de 1998. 21. ed. São Paulo: Saraiva, 1999.
BRASIL. Lei n. 9.160, de 19 de fevereiro de 1998. Altera, atualiza e consolida a legislação sobre direitos autorais e dá outras providências. *Diário Oficial [da República Federativa do Brasil]*, Brasília, DF, n. 36, p. 3-9, 20 fev. 1998. Seção 1.

A NBR 6.023 apresenta ainda modelos de referências a imagens em movimento (como filmes, fitas de vídeo e DVD), documentos iconográficos (como original ou reprodução de obra de arte, fotografia, desenho técnico, diapositivo, diafilme, material estereográfico, transparência e cartaz), documentos

8 A NBR 6.023 inclui ainda modelos de referências a patentes, jurisprudência (decisões judiciais), doutrinas e outros documentos jurídicos, e deve ser consultada quando da necessidade de se fazer referência a tais tipos de documentos.

cartográficos (como atlas, mapa, globo e fotografia aérea), documentos sonoros e musicais (como disco, CD, fita cassete, fita magnética de rolo e partituras) e documentos tridimensionais (como esculturas, maquetes, objetos e suas representações — fósseis, esqueletos, objetos de museu, animais empalhados, monumentos). A norma deve ser consultada, quando for necessário fazer referências a esses tipos de documentos, justamente pela diversidade e riqueza dos exemplos, mas podemos tecer algumas observações gerais: quase sempre esses documentos têm uma multiplicidade de "autores" (como diretor, produtor, realizador, roteirista, compositor, intérprete, entrevistador, elenco etc.); a ideia de uma "editora" também deve ser substituída por equivalentes como produtora ou gravadora, por exemplo; é quase sempre necessário incluir informações técnicas sobre as características físicas desses documentos (como suporte, duração, cor, dimensões, escalas, formato, número de unidades físicas do material etc.); e, sempre que necessário, devemos acrescentar notas relativas a quaisquer outros dados necessários para identificar o documento.

Um autor

O autor (pessoa física) deve vir indicado pelo último sobrenome em maiúsculas, seguido de vírgula e do(s) prenome(s) e outros sobrenomes.

> FOLLETT, Mary Parker.
> GARCEZ, Maria Helena Nery.
> ALBUQUERQUE, Marcos Cintra Cavalcanti de.

Sobrenomes compostos

No caso em que os sobrenomes forem unidos por hífen, ou constituídos por duas ou mais palavras formando expressão ou contendo elementos como "Santo", "São" etc., deve-se iniciar a referência pela primeira parte do sobrenome.

> LÉVI-STRAUSS, Claude.
> VILLA-LOBOS, Heitor.
> CASTELO BRANCO, Camilo.

Autor identificado pelo sobrenome

No caso de a pessoa ser identificada apenas pelo sobrenome, deve-se iniciar a referência pelo último sobrenome, seguido de vírgula e a(s) outra(s) parte(s) do sobrenome.

ASSIS, Machado de.

Até três autores

No caso de até três autores, indicam-se todos, separados por ponto e vírgula:

WINOGRAD, Terry; FLORES, Fernando.
GRAHAM, Stedman; GOLDBLATT, Joe Jeff; DELPY, Lisa.

Mais de três autores

No caso de mais de três autores, indica-se apenas o primeiro, seguido da expressão "et al.":

ANDERY, Maria Amália et al.
BOTTÉRO, Jean et al.

Em casos em que a menção de todos os nomes for indispensável para certificar a autoria, como em projetos de pesquisa científica ou indicação de produção científica em relatórios para órgãos de financiamento, é facultado indicar todos os nomes.

Obra com vários trabalhos ou contribuição de vários autores

No caso de obra constituída de vários trabalhos ou contribuição de vários autores, deve-se indicar o responsável intelectual (coordenador, organizador etc.) seguido da abreviatura da palavra que caracteriza o tipo de responsabilidade, entre parênteses:

ARROJO, Rosemary (Org.).
CHANLAT, Jean-François (Coord.).
BICUDO, Maria Aparecida Viggiani; SILVA JUNIOR, Celestino Alves da (Org.).
BODEN, Margaret A. (Ed.).

Autor desconhecido

No caso de autoria desconhecida, deve-se iniciar a referência pelo título. Não se deve utilizar o termo "Anônimo".

GILGAMESH, rei de Uruk: uma lenda bíblica.
A BÍBLIA Sagrada.

Autor entidade

No caso de obras de responsabilidade de entidades (órgãos governamentais, empresas, associações, congressos, seminários etc.), deve-se iniciar a referência pela entidade, em maiúsculas. No caso em que a entidade tiver uma denominação genérica, deve-se iniciar a referência pelo órgão superior ou a jurisdição a que pertence. Quando a entidade, embora vinculada a um órgão maior, tem uma denominação específica que a identifica, a entrada é feita diretamente pelo seu nome (em caso de ambiguidade, coloca-se entre parênteses no final o nome da unidade geográfica a que pertence):

> BIBLIOTECA NACIONAL (Brasil). *Catálogos brasileiros de obras raras, publicados por bibliotecas e instituições brasileiras*. 2. ed. rev. aum. Rio de Janeiro, 1997.
> ASSOCIAÇÃO BRASILEIRA DE NORMAS TÉCNICAS. *NBR 6.023*: informação e documentação — referências — elaboração. Rio de Janeiro, ago. 2002 (substituiu a NBR 6.023:2000).
> BRASIL. *Diretrizes e bases da educação nacional*: lei número...

Autor repetido

O(s) nome(s) do(s) autor(es) de várias obras referenciadas sucessivamente, ou do(s) mesmo(s) autor(es) no caso da parte e do todo de uma obra, pode(m) ser substituído(s), nas referências seguintes à primeira, por um traço sublinear (equivalente a seis espaços) e ponto:

> COELHO, Fábio Ulhoa. *Curso de direito comercial*. São Paulo: Saraiva, 1998. v. 1.
> ______. *Manual de direito comercial*. 5. ed. rev. ampl. São Paulo: Saraiva, 1994.
> COPELAND, Tom; KOLLER, Tim; MURRIN, Jack. Fusões, aquisições e *joint ventures*. In: ______. *Avaliação de empresas — valuation*: calculando e gerenciando o valor das empresas. Tradução de Allan Vidigal Hastings. 3. ed. São Paulo: Pearson Education do Brasil, 2002. p. 114-132.

Pseudônimo ou nome artístico

Nesse caso, pode-se usar o pseudônimo ou nome artístico. O nome real do assessor de assuntos aleatórios do programa *Jô Soares* é João Frederico Sciotti, mas ele é conhecido pelo apelido de Derico. Portanto:

> SCIOTTI, Derico. *A busca dos óculos de graal*: a história do deriquismo e outros assuntos aleatórios. São Paulo: Best Seller, 1995.

6.2.2.2 Título

Os subtítulos devem ser separados dos títulos por dois-pontos, e apenas os títulos devem ser destacados graficamente. Empregam-se reticências nos casos em que se faz supressão do título.

No caso de periódico com título genérico, incorpora-se o nome da entidade autora ou editora, ligados por uma flexão gramatical, entre colchetes.

> BOLETIM MENSAL [da Bolsa de Valores do Paraná].

A NBR 6.032, de 1989, "Abreviação de títulos de periódicos e publicações seriadas", fixa as condições exigíveis para uniformizar as abreviaturas de títulos de periódicos e publicações seriadas, com o fim de simplificar as referências constantes de bibliografias, citações e legendas bibliográficas.

6.2.2.3 Edição

Indica-se a edição, quando mencionada na obra, com a abreviatura dos numerais ordinais, seguida da abreviatura da palavra "edição", ambas no idioma da publicação:

> 2. ed.
> 2. Aufl.
> 5th ed.

As emendas e os acréscimos à edição devem ser indicados de forma abreviada:

> 2. ed. rev.
> 2. ed. rev. e aum.

Não há necessidade de se indicar a primeira edição de uma obra. Por exemplo:

> IBRI, Ivo Assad. *Kosmos noetos*: a arquitetura metafísica de Charles S. Peirce. São Paulo: Perspectiva, 1992.

6.2.2.4 Local de publicação

O nome do local (cidade) deve ser indicado tal como figura na publicação referenciada.

No caso de homônimos, acrescentam-se o nome do país, estado etc.:

> Viçosa, MG
> Viçosa, RN
> Viçosa, AL
> San Juan, Chile
> San Juan, Porto Rico

Quando há mais de um local, para um só editor, indica-se o primeiro ou o mais destacado.

Quando a cidade não aparece na publicação, mas pode ser identificada, indica-se entre colchetes.

Não sendo possível determinar o local, utiliza-se a expressão *sine loco*, abreviada e entre colchetes [S.l.].

6.2.2.5 Editora

A NBR 6.023 da ABNT afirma que o nome da editora deve ser grafado tal como figura na publicação referenciada, abreviando-se os prenomes e suprimindo-se outros elementos que designam sua natureza jurídica ou comercial, desde que dispensáveis à sua identificação:

> J. Olympio (e não Livraria José Olympio Editora)
> Kosmos (e não Kosmos Editora ou Livr. Kosmos)

Essa sugestão, entretanto, cria um problema de padronização para o pesquisador, em primeiro lugar porque obras diferentes, de uma mesma editora, chegam a apresentar o nome da editora de forma diferente, e até em uma mesma obra, dependendo do local em que o nome da editora seja procurado, pode aparecer grafado de maneiras distintas. Além disso, não é obviamente claro quando os elementos que designam a natureza jurídica ou comercial de uma editora são dispensáveis à sua identificação. Uma solução intermediária, nos casos em que o pesquisador não tiver certeza de que a supressão desses elementos possa comprometer a facilidade da identificação do documento, seria abreviar esses elementos ("editora" ou "edições" por "ed.", "livraria" por "livr."

etc.). De qualquer maneira, o mais importante é a manutenção de um padrão — se o pesquisador decidir por excluir esses elementos da referência a um documento, deve fazer o mesmo em relação aos outros; se decidir mantê-los integralmente, deve fazer o mesmo com os outros; e assim por diante. Mas mesmo assim será preciso tomar algumas decisões, no sentido de padronizar na lista de referências o nome das editoras que apareçam em mais de uma obra e com grafias diferentes, caso contrário a mesma editora aparecerá escrita de forma distinta na lista de referências.

Um caso com o qual o leitor se defrontará com frequência em pesquisas bibliográficas de títulos publicados no Brasil é o das editoras universitárias. Há inúmeras maneiras distintas com que os nomes dessas editoras aparecem grafados nos seus próprios livros, assim como nos registros das bibliotecas. Um caso curioso é o da Editora da Universidade de São Paulo e de seus registros nas bibliotecas da própria USP. Há uma variedade de registros com a forma abreviada "EDUSP", muitas vezes grafada toda em maiúsculas, mas muitas outras apenas com a primeira letra em maiúscula ("Edusp"). E não é impossível imaginar as grafias "EdUSP" ou "EdUsp". Mas encontramos também registros com a grafia "Ed Usp", "Ed/usp", "ed Usp", e o leitor, é claro, pode aqui construir uma progressão geométrica para projetar as outras combinações possíveis. Mas, ainda nos registros das bibliotecas da própria USP, o pesquisador encontrará obras grafadas com "Ed da USP" e "Editora da Usp". Há, ainda, centenas de obras registradas com a grafia sem nenhuma abreviação, ou seja, "Editora da Universidade de São Paulo". Sem falar na solução que combina as duas, "EDUSP — Editora da Universidade de São Paulo", também registrada nas bibliotecas da USP.

Percebe-se aqui claramente que a sugestão da NBR 6.023, de "grafar o nome da editora tal como figura na publicação referenciada", geraria muitas vezes, no caso das editoras universitárias, diferentes grafias para a mesma editora, ferindo assim o princípio da padronização que a mesma ABNT cobra. Padronização que, aliás, a própria NBR 6.023 fere em seus exemplos, já que grafa as editoras universitárias de diferentes maneiras: "EdUFF" e "Ed. da UFMG", e ainda, no caso da editora da USP, "Ed. da USP" e "EDUSP". Além de que a outra sugestão da mesma norma, de "abreviar os prenomes e suprimir outros elementos que designam a natureza jurídica ou comercial das editoras, desde que dispensáveis à sua identificação", não resolve a questão nesses casos — seria suficiente grafar "USP", por exemplo, para deixar claro que se trata da

Editora da Universidade de São Paulo? Isso seria suficiente para a identificação de um documento?

Portanto, é ideal que em casos como esses o pesquisador chegue a uma solução que lhe agrade e que possa então ser aplicada como modelo a todos os casos de documentos de editoras universitárias que utilizar em sua pesquisa. Neste livro, adotamos o padrão de abreviar "Editora" por "Ed.", suprimir a palavra "da" (que não nos parece acrescentar informação importante para a identificação do documento) e abreviar os nomes das universidades que utilizam as abreviações em algumas de suas obras, grafando-as sempre em maiúsculas.

Quando há duas editoras, indicam-se ambas, com seus respectivos locais (cidades). No caso de três ou mais editoras, indica-se a primeira ou a mais destacada.

Quando a editora não aparece na publicação, mas pode ser identificada, indica-se entre colchetes.

Quando a editora não pode ser identificada, indica-se a expressão *sine nomine*, abreviada e entre colchetes [s.n.]. Quando o local e a editora não aparecem na publicação, indica-se entre colchetes [S.l.: s.n.].

Quando a editora é a mesma instituição ou pessoa responsável pela autoria, já mencionada, não deve ser indicada.

6.2.2.6 Data

A NBR 5.892, de 1989, "Norma para datar", fixa as condições exigíveis para indicação da data de um documento ou acontecimento.

Indica-se sempre o ano de publicação em algarismos arábicos.

Quando é possível determinar a data exata, mas ela não aparece no documento, ela deve ser indicada entre colchetes. Se nenhuma data de publicação, distribuição, *copyright*, impressão, apresentação (depósito) de um trabalho acadêmico ou outra puder ser determinada, registre uma data aproximada entre colchetes, conforme os exemplos a seguir:

[2002 ou 2003]	um ano ou outro
[1981?]	para data provável
[entre 1906 e 1912]	utilize intervalos menores de 20 anos
[ca. 1960]	para data aproximada
[197-]	para década certa
[197-?]	para década provável
[18--]	para século certo
[18--?]	para século provável

No caso de seriados (revistas, jornais etc.) considerados no todo (coleção), deve-se indicar como data o ano do primeiro volume seguido por hífen, e no caso de a publicação haver cessado, também do último.

> 1978-
> 1973-1975

Os meses devem ser abreviados no idioma original da publicação.[9] Os meses com quatro ou menos letras não devem ser abreviados. As divisões dos anos em trimestres, semestres etc. para indicar a data das publicações também devem ser abreviadas, o que não ocorre no caso das estações do ano.

6.2.2.7 Tradutor

No caso de obras traduzidas, pode-se indicar o nome do(s) tradutor(es) após o título:

> GUMBRECHT, Hans Ulrich. *Em 1926*: vivendo no limite do tempo. Tradução de Luciano Trigo. Rio de Janeiro: Record, 1999.

Outros tipos de responsabilidade, por exemplo, revisor e ilustrador, podem também ser indicados após o título. A NBR 6.023 sugere que esses tipos de responsabilidade sejam grafados tal como aparecem no documento. Isso geraria diferentes formas de indicar um tradutor, por exemplo (Tradução de, Tradução, Tradução: etc.), que muitas vezes são encontradas inclusive no mesmo documento. Neste livro utilizamos como padrão a expressão "Tradução de".

6.2.2.8 Séries e coleções

Um elemento que facilita consideravelmente a identificação de obras é a informação sobre a série ou coleção de um livro. Algumas séries e coleções são bem conhecidas tanto por bibliotecários quanto por funcionários de livrarias e mesmo leitores, e em muitas bibliotecas e livrarias as obras de uma mesma série ou coleção são arquivadas em um mesmo espaço físico, facilitando assim a sua localização. Os títulos das séries e/ou coleções devem ser indicados ao final da referência, entre parênteses. Em algarismos arábicos, deve-se indicar a numeração da obra na série e/ou coleção, separado por vírgula do título.

---

9 A norma apresenta um anexo com indicações para abreviações dos meses em português, espanhol, italiano, francês, inglês e alemão.

MATTAR NETO, João Augusto. *O processo simbólico na* Clepsidra *de Camilo Pessanha*: a construção do discurso poético pela desconstrução das categorias da percepção e do entendimento. São Paulo: Centro de Estudos Portugueses da Universidade de São Paulo, 1996. (Atlântico, 1).

6.2.2.9 Documentos não previstos na NBR 6.023

Apesar da exaustão de exemplos da nova NBR 6.023, ela não cobre, é claro, referências a todos os tipos de documentos. Seguem sugestões para a formatação das referências a alguns documentos com que o pesquisador normalmente deparará, durante sua pesquisa, e que não estão incluídos na norma.

Programa de televisão e rádio

TEMA. Nome do programa, Cidade: nome da emissora de TV ou de rádio, data da apresentação do programa. Nota especificando o tipo de programa (rádio ou tv).

ZEBUS. Globo Rural, Rio de Janeiro: Rede Globo, 22 maio 1994. Programa de TV.

Entrevista

AUTOR (que dá a entrevista). Título ou assunto do programa. Local da entrevista, entidade onde ocorreu o pronunciamento, data em que a entrevista foi concedida. Nota indicando o tipo de depoimento e o nome do entrevistador.

SUSSENKIND, Arnaldo. Anteprojeto da nova CLT. Porto Alegre: Televisão Guaíba, 29 abr. 1979. Entrevista a Amir Domingues.

Informação verbal

AUTOR do depoimento. Assunto ou título. Local do depoimento, instituição (se houver), data em que a informação foi proferida. Nota indicando tipo de depoimento, conferência, discurso, anotação de aula etc.

KOUTZII, Flávio. A Guerra do Golfo e suas consequências na América Latina. Porto Alegre: UFRGS, 13 mar. 1991. Informação verbal. Palestra ministrada aos professores, alunos e funcionários da Fabico.

Correspondência (cartas, bilhetes e telegramas)

REMETENTE. [Tipo de correspondência] data, Local de emissão [para] Destinatário, Local a que se destina. n. de páginas. Assunto em forma de nota.
SILVEIRA, Antônio Carlos. [Carta] 27 set. 1979, Rio de Janeiro [para] Marlene Abreu da Silveira, Porto Alegre. 2 p. Solicita informação sobre Porto Alegre.

6.2.3 Documentos eletrônicos

Práticas de publicações, leis de direitos autorais e a organização das bibliotecas oferecem uma infraestrutura que torna a atividade de localizar obras impressas uma questão relativamente simples. Consequentemente, referências a fontes impressas podem ser breves. Como não existe ainda infraestrutura comparável para publicações eletrônicas, citações dessas fontes precisam oferecer mais informação do que as referências a fontes impressas normalmente contêm.

Com a explosão do uso dos recursos eletrônicos nos trabalhos acadêmicos, surgiu a necessidade de se utilizar referências não englobadas pelas normas para as fontes impressas, como *websites* sem autores, datas ou páginas; *websites* com *frames*, arquivos de áudio e vídeos; mensagens enviadas por meio de grupos de discussão e *mailing lists*; diálogos em MOOs etc.

Outra questão é a facilidade com que comunicações eletrônicas e textos podem ser modificados. A extrema volatilidade dos textos eletrônicos é um ponto forte e importante da nova tecnologia, entre outras razões, pela extrema flexibilidade que introduz no processo de redação e publicação, mas essa volatilidade apresenta problemas para a documentação da pesquisa. No momento em que um leitor procura localizar um texto eletrônico referido por um autor, o texto pode ter mudado e a versão citada pode até nem mais existir ou ser difícil de encontrar. Ironicamente, é o caso de vários exemplos citados na NBR 6.023 da ABNT.

Nesse sentido, já observamos diversos esforços para a normalização de referências a documentos eletrônicos, ou seja, documentos que existem em uma forma eletrônica a serem acessados por tecnologia de computação. A International Standard Organization (ISO) desenvolveu a norma ISO 690, de 2010, que especifica os elementos a serem incluídos em referências bibliográficas a documentos eletrônicos, define uma ordem para os elementos na referência e estabelece convenções para a transcrição e apresentação da informação derivada do documento eletrônico. Instituições como a Modern Language Association (MLA) e a American Psychological Association (APA) também já desenvolveram normas para abranger documentos retirados da internet.

No Brasil, após uma série de sugestões de algumas organizações e pessoas físicas, a NBR 6.023 (publicada inicialmente em agosto de 1989) foi substituída em agosto de 2000 e posteriormente em agosto de 2002, passando a incluir normas para as referências a documentos eletrônicos. A norma da ABNT, entretanto, é ainda bastante incompleta em relação a referências para documentos acessados *on-line*, limitando-se a sugerir que se utilizem os elementos tradicionalmente usados nas referências a documentos impressos (quase nunca disponíveis em documentos acessados pela internet), acrescidos do endereço eletrônico e da data de acesso. Teria provavelmente sido uma melhor ideia desenvolver uma norma específica para referência a documentos *on-line*, do zero, do que ter tentado submeter as referências a documentos *on-line* às mesmas regras do padrão de referências a documentos impressos, procurando do padrão para o ambiente impresso derivar o padrão para o ambiente eletrônico. Portanto, neste momento do nosso texto tenderemos algumas vezes a nos afastar da ABNT. Cabe mais uma vez destacar que essa norma está sendo atualmente revisada.

As sugestões para citar material eletrônico tendem a não ser definitivas e devem modificar-se com muito mais frequência do que as normas para documentos impressos em função do progresso da tecnologia.

Em linhas gerais, no caso de material multimídia, sugere-se, além dos elementos de referência tradicionais, que se acrescentem (quando disponíveis e consideradas necessárias) as seguintes informações:

- **descrição física:** CD-ROM, multimídia, cor, som, quantidades de suportes e disquetes de instalação, material adicional etc.;
- **descrição da tecnologia de acesso ao conteúdo:** *hardware* (configuração mínima) e *software* — sistema operacional (Windows, Macintosh etc.);
- **resumo do conteúdo**, ou tipo do documento (jogos, obra de referência, material pedagógico, monografias etc.).

No caso de documentos eletrônicos, deve-se considerar a versão como equivalente à edição e transcrevê-la como tal, no mesmo local da referência em que estaria inserida a informação sobre a edição.

Mas mesmo os elementos de referência a documentos tradicionais apresentam problemas, no caso de produto multimídia. Em muitos casos, os documentos multimídia apresentam uma equipe de autores (incluindo profissionais responsáveis pelo conteúdo, produção, *software* etc.), e não fica claro se a autoria do documento deve ser creditada à instituição produtora, a um autor principal ou a toda a equipe. Deve-se também atentar que o local de produção do documento pode ser distinto do local de publicação (e, nesse caso, cabe identificar a qual local estamos nos referindo).

No caso de documentos acessados via internet, sugere-se, como elementos básicos da referência, quando aplicável:

- **nome do autor** (pessoa ou entidade responsável pelo conteúdo intelectual ou artístico do documento);
- **título do documento ou da *web page*** (ou da *frame*);
- **título do trabalho maior contendo a fonte** (*website*);
- **informações sobre a publicação** (incluindo a data da publicação e/ou da última revisão);
- **endereço eletrônico** (URL);
- **data do acesso**;[10]
- e **outras informações** que pareçam importantes para identificar a fonte.

Muitos documentos acessados *on-line* são baseados em fontes impressas, e essa informação, quando disponível, também deve ser incluída na referência.

Mas há vários outros aspectos que precisam ser considerados na referência a documentos eletrônicos e/ou *on-line*: "netetiqueta" (como se comunicar por meio da internet), como se referir a *e-mails* e mensagens recebidas via listas de discussão e redes sociais, normas e regras para orientação ao desenvolvimento e à avaliação de *websites*, normas para estabelecer *links* diretos para outras *web pages* (em publicações eletrônicas), a necessidade de citarmos ou não as fontes dos *links* etc.

10 Dia, mês e ano em que você examinou o material. Essa informação é essencial, pois muitos documentos disponíveis na internet são modificados com muito mais constância do que as fontes tradicionais impressas. Não há, entretanto, necessidade de repetir datas, quando a data de publicação e de acesso forem as mesmas. A NBR 6.023 da ABNT reforça apenas a obrigação da indicação da data de acesso, em detrimento, por exemplo, da data da última revisão de um documento *on-line*, que muitas vezes pode se constituir em informação muito mais importante que a data de acesso.

A maioria dos esforços para a normalização da referência a documentos eletrônicos e *on-line* encontra-se disponível por meio da internet. Indicamos a seguir, de forma resumida, algumas sugestões que consideramos mais importantes.

6.2.3.1 Disquetes

No caso de arquivos e programas de computador em forma de discos, sugere-se acrescentar, quando apropriado, além do tipo de mídia, a descrição física, a versão, o material que acompanha o *software*, os requerimentos de sistema e as demais notas que se considerarem necessárias:

> ASSOCIAÇÃO BRASILEIRA DE NORMAS TÉCNICAS. *CNT – Catálogo de Normas Técnicas*. 3. ed. São Paulo: Target: ABNT, 1997, atual. 11 nov. 1997. 4 disquetes $3^{1/2}$, para *Windows*.

6.2.3.2 CD-ROM & DVD

Deve-se sempre acrescentar a informação do tipo de mídia de um documento eletrônico. No caso de material em CD-ROM ou DVD, deve aparecer a expressão "CD-ROM" ou "DVD", e as demais notas que se considerarem necessárias:

> ALMANAQUE Abril: a enciclopédia em multimídia. 2. ed. São Paulo: Abril multimídia, [1995]. CD-ROM.
>
> ASSIS, Machado de. Quincas Borba. In: ______. *Machado de Assis*: romances. São Paulo: Costa Flosi, [1998]. CD-ROM.
>
> O Ato Institucional Número 5. *História do Brasil ATR*. Rio de Janeiro: ATR Multimedia, 1995. CD-ROM.
>
> VASSALLO, Claudia. Autoexec, fuzzy logic, liga auto... socorro! *Exame*, São Paulo, 15 fev. 1995. *Exame*: a enciclopédia de negócios dos anos 90. São Paulo: Abril, 1997. CD-ROM.
>
> BRISSON, Dominique; COURAL, Natalie. *Le Louvre:* the palace and its paintings. Montparnasse Multimedia/Réunion des Musées Nationaux. [S.l.: s.n], 1995. CD-ROM. Para PC & Macintosh. Configuração mínima: Processador 386SX, 8Mb RAM, Drive de CD-ROM, placa de som, monitor VGA 256 colorido, *mouse*, Microsoft Windows 3.1 (ou superior).
>
> LOBO-MARINHO. In: ENCICLOPÉDIA multimídia dos seres vivos. São Paulo: Folha de S. Paulo, 1998. CD-ROM 2: Vertebrados 2, Mamíferos 2.
>
> PEIRCE, Charles Sanders. *The collected papers of Charles Sanders Peirce*. Editorial introduction by John Deely. Charlottesville: InteLex, 1994. CD-ROM. Electronic edition, reproducing v. 1-6 edited by Charles Hartshorne and Paul Weiss (Cambridge, MA: Harvard University Press, 1931-1935), v. 7-8 edited by Arthur W. Burks (Cambridge, MA: Harvard University Press, 1958).

6.2.3.3 Internet

Além dos elementos tradicionais, quando disponíveis, utilizando-se, no caso de *sites*, o nome da página como o título do documento, a referência a documentos consultados *on-line* deve incluir o endereço eletrônico (URL)[11] e, quando apropriado, a data de acesso ao documento,[12] além das demais notas que se considerarem necessárias.[13]

MONTOR, Wagner Ricardo; SOGAYAR, Mari Cleide. Insetos como biofábricas de proteínas humanas. *Ciência hoje*, Rio de Janeiro, v. 33, n. 196, p. 16-23, ago. 2003. Disponível em: <http://cienciahoje.uol.com.br/view/369>. Acesso em: 14 ago. 2016.

RIBEIRO, Cláudia. Fundos de internet têm rentabilidade negativa. *O Estado de S.Paulo*, São Paulo, 15 dez. 2000. Disponível em: <http://www.estadao.com.br>. Acesso em: 14 ago. 2016.

CAMINHA, Pero Vaz de. *A carta [de Pero Vaz de Caminha]*. Disponível em: <http://www.igutemberg.org/500carta.html>. Acesso em: 14 ago. 2016. Edição de base: *Carta a El Rei D. Manuel*. São Paulo: Dominus, 1963. Acesso em: 14 ago. 2016.

QUINE, Douglas Boynton (Mant.). *Willard van Orman Quine 1908 — 2000*. Homepage sobre o filósofo e matemático. Disponível em: <http://www.wvquine.org/wv-quine.html>. Acesso em: 14 ago. 2016.

LUZ, Protásio Lemos da; FAVARATO, Desidério. Chronic coronary artery disease. *Arq. Bras. Cardiol.*, v. 72, n. 1, jan. 1999. Disponível em: <http://www.scielo.br/scielo.php?script=sci_arttex&pid=50066-782X1990001000002&1ng=es&nmr=iso>. Acesso em: 14 ago. 2016.

UNIVERSIDADE FEDERAL DA BAHIA. *Estatuto da UFBA*. Disponível em: <http://www.portal.ufba.br/conheca/conselhos_superiores/estatuto>. Acesso em: 14 ago. 2016.

WORLD War II. In: *Encyclopaedia Britannica Online*. London: Encyclopaedia Britannica, 2016. Disponível em: <http://members.eb.com/bol/topic?eu=118865&sctn=1>. Acesso em: 14 ago. 2016.

THE AMERICAN Heritage dictionary of the English language. 4th ed. Boston: Houghton Mifflin, 2000. Disponível em: <http://www.bartleby.com/61/88/G0198850.html>. Acesso em: 14 ago. 2016.

---

11 O ideal é que o endereço seja copiado e colado diretamente de um navegador *web* para o seu texto a fim de evitar erros de digitação. Muitos endereços são extremamente longos: nesses casos, deve-se deixar que o seu próprio processador de texto quebre o URL em duas ou mais linhas (mas com a opção de autohifenização desativada). Não se deve introduzir espaço ou caracteres nos endereços.

12 A NBR 6.023 indica que a data de acesso ao documento seja precedida de expressão "Acesso em:". Essa expressão, apesar de aparentemente dispensável, ajuda a evitar confusão com outras datas (como as de redação, revisão ou publicação do documento, por exemplo). A NBR 6.023 sugere também que a informação sobre a data de acesso seja indicada após o endereço eletrônico, separada dele por um ponto final.

13 Não é necessário, no caso de referências a páginas na internet, incluir a informação de que se trata de informação obtida *on-line*, via internet ou via WWW, já que essa informação está implícita no endereço eletrônico. No caso de documentos acessados por meio de bancos de dados ou arquivos *on-line*, deve-se fornecer, além do nome do banco de dados ou do serviço de informação, elementos sobre a busca (número de acesso, arquivo etc.). Janelas dentro de páginas devem ser tratadas como contribuições ou partes da página em que estão incluídas.

Arquivos de imagens, sonoros e vídeos

Há pelo menos duas formas distintas de se referir a arquivos de imagens *on-line*. Vejamos um exemplo acessado por meio do *site* do Museu do Louvre:

> MERISI, Michelangelo (Le Caravage). *La Mort de la Vierge*. 1605-1606. Musée du Louvre. Disponível em: <http://www.louvre.fr/img/photos/collec/peint/moyen/inv0054.jpg>. Acesso em: 14 ago. 2016.
>
> MERISI, Michelangelo (Le Caravage). *La Mort de la Vierge*. 1605-1606. Musée du Louvre. Disponível em: <http://www.louvre.fr/francais/collec/peint/inv0054/peint_f.htm>. Acesso em: 14 ago. 2016.

O endereço completo para páginas com imagens disponíveis por meio da internet (e da imagem isolada) muitas vezes não aparece de imediato no navegador (em uma busca no Museu do Louvre, por exemplo, o acesso a essa e a outras pinturas teria sempre como indicação de endereço principal http://www.louvre.fr). O endereço específico da imagem pode ser encontrado clicando-se com o botão direito do *mouse* sobre a imagem e selecionando "Visualizar Informações sobre a Moldura", ou por meio do menu "Visualizar", selecionando, então, "Informações sobre a Página". Essas informações podem incluir a data da última alteração, que em alguns casos pode ser útil na referência.

No caso da pintura indicada acima, a primeira referência apresenta o endereço da imagem isolada. No segundo caso, trata-se do endereço da página do Museu, contendo a pintura (em casos como esse, pode-se também indicar o título da página em que a imagem está inserida, quando disponível).

Grupos e listas de discussão

E-mails enviados ou recebidos por meio de listas de discussão e mensagens acessadas por meio de um grupo de discussão em geral podem ser acessados da internet para a pesquisa. Portanto, a referência bibliográfica a esses documentos deve indicar o endereço eletrônico da lista ou do grupo de discussão por meio do qual a mensagem pode ser acessada. Mesmo quando a mensagem não estiver disponível *on-line*, deve-se indicar o acesso à lista ou ao grupo:

GHIRALDELLI JR., Paulo. O Futuro da Filosofia. *Virtual-filosofia [mailing list]*. 1 jan. 2001. Disponível em: <virtual-filosofia@egroups.com>.

OLIVEIRA, Paulo. Como a Wal-Mart consegue vender tão barato. *BSA — Brazilian Students Association [mail-list]*. 2 jan. 2001. Disponível em: <bsa@lists.Stanford.EDU>.

SBPC. CNPq/Prossiga e Finep desenvolvem Biblioteca Virtual de Inovação Tecnológica. *Jornal da Ciência* (JC *e-mail*), 6 dez. 2000, n. 1681. Disponível em: <jciencia@domain.com.br>. Últimos números disponíveis em: <http://www.sbpcnet.org.br>.

E-mails *e mensagens pessoais*

E-mails e mensagens pessoais são mensagens eletrônicas recebidas, enviadas ou lidas pelo autor, mas que não estão disponíveis publicamente para o leitor. Têm, portanto, o mesmo valor de uma correspondência pessoal não publicada, por exemplo.

Identifique o autor da mensagem e forneça seu título. Além da data em que a mensagem foi enviada, identifique a comunicação como "*E-mail*" ou outra indicação apropriada:

BERNSTEIN, Mark. *Storyspace in Brazil*. 21 nov. 2000. *E-mail*.

BELLINATI, Paulo. *Baden Powell*. 26 set. 2000. *E-mail*.

Quando você não é capaz de identificar o autor da mensagem, pode ser utilizado o seu *alias* (nome ou pseudônimo), mas nunca o seu endereço eletrônico completo. Portanto, o autor de uma mensagem recebida de mattar@editorasaraiva.com.br seria jamattar.[14]

6.2.4 Citações

É característica essencial do trabalho científico a necessidade de indicar as fontes das citações utilizadas no texto. Trata-se de uma prática de apontar sistematicamente para as origens das ideias, dos conhecimentos e dos pensamentos que utilizamos em nossos trabalhos. Uma prática movida pelo princípio de construção constante do conhecimento, por uma conversação contínua. Citações são fios de outras conversas. "Ao trançarmos essas fontes em nossos próprios textos, nós nos entretrançamos numa conversa mais ampla."[15]

14 A NBR 6.023, de 2002, sugere que em vez de "*E-mail*", no final da referência, escreva-se "mensagem pessoal" entre colchetes, após o título da mensagem. Além disso, sugere também que se indique o endereço eletrônico completo de quem recebeu a mensagem, o que não faz sentido, pois aquele que tivesse recebido a mensagem estaria assim convidando o recebimento de *spams*.

15 CARBONE, Nick. *Writing online*: a student's guide to the internet and World Wide Web. 3. ed. Boston: Houghton Miffin, 2000.

Citações são extraídas de outros contextos conceituais. Deve-se, nesse sentido, respeitar a ecologia conceitual, ou seja, não citar uma passagem de forma que ela seja destacada inadequadamente de seu contexto e introduzida em um contexto totalmente diverso, o que acaba por adulterar seu significado original.

Podemos utilizar uma citação por diversos motivos: quando o autor foi extremamente feliz em sua formulação; para expressar uma opinião bastante relevante ou original e não correr o risco de a paráfrase alterar as ideias do autor; quando queremos demonstrar os problemas envolvidos na passagem destacada etc. Opiniões precisam ter sempre suas fontes identificadas. A prática da citação baseia-se também, portanto, nos princípios da justiça e da propriedade intelectual.

A NBR 10.520, de 2002, "Informação e documentação — Citações em documentos — Apresentação", especifica as características exigíveis para apresentação de citações em documentos, para orientar autores e editores. Essa norma define citação como: "Menção de uma informação extraída de outra fonte". As citações são diretas quando se caracterizam por transcrições textuais de parte da obra do autor consultado, ou indiretas quando estão baseadas na obra do autor consultado.

Segundo a norma, as citações podem aparecer no texto ou em nota de rodapé. As citações com mais de três linhas devem ser destacadas com recuo de 4 centímetros da margem esquerda, com letra menor que a do texto utilizado e sem aspas. As citações de até três linhas devem estar contidas entre aspas duplas. No caso de trechos destacados entre aspas na passagem citada, ou de citação dentro de citação, deve-se utilizar aspas simples no interior das aspas duplas.

Ainda conforme a norma, as supressões nas citações devem ser indicadas por reticências entre colchetes, as interpolações ou comentários devem vir entre colchetes e a ênfase ou destaque deve ser indicada por meio de grifo, itálico ou negrito. Na citação da citação, deve-se indicar inicialmente a obra original citada, seguida da expressão apud (sem itálico) e dos dados da obra de onde foi extraída a citação. Quando apresentamos uma citação que traduzimos do original em outra língua, após a chamada da citação deve-se acrescentar a expressão "tradução nossa". Quando uma passagem da citação tiver um grifo, após sua chamada deve-se acrescentar a expressão "grifo nosso", caso tenhamos introduzido o grifo, ou "grifo do autor", caso a passagem seja originalmente grifada.

As citações devem ser indicadas no texto por um sistema de chamada numérico ou autor-data. No caso do sistema numérico, a numeração deve ser única e consecutiva e a indicação da numeração no texto pode ser feita entre parênteses ou situada pouco acima da linha do texto, colocada após a pontuação que fecha a citação. No caso do sistema autor-data, a indicação da fonte é feita pelo sobrenome do autor (pela instituição responsável ou pela primeira palavra do título seguida de reticências) seguido da data de publicação do documento e da(s) página(s) da citação (no caso de citação direta), separados por vírgula e entre parênteses.[16] Quando o nome do autor ou da entrada estiver incluído na sentença, indica-se apenas a data entre parênteses. Quando houver coincidência de autores com o mesmo sobrenome e data de edição, acrescentam-se as iniciais de seus prenomes. As citações de diversos documentos de um mesmo autor, publicados em um mesmo ano, são distinguidas pelo acréscimo de letras minúsculas após a data e sem espacejamento.

Quanto à forma da apresentação das referências bibliográficas nas citações, a NBR 10.520 é bastante flexível e indica apenas linhas gerais. Há a indicação de que a primeira citação de uma obra deve sempre apresentar a referência bibliográfica completa e de que as citações seguintes podem utilizar abreviações (desde que não haja referências intercaladas de outras obras do mesmo autor).

PARA REFORÇAR

O que você aprendeu neste capítulo:

Neste capítulo, inicialmente você aprendeu a elaborar referências de acordo com a ABNT. Dependendo do tipo de fonte, os elementos essenciais e sua ordem mudam na referência.

Você aprendeu também a apresentar citações, diretas e indiretas, seguindo a ABNT.

16 As referências bibliográficas no próprio corpo do texto são muito comuns, por exemplo, em artigos para periódicos. É importante notar, entretanto, que o excesso de referências incluídas no texto pelo sistema autor-data quebra a fluidez da leitura.

Referências

AARSETH, Espen J. Cybertext: perspectives on ergodic literature. Baltimore: John Hopkins University Press, 1997.

ACROBAT Family. Disponível em: <http://www.adobe.com/products/acrobat>. Acesso em: 5 jun. 2017.

ADOBE InDesign. Disponível em: <http://www.adobe.com/products/indesign>. Acesso em: 5 jun. 2017.

ALEXANDER VON HUMBOLDT FOUNDATION. Disponível em: <http://www.humboldt-foundation.de>. Acesso em: 5 jun. 2017. Financia pós-doutorado na Alemanha em diversas áreas.

ALMANAQUE Abril. Disponível em: <http://guiadoestudante.abril.com.br/universidades/confira-a-versao-digital-do-almanaque-abril>. Acesso em: 5 jun. 2017. Acesso exclusivo a assinantes do Universo .

AL-QUDS OPEN UNIVERSITY. Disponível em: <http://www.qou.edu/englishIndexPage.do>. Acesso em: 5 jun. 2017.

ALVES-MAZZOTTI, Alda Judith; GEWANDSZNAJDER, Fernando. *O método nas ciências naturais e sociais*: pesquisa quantitativa e qualitativa. 2. ed. São Paulo: Pioneira, 1999. Apresenta uma visão histórica de métodos em ciências sociais, começando com o positivismo, passando por Kuhn, Lakatos, Popper, Feyerabend e teorias mais modernas, e apresenta também uma discussão de alguns pontos selecionados na pesquisa (procedimentos e revisão de bibliografia).

AMAZON. Disponível em: <http://www.amazon.com>. Acesso em: 5 jun. 2017. Compete com a Barnes & Noble pelo título de maior livraria virtual do mundo. Agora vende também CDs, vídeos e outros produtos.

ANADOLU UNIVERSITY. Disponível em: <http://www.anadolu.edu.tr>. Acesso em: 5 jun. 2017.

ARANHA, Maria Lúcia de Arruda. *História da educação*. 2. ed. rev. e atual. São Paulo: Moderna, 1996. Aborda a história da educação, inclusive no Brasil, de forma didática e acessível, ressaltando o contexto histórico e social e a filosofia da educação.

ASSOCIAÇÃO BRASILEIRA DE NORMAS TÉCNICAS — ABNT. Disponível em: <http://www.abnt.org.br>. Acesso em: 5 jun. 2017. Permite pesquisa e compra de normas técnicas.

ASSOCIAÇÃO BRASILEIRA DE NORMAS TÉCNICAS. *NBR 5.892*: norma para datar. Rio de Janeiro, ago. 1989.

______. *NBR 6.022*: informação e documentação: artigo em publicação periódica científica impressa: apresentação. Rio de Janeiro, maio 2003.

______. *NBR 6.023*: informação e documentação: referências: elaboração. Rio de Janeiro, ago. 2002.

______. *NBR 6.024*: informação e documentação: numeração progressiva das seções de um documento escrito: apresentação. Rio de Janeiro, maio 2003.

______. *NBR 6.027*: informação e documentação: sumário: apresentação. Rio de Janeiro, maio 2003.

______. *NBR 6.028*: informação e documentação: resumo: apresentação. Rio de Janeiro, nov. 2003.

______. *NBR 6.029*: informação e documentação: livros e folhetos: apresentação. Rio de Janeiro, set. 2002.

______. *NBR 6.032*: abreviação de títulos de periódicos e publicações seriadas. Rio de Janeiro, ago. 1989.

______. *NBR 6.033*: ordem alfabética. Rio de Janeiro, ago. 1989.

______. *NBR 6.034*: informação e documentação: índice: apresentação. Rio de Janeiro, dez. 2004.

______. *NBR 10.520*: informação e documentação: citações em documentos: apresentação. Rio de Janeiro, ago. 2002.

______. *NBR 10.719*: apresentação de relatórios técnico-científicos. Rio de Janeiro, ago. 1989.

______. *NBR 12.225*: informação e documentação: lombada: apresentação. Rio de Janeiro, jun. 2004.

______. *NBR 14.724*: informação e documentação: trabalhos acadêmicos: apresentação. Rio de Janeiro, dez. 2005

______. *NBR 15.287*: informação e documentação: projeto de pesquisa: apresentação. Rio de Janeiro, dez. 2005.

BACHELARD, Gaston. *A formação do espírito científico*: contribuição para uma psicanálise do conhecimento. Tradução de Estela dos Santos Abreu. Rio de Janeiro: Contraponto, 1996. Clássico, publicado em francês originalmente em 1938, e escrito com um estilo denso, mas fluido (característico de Bachelard), analisa histórica, psicológica e filosoficamente a formação do conhecimento científico.

BARNES & NOBLE. Disponível em: <http://www.barnesandnoble.com>. Acesso em: 5 jun. 2017. Livraria virtual.

BATES, Tony. *Educar na era digital*: *design*, ensino e aprendizagem. São Paulo: Artesanato Educacional, 2016. p. 259.

BELLONI, Maria Luiza. *Educação a distância*. Campinas, SP: Autores Associados, 1999. Revisão da literatura internacional sobre educação a distância, abordando principalmente as experiências europeias.

BENJAMIN, Walter. A obra de arte na era de sua reprodutibilidade técnica. In: ______. *Magia e técnica, arte e política*: ensaios sobre literatura e história da cultura. Tradução de Sérgio Paulo Rouanet. 7. ed. São Paulo: Brasiliense, 1994. p. 165-196. (Obras escolhidas, 1).

BESSON, Jean-Louis (Org.). *A ilusão das estatísticas*. Tradução de Emir Sader. São Paulo: Ed. UNESP, 1995. (Biblioteca básica). Texto que analisa a estatística de um ponto de vista amplo: a estruturação conceitual que subjaz à estatística, a importância da observação e coleta dos dados, a análise dos números e a transformação dos números em significado. Introdução teórica do organizador, seguida de uma série de artigos de diversos autores, em geral abordando um exemplo prático.

BEVAN, Michael. *Plant pathology*: the bugs from Brazil. *Nature*, London, v. 406, n. 6.792, p. 140-141, July 13, 2000.

BIOSIS. Disponível em: <https://www.webofknowledge.com>. Acesso em: 5 jun. 2017. Uma das mais importantes fontes de informações sobre ciências biológicas.

BLOCH, Joel. The legal debate over cyberspace: what it means for our understanding of intellectual property. In: COMPUTERS AND WRITING 2000 CONFERENCE., 2000, Fort Worth, TX. *Presentation abstracts*. Fort Worth, TX: [s.n.], 2000. p. 61-62.

BOTTÉRO, Jean. A escrita e a formação da inteligência na Mesopotâmia Antiga. In: ______ et al. *Cultura, pensamento e escrita*. Tradução de Rosa Maria Boaventura e Valter Lellis Siqueira. São Paulo: Ática, 1995. p. 9-46.

BRANSCOMB, H. Eric. *Casting your net*: a student's guide to research on the internet. Needham Heights, MA: Allyn and Bacon, 1998. Guia para a pesquisa utilizando a internet, incluindo não apenas web pages, mas grupos de discussão, listservs etc.

BRANSCOMB, Rick; GOTTHOFFER, Doug. *Quick guide to the internet for composition*. Needham Heights, MA: Allyn and Bacon, 2000. Guia para a utilização da internet para pesquisa e redação de textos.

BRASIL. Câmara de Educação Superior. Parecer n.º CES 968/98, aprovado em 17 de dezembro de 1998. Retificação do Parecer CES 672/98, tratando de Cursos Sequenciais no Ensino Superior. Discute o conceito de cursos sequenciais, introduzido pela nova LDB, e suas possíveis configurações.

______. Decreto n.º 2.494, de 10 de fevereiro de 1998. Regulamenta o artigo 80 da LDB (Lei n.º 9.394/96). Trata da educação a distância.

______. Lei n.º 9.394/96, de 20 de dezembro de 1996. Lei de Diretrizes e Bases da Educação Nacional (LDB).

______. Ministério da Agricultura, Pecuária e Abastecimento. *Empresa Brasileira de Pesquisa Agropecuária – Embrapa*. Disponível em: <http://www.embrapa.br>. Acesso em: 5 jun. 2017. Coordena diversos centros de pesquisa e tem a missão de viabilizar soluções para o desenvolvimento sustentável do agronegócio brasileiro.

______. Ministério da Ciência e Tecnologia. *Financiadora de Estudos e Projetos – FINEP*. Disponível em: <http://www.finep.gov.br>. Acesso em: 5 jun. 2017. Principal agência do Governo Federal para o financiamento ao desenvolvimento da ciência e da tecnologia no Brasil.

______. Ministério da Educação. *Fundação Joaquim Nabuco*. Disponível em: <http://www.fundaj.gov.br>. Acesso em: 5 jun. 2017. Desenvolve pesquisas e estudos enfocando a realidade socioeconômica, cultural e ambiental brasileira, especialmente a das regiões Norte e Nordeste.

______. Ministério da Educação. *Programa de expansão da educação profissional – PROEP*. Disponível em: <http://www.fnde.gov.br/home/index.jsp.arquivo=/procp/procp.html>. Acesso em: 5 jun. 2017.

______. Ministério da Educação. Secretaria de Educação a Distância. *Regulamentação da EaD no Brasil*. Disponível em: <http://portal.mec.gov.br/seed/index.php?option=content&task=view&id=61&Itemid=190>. Acesso em: 11 maio 2007.

BRETON, Philippe. *A história da informática*. Tradução de Elcio Fernandes. São Paulo: Ed. UNESP, 1991. História da informática vista sob diversos ângulos: *hardware*, *software*, social, técnico etc.

BRITISH Council. Disponível em: <https://www.britishcouncil.org>. Acesso em: 5 jun. 2017. Conselho Britânico.

BRITISH JOURNAL OF THE HISTORY OF SCIENCE. Cambridge: Cambridge University Press, British Society of the History of Science, 1962- . Trimestral. Um dos mais importantes periódicos sobre história das ciências.

BRONOWSKI, Jacob. *A escalada do homem*. Tradução de Núbio Negrão. São Paulo: Martins Fontes, 1992. Escrito em linguagem acessível a partir da série de programas da BBC, trata da história do homem e da ciência num sentido bem amplo e apresenta uma série de fotos ilustrativas.

______. *O senso comum da ciência*. Tradução de Neil Ribeiro da Silva. Belo Horizonte: Itatiaia; São Paulo: Ed. USP, 1977. (O homem e a ciência, 4). Interessante reflexão filosófica e histórica sobre a ciência.

BURGESS, William E. *The Oryx guide to distance learning*. 2nd ed. Phoenix: Oryx Press, 1997. Guia extenso de cursos *on-line*.

BUTTERFIELD, Herbert. *As origens da ciência moderna*. Lisboa: Ed. 70, [ca. 1991]. Analisa a revolução científica, a partir do final da Idade Média e do Renascimento, por meio da continuidade em diversas ciências.

CAMPELLO, Bernardete Santos; CENDÓN, Beatriz Valadares; KREMER, Jeannette Marguerite (Org.). *Fontes de informação para pesquisadores e profissionais*. Belo Horizonte: Ed. UFMG, 2000. Texto muitíssimo interessante, bem organizado e redigido, com capítulos abordando diversas fontes de informação para o trabalho científico, como encontros, periódicos, relatórios, patentes, entre outras, inclusive a internet, e indicando como buscar, absorver e documentar essas fontes. É uma leitura indicada para quem deseja gastar algum tempo, antes ou durante a pesquisa, ampliando os horizontes e as noções das fontes de informação disponíveis para seu trabalho.

CAMPOS, Arnaldo. *Breve história do livro*. Porto Alegre: Mercado Aberto: Instituto Estadual do Livro, 1994. (Série Revisão). Aborda a história do livro, com ênfase em seus aspectos técnicos (o suporte para a escrita, formas de encadernação etc.), desde a Mesopotâmia.

CARBONE, Nick. *Writing online*: a student's guide to the internet and World Wide Web. 3. ed. Boston: Houghton Mifflin, 2000. Interessantíssimo, bem escrito e crítico guia para o desenvolvimento de trabalhos científicos, mas que não fica centrado apenas no uso da internet e WWW, como o título insinua.

CARRAHER, David. *Senso crítico*: do dia-a-dia às ciências humanas. 2. ed. São Paulo: Pioneira, 1993. (Manuais de estudo). Livro bastante agradável de ler, com vários exemplos e exercícios, que se define como um texto "prático", mas que ao mesmo tempo mantém o rigor do pensamento e apresenta alguns insights importantes. Propõe-se a desenvolver o senso crítico do leitor.

CAS – Chemical Abstracts Service. Disponível em: <http://www.cas.org>. Acesso em: 5 jun. 2017. Um dos mais importantes índices na área de química.

CD-ROM Folha 2000. São Paulo: Publifolha, 2000. CD-ROM.

CENTRE NATIONAL DE ENSEIGNEMENT À DISTANCE – CNED. Disponível em: <http://www.cned.fr>. Acesso em: 5 jun. 2017.

CENTRO BRASILEIRO DE ANÁLISE E PLANEJAMENTO – CEBRAP. São Paulo. Disponível em: <http://www.cebrap.org.br>. Acesso em: 5 jun. 2017. Centro de estudos e pesquisas interdisciplinares, independente e sem fins lucrativos, dedicado ao estudo da sociedade brasileira. Publica a revista *Novos Estudos*, focada em ciências humanas.

CERVO, A. L.; BERVIAN, P. A. *Metodologia científica*. 4. ed. São Paulo: Makron Books, 1996. Não discute as relações entre informática e metodologia científica, mas é um texto claro e conciso, voltado principalmente para a pesquisa científica e a produção do trabalho monográfico.

CHARBONNEAU, Paul-Eugène. *Curso de filosofia*: lógica e metodologia. São Paulo: EPU, 1986.

CHARLE, Christophe; VERGER, Jacques. *História das universidades*. Tradução de Elcio Fernandes. São Paulo: Ed. UNESP, 1996. (Universitas).

CIÊNCIA DA INFORMAÇÃO. Brasília: IBICT, v. 26, n. 2, maio/ago. 1997. Disponível em: <http://www.scielo.br/scielo.php?script=sci_issuetoc&pid=0100-196519970002&lng=en&nrm=iso>. Acesso em: 5 jun. 2017.

CIÊNCIA E CULTURA. São Paulo: Sociedade Brasileira para o Progresso da Ciência, 1949- . Mensal. Uma das mais importantes revistas brasileiras sobre ciências.

CIÊNCIA HOJE. Disponível em: <http://www.cienciahoje.org.br>. Acesso em: 5 jun. 2017. Revista de divulgação científica.

COMITÊ gestor da internet no Brasil. Disponível em: <http://www.cg.org.br>. Acesso em: 5 jun. 2017.

COMPUTERS AND WRITING 2000 CONFERENCE, 2000, Fort Worth, TX. *Presentation abstracts*. Fort Worth, TX: [s.n.], 2000.

CONSELHO NACIONAL DE DESENVOLVIMENTO CIENTÍFICO E TECNOLÓGICO – CNPQ. Disponível em: <http://www.cnpq.br>. Acesso em: 5 jun. 2017.

______. *Diretório dos grupos de pesquisa no Brasil*. Disponível em: <http://lattes.cnpq.br/web/dgp>. Acesso em: 5 jun. 2017.

CONSIDINE, Glenn D. (Ed.). *Van Nostrand's scientific encyclopedia*. 9th ed. New York: Wiley-Interscience, 2002. 2v. Uma das mais reconhecidas enciclopédias científicas, tem também versão em CD-ROM.

COORDENAÇÃO DE APERFEIÇOAMENTO DE PESSOAL DE NÍVEL SUPERIOR – CAPES. Disponível em: <http://www.capes.gov.br>. Acesso em: 5 jun. 2017.

COPI, Irving Marmer. *Introdução à lógica*. Tradução de Álvaro Cabral. 2. ed. São Paulo: Mestre Jou, 1978. Definiu o padrão para cursos de introdução à lógica e ao pensamento crítico.

CORREIO BRASILIENSE. Disponível em: <http://www.correioweb.com.br>. Acesso em: 5 jun. 2017.

COSTA, Newton C. A. *Lógica indutiva e probabilidade*. 2. ed. São Paulo: Hucitec: EDUSP, 1993. Discussão sobre os temas da dedução, indução e teoria da probabilidade, em que o autor apresenta sua teoria pragmática da probabilidade.

CUNHA, Murilo Bastos da. *Para saber mais*: fontes de informação em ciência e tecnologia. Brasília: Briquet de Lemos/Livros, 2001. Importante e extensa bibliografia comentada de diversas fontes de informação para o trabalho científico, incluindo fontes eletrônicas, divididas em primárias, secundárias e terciárias.

CUNHA FILHO, Paulo Carneiro da; NEVES, André Menezes Marques das. Conceituando o hipersigno: para uma abordagem semiótica da hipermídia. In: ______ (Org.). *Projeto Virtus*: educação e interdisciplinaridade no ciberespaço. Recife: Ed. UFPE; São Paulo: Ed. Universidade Anhembi Morumbi, 2000. p. 143-158.

DAUER, Francis Watanabe. *Critical thinking*: an introduction to reasoning. New York: Barnes and Noble Books, 1996. Aborda dedução, falácias, linguagem, lógica simbólica, estatística etc. como um curso de pensamento crítico e lógica.

DEMO, Pedro. *A nova LDB*: ranços e avanços. 3. ed. Campinas, SP: Papirus, 1997.

DESCARTES, René. *Discurso do método*. São Paulo: Abril Cultural, 1973. (Coleção Os Pensadores). A edição inclui também outras obras de Descartes.

DEUTSCHE FORSCHUNGSGEMEINSCHAFT – DFG. Disponível em: <http://www.dfg.de>. Acesso em: 5 jun. 2017. A Associação Alemã de Pesquisas é a organização pública central de fomento à pesquisa na Alemanha.

DEUTSCHER AKADEMISCHER AUSTAUSCHDIENST – DAAD. Disponível em: <http://www.daad.de>. Acesso em: 5 jun. 2017. Serviço Alemão de Intercâmbio Acadêmico, que intermedeia o intercâmbio e a cooperação em ciências e artes.

DIÁRIO OFICIAL DO ESTADO DE SÃO PAULO. São Paulo. Disponível em: <http://www.imesp.com.br>. Acesso em: 5 jun. 2017.

DOSSE, François. *História do estruturalismo*. Tradução de Álvaro Cabral. São Paulo: Ensaio; Campinas, SP: Ed. Unicamp, 1993-1994. 2v. História do estruturalismo, analisando obras de diferentes autores.

DUGUID, Paul. Material maters. In: NUNBERG, Geoffrey (Ed.). *The future of the book*. Berkeley: University of California Press, 1996.

ECOLLEGE.COM. Denver, CO. Disponível em: <http://www.ecollege.com>. Acesso em: 5 jun. 2017.

EDYBURN, Dave L. *The electronic scholar*: enhancing research productivity with technology. Upper Saddle River, NJ: Merril, 1999. Texto que apresenta e comenta *sites* e *softwares* para quase todas as áreas de interesse do "estudioso eletrônico": pesquisa, *e-mail*, bancos de dados, produção de textos, imagens, sons, fotos, análise de dados, publicação etc.

ENCYCLOPEDIA BRITANNICA *on-line*. Disponível em: <http://www.eb.com>. Acesso em: 5 jun. 2017.

ENSINO SUPERIOR: Revista mensal do Sindicato das Entidades Mantenedoras de Estabelecimentos de Ensino Superior no Estado de São Paulo (Semesp). São Paulo: Segmento.

ESCOLA DO FUTURO DA UNIVERSIDADE DE SÃO PAULO. *Biblioteca virtual do estudante brasileiro*. Disponível em: <http://futuro.usp.br/bibvirt-4>. Acesso em: 5 jun. 2017. Diversos textos acessíveis em formato eletrônico.

EUROPEAN ASSOCIATION OF DISTANCE TEACHING UNIVERSITIES – EADTU. Disponível em: <http://www.eadtu.nl>. Acesso em: 5 jun. 2017.

EVES, Howard. *Introdução à história da matemática*. Tradução de Hygino H. Domingues. 2. ed. Campinas, SP: Ed. Unicamp, 1997. Longo texto sobre a história da matemática.

EXAME *online*. Disponível em: <http://exame.abril.com.br>. Acesso ao texto integral desde 1996 para assinantes da revista *Exame* ou do *Universo Online*.

FAIGLEY, Lester. *The Longman guide to the web*. New York: Addison Wesley Longman, 2000. Guia com orientações para a construção de *websites* e para a navegação pela web.

FAPESP-BIREME. *SciELO – Scientific Electronic Library Online*. Disponível em: <http://www.scielo.br>. Acesso em: 5 jun. 2017. Biblioteca de periódicos científicos brasileiros, com acesso aos textos completos dos artigos.

FAZENDA, Ivani C. Arantes. *Interdisciplinaridade*: história, teoria e pesquisa. 2. ed. Campinas, SP: Papirus, 1995. (Magistério: Formação e Trabalho Pedagógico).

FERN UNIVERSITÄT. Hagen. Disponível em: <http://www.fernuni-hagen.de>. Acesso em: 5 jun. 2017.

FERNSTUDIEN SCHWEIZ. Brig. Disponível em: <http://www.fernuni.ch>. Acesso em: 6 set. 2003.

FERREIRA, Aurélio Buarque de Holanda. *Novo Aurélio século XXI*: o dicionário da língua portuguesa. 3. ed. rev. e aum. Rio de Janeiro: Nova Fronteira, 1999. Disponível em CD-ROM (em coedição com a Lexicon Informática) e *on-line* em: <http://noticias.uol.com.br/educacao>.

FERREIRA, Sueli Mara S. P.; KROEFF, Márcia S. *Referências bibliográficas de documentos eletrônicos*. Ensaios APB, São Paulo, n. 25, out. 1996; n. 26, nov. 1996. Disponível em: <http://www.eca.usp.br/prof/sueli/pesquisa/refelet/index.htm>. Acesso em: 5 jun. 2017.. Compila e compara os modelos (propostos até a data da publicação do ensaio) sugeridos pela ISO, MLA e APA.

FINNISH ASSOCIATION FOR DISTANCE EDUCATION – FADE. Finland. Disponível em: <http://www.fade.fi/eng/fadeesc.htm>. Acesso em: 11 maio 2007.

FOLHA de S.Paulo. Disponível em: <http://www.uol.com.br/fsp>. Acesso em: 5 jun. 2017.

FOLLETT, Mary Parker. The psychology of control. In: ______. *Dynamic administration*: the collected papers of Mary Parker Follett. Edited by E. M. Fox and L. F. Urwick. New York: Pitman Publishing, 1973.

FORD Foundation. Disponível em: <http://www.fordfound.org>. Acesso em: 5 jun. 2017.

FRANÇA, Júnia Lessa. *Manual para normalização de publicações técnico-científicas*. 3. ed. rev. e aum. Belo Horizonte: Ed. UFMG, 1992. Útil guia para a normalização, baseado nas normas da ABNT, mas que se propõe também a complementar essas normas ou preencher suas lacunas.

FREIRE-MAIA, Newton. *A ciência por dentro*. 4. ed. Petrópolis, RJ: Vozes, 1997.

FREUD, Sigmund. *Edição eletrônica brasileira das obras psicológicas completas de Sigmund Freud*. Versão 2.0. Rio de Janeiro: Imago, 2000. CD-ROM.

FRIEDMAN, Meyer; FRIEDLAND, Gerald W. *As dez maiores descobertas da medicina*. Tradução de José Rubens Siqueira. São Paulo: Companhia das Letras, 2000. Os autores selecionam aquelas que consideram as dez maiores descobertas da medicina moderna e retraçam sua história, assim como a dos cientistas envolvidos.

FULLBRIGHT Scholar Program. Disponível em: <http://www.iie.org/cies>. Acesso em: 5 jun. 2017. Fornece uma série de bolsas de estudos para pesquisas no exterior, em diversas áreas.

FUNDAÇÃO Biblioteca Nacional. Disponível em: <http://www.bn.br>. Acesso em: 5 jun. 2017.

FUNDAÇÃO Calouste Gulbenkian. Disponível em: <http://www.gulbenkian.pt>. Acesso em: 5 jun. 2017. Renomada instituição de pesquisa privada de Portugal.

FUNDAÇÃO DE AMPARO À PESQUISA DO ESTADO DE SÃO PAULO – FAPESP. Disponível em: <http://www.fapesp.br>. Acesso em: 5 jun. 2017.

GARCIA, Othon M. *Comunicação em prosa moderna*. 17. ed. reimpr. Rio de Janeiro: Ed. FGV, 1997.

GARDNER, Howard. *Inteligências múltiplas*: a teoria na prática. Tradução de Maria Adriana Veríssimo Veronese. Porto Alegre: Artmed, 1995. Publicado em inglês em 1993, expõe, de maneira bastante didática, a teoria das sete inteligências desenvolvida por Gardner e suas consequências do ponto de vista educacional.

GAZETA Mercantil. Disponível em: <http://www.gazetamercantil.com.br>. Acesso em: 6 set. 2003.

GIBALDI, Joseph. *MLA handbook for writers of research papers*. 5th ed. New York: MLA, 1999.

GOMES, Sandra Lúcia Rebel et al. Literatura cinzenta. In: CAMPELLO, Bernardete S. et al. (Org.). *Fontes de informação para pesquisadores e profissionais*. Belo Horizonte: Ed. UFMG, 2000. p. 97-103.

GOODMAN, Russell B. (Ed.). *Pragmatism*: a contemporary reader. New York: Routledge, 1995. Cada capítulo apresenta uma introdução sobre um autor pragmatista, seguida de textos de sua autoria.

GOWER, Barry. *Scientific method*: an historical and philosophical introduction. London: Routledge, 1997. Estuda o método nas ciências naturais de um ponto de vista filosófico, por meio do estudo de autores como Galileu, Bacon, Newton etc. e de críticos da ideia de método científico como Thomas Kuhn, Lakatos e Feyerabend.

GRANGER, Gilles-Gaston. *A ciência e as ciências*. Tradução de Roberto Leal Ferreira. São Paulo: Ed. UNESP, 1994.

GUIA do Estudante *on-line*. Disponível em: <http://guiadoestudante.abril.com.br>. Acesso em: 5 jun. 2017. Links para as instituições de ensino superior no Brasil.

HAGGERTY, Brian A. *Nurturing intelligences*: a guide to multiple intelligences theory and teaching. Menlo Park, CA: Addison-Wesley, 1995. Texto que apresenta, de maneira bastante didática, a teoria das múltiplas inteligências de Gardner, incluindo figuras e tabelas, testes e questionários para professores, alunos e pais, exercícios e bibliografia comentada.

HALL, Marie Boas. *The scientific renaissance*: 1450-1630. New York: Dover, 1994. Estuda o início da Revolução Científica, entre os anos de 1450 e 1630.

HARVARD LAW SCHOOL. Berkman Center for Internet and Society. *Intellectual property in cyberspace*. Disponível em: <http://eon.law.harvard.edu/property/library>. Acesso em: 5 jun. 2017.

HAVELOCK, Eric A. *A revolução da escrita na Grécia e suas consequências culturais*. Tradução de Ordep José Serra. São Paulo: Ed. UNESP, 1996. (Biblioteca básica). Texto importante, que estuda a transição da cultura oral para a cultura escrita na Grécia Antiga.

HEISENBERG, Werner. *Física e filosofia*. Tradução de Jorge Leal Ferreira. 4. ed. Brasília: Humanidades, 1999. (Metis). Heisenberg explora as relações entre a física e a filosofia, mostrando como o desenvolvimento da física atômica implica a reelaboração de princípios e problemas filosóficos fundamentais.

HERKENHOFF, Paulo. *Biblioteca Nacional*: a história de uma coleção. 2. ed. Rio de Janeiro: Salamandra, 1996. Conta a história da Biblioteca Nacional do Rio de Janeiro, com inúmeras ilustrações de obras raras que constam do acervo da instituição.

HESSE, Carla. Books in time. In: NUNBERG, Geoffrey (Ed.). *The future of the book*. Berkeley: University of California Press, 1996.

HISTORY of Science Society. Disponível em: <https://hssonline.org>. Acesso em: 5 jun. 2017.

HONDERICH, Ted (Ed.). *The Oxford companion to philosophy*. Oxford: Oxford University Press, 1995. Inclui verbetes para movimentos, pensadores, temas filosóficos etc.

HOUAISS, Antônio. *Dicionário eletrônico Houaiss da língua portuguesa*. Rio de Janeiro: Objetiva, [2001 ou 2002].

INSTITUTO BRASILEIRO DE GEOGRAFIA E ESTATÍSTICA – IBGE. Disponível em: <http://www.ibge.gov.br>. Acesso em: 5 jun. 2017.

INSTITUTO BRASILEIRO DE INFORMAÇÃO EM CIÊNCIA E TECNOLOGIA – IBICT. Disponível em: <http://www.ibict.br>. Acesso em: 5 jun. 2017.

INSTITUTO DE ESTUDOS AVANÇADOS DA UNIVERSIDADE DE SÃO PAULO – IEA. Disponível em: <http://www.usp.br/iea>. Acesso em: 5 jun. 2017.

INSTITUTO NACIONAL DA PROPRIEDADE INDUSTRIAL – INPI. Disponível em: <http://www.inpi.gov.br>. Acesso em: 5 jun. 2017.

INSTITUTO UNIVERSITÁRIO DE PESQUISAS DO RIO DE JANEIRO – IUPERJ. Disponível em: <http://www.iuperj.br>. Acesso em: 5 jun. 2017. Centro de pesquisa e ensino pós-graduado em ciências sociais. Instituição privada sem fins lucrativos, integra a Universidade Cândido Mendes.

INTELEX. Disponível em: <http://www.nlx.com>. Acesso em: 5 jun. 2017.

INTERNATIONAL ORGANIZATION FOR STANDARDIZATION – ISO. Disponível em: <http://www.iso.ch>. Acesso em: 5 jun. 2017.

INTERNET 2. Disponível em: <http://www.internet2.edu>. Acesso em: 5 jun. 2017.

ISIS: international review devoted to the history of science and its cultural influences. Chicago: University of Chicago Press, 1913- . Trimestral. Um dos mais importantes periódicos sobre história da ciência.

JAEGER, Werner W. *Paideia*: a formação do homem grego. Tradução de Artur M. Parreira. 2. ed. São Paulo: Martins Fontes, 1989. Estudo extenso sobre a educação na Grécia Antiga.

JANTSCH, Ari Paulo; BIANCHETTI, Lucídio (Org.). *Interdisciplinaridade*: para além da filosofia do sujeito. Petrópolis, RJ: Vozes, 1995.

JENZABAR. Disponível em: <http://www.jenzabar.com>. Acesso em: 5 jun. 2017.

JIMENEZ, Elizabeth (Comp.). *Contents of transactions of the Charles S. Peirce Society*. Institute for studies in Pragmaticism, Texas Tech University. Disponível em: <http://www.peircesociety.org/contents.html>. Acesso em: 11 maio 2007.

JORNAL do Brasil *on-line*. Disponível em: <http://jbonline.terra.com.br>. Acesso em: 5 jun. 2017.

JUPIASSU, Hilton. *Interdisciplinaridade e patologia do saber*. Rio de Janeiro: Imago, 1976.

KOREA NATIONAL OPEN UNIVERSITY. Disponível em: <http://www.knue.ac.kr>. Acesso em: 5 jun. 2017.

KOURGANOFF, Wladimir. *A face oculta da universidade*. Tradução de Cláudia Schilling e Fátima Murad. São Paulo: Ed. UNESP, 1990. Discute diversos assuntos relacionados à universidade, como ensino e pesquisa, disciplinas etc.

KUHN, Thomas S. *A estrutura das revoluções científicas*. Tradução de Beatriz Vianna Boeira e Nelson Boeira. 4. ed. São Paulo: Perspectiva, 1996. (Debates, 115). Importante estudo, publicado originalmente em inglês em 1962, sobre a função dos paradigmas (conceitos e visão de mundo compartilhados pelas comunidades) nas grandes descobertas, invenções e revoluções científicas.

LAKATOS, Eva Maria; MARCONI, Marina de Andrade. *Metodologia científica*. 2. ed. São Paulo: Atlas, 1991.

LAMB, David; EASTON, S. M. *Multiple discovery*: the pattern of scientific progress. [Avebury, Buckinghamshire]: Avebury, 1984.

LANDOW, George P. *Hypertext 2.0*: the convergence of contemporary critical theory and technology. 2nd ed. Baltimore: Johns Hopkins University Press, 1997.

LAPPONI, Juan Carlos. *Estatística usando Excel 5 e 7*. São Paulo: Lapponi, 1997. Apresenta a Estatística orientada para o uso do Excel, com exemplos práticos e exercícios.

______. *Matemática financeira usando Excel 5 e 7*. São Paulo: Lapponi, 1996. Apresenta a matemática financeira orientada para o uso do Excel. Aproveitando-se dos recursos do Excel, inclusive macros, pode ser utilizado para o autoaprendizado, pois oferece exemplos e exercícios resolvidos.

LATOUR, Bruno; WOOLGAR, Steve. *A vida de laboratório:* a produção dos fatos científicos. Tradução de Ângela Ramalho Vianna. Rio de Janeiro: Relume Dumará, 1997. Trabalho denso, do ponto de vista teórico, conceitual e em sua linguagem, mas interessantíssimo, em que dois sociólogos passam dois anos em um laboratório, procurando estudar o processo de descoberta científica.

LEVINE, Arthur E. The future of Colleges: 9 inevitable changes. *The Chronicle of Higher Education*, Washington D.C., 20 out. 2000. Disponível em: <http://chronicle.com>.

LÉVY, Pierre. *As tecnologias da inteligência*: o futuro do pensamento na era da informática. Tradução de Carlos Irineu da Costa. Rio de Janeiro: Ed. 34, 1993. Texto já um pouco datado em função dos progressos das tecnologias que se propõe a discutir, e mesmo do debate sobre o tema, mas que ainda sobrevive como uma leitura instigante das relações entre o pensamento e a informática.

______. *Cibercultura.* Tradução de Carlos Irineu da Costa. São Paulo: Ed. 34, 1999.

______. *O que é virtual.* Tradução de Paulo Neves. São Paulo: Ed. 34, 1996.

LIBRARY of Congress. Disponível em: <http://catalog.loc.gov>. Acesso em: 5 jun. 2017. Considerada a maior biblioteca do mundo.

LIMA, Kelly. Unesp inaugura laboratório do Projeto Genoma. *O Estado de S. Paulo*, São Paulo, 24 abr. 2001. Disponível em: <http://www.estadao.com.br>.

LINDBERG, David. Science and the early Christian church. *ISIS*, Chicago, v. 74, n. 274, p. 511, Dec. 1983.

______. *The beginnings of Western science.* Chicago: University of Chicago Press, 1992. Traça a história das ciências, da religião e da filosofia na Grécia, em Roma e na Idade Média, com a preocupação de indicar o contexto de seu surgimento.

LIPMAN, Matthew. *O pensar na educação.* Tradução de Ann Mary Figueira Perpétuo. Petrópolis, RJ: Vozes, 1995. Publicado em inglês em 1991, o texto procura definir o "pensamento crítico", sugerindo métodos para a sua operacionalização. Em alguns momentos baseia-se no ensino do pensamento crítico para as crianças, mas mesmo assim não perde o interesse para o público universitário.

LIVET, Pierre. The role of revision in Dewey's inquiry and ethics. *Cognitio*: revista de filosofia do Centro de Estudos do Pragmatismo da PUC-SP, São Paulo, n. 3, p. 53-63, nov. 2002.

LIVRARIA Cultura. Disponível em: <http://www.livrariacultura.com.br>. Acesso em: 5 jun. 2017.

MAIA, Carmem (Coord.). *Ead.br*: educação a distância no Brasil na era da internet. São Paulo: Ed. Universidade Anhembi Morumbi, 2000. Relata a experiência de diversas instituições de ensino com a utilização da internet em educação a distância.

MARGOTTA, Roberto. *The history of medicine.* New York: Smithmark, 1996.

MARTINS, Jader Benuzzi. *A história do átomo*: de Demócrito ao primeiro reator. Disponível em: <http://membres.tripod.fr/seminarios/jader/jaderSB MAC.htm>. Acesso em: 1 set. 2003.

MARTINS, Wilson. *A palavra escrita*: história do livro, da imprensa e da biblioteca. 2. ed. il. rev. e atual. São Paulo: Ática, 1996. (Temas, 49). Estudo extenso sobre o livro manuscrito e impresso e a história da imprensa e das bibliotecas.

MASSACHUSETIS INSTITUTE OF TECHNOLOGY. *MIT to make nearly all course materials available free on the world wide web*. Disponível em: <http://news.mit.edu/2001/ocw>. Acesso em: 5 jun. 2017.

MATTAR NETO, João Augusto. Ciência (não tão) nova. *Cognitio*: revista de filosofia do Centro de Estudos do Pragmatismo da PUC-SP, São Paulo, v. 4, n. 1, p. 15-26, jan./jun. 2003.

______. *Filosofia e administração*. São Paulo: Makron Books, 1997.

______. *Filosofia e ética na administração*. São Paulo: Saraiva, 2004.

______. Pensamento, linguagem, lógica e realidade. *Estudos Acadêmicos Unibero*, São Paulo, ano 2, n. 4, p. 9-20, ago. 1996. Procura discutir esses quatro conceitos na história da filosofia.

______. University without walls... *Estudos Acadêmicos Unibero*, São Paulo, ano 4, n. 8, ago. 1998.

McGRAW-HILL encyclopedia of science & technology. 9th ed. New York: McGraw-Hill, 2002. 20 v. Considerada a mais importante enciclopédia de ciência e tecnologia. Possui também versão condensada (McGRAW-HILL concise encyclopedia of science & technology. 5th ed. New York: McGraw-Hill, 2003), em CD-ROM (McGRAW-HILL multimedia encyclopedia of science & technology. Version 2.1. New York: McGraw-Hill, 1999) e *on-line*, disponível em: <http://www.accessscience.com>.

McLEOD, Allegra et al. Manifesto aborda o futuro da ciência. Tradução de Paulo Migliacci. *Folha de S.Paulo*, São Paulo, 24 nov. 2002. Disponível em: <http://www1.uol.com.br/folha/ciencia/ult306u7772.shtml>. Acesso em: 5 jun. 2017.

McLUHAN, Marshall. *A galáxia de Gutenberg*: a formação do homem tipográfico. Tradução de Leônidas Gontijo de Carvalho e Anísio Teixeira. São Paulo: Ed. Nacional, 1977. Texto profético, que popularizou a expressão "aldeia global", ainda hoje é uma leitura agradável e instigante sobre a transição das sociedades orais para as sociedades letradas (que utilizam o alfabeto fonético e a escrita), os efeitos da imprensa e a transição para uma sociedade eletrônica.

______. *Os meios de comunicação como extensões do homem*. Tradução de Décio Pignatari. 7. ed. São Paulo: Cultrix, 1993.

MICROSOFT VISION. Disponível em: <http://www.microsoft.com/office/visio>. Acesso em: 5 jun. 2017.

MINAS GERAIS. *Fundação João Pinheiro – FJP*. Disponível em: <http://www.fjp.mg.gov.br>. Acesso em: 5 jun. 2017. Entidade do governo de Minas Gerais que realiza projetos de pesquisa aplicada nas áreas da administração pública e privada, economia, estudos históricos, culturais, sociais e políticos. É também responsável pela articulação do Sistema Estadual de Estatística, que produz e divulga estatísticas básicas e indicadores econômico-financeiros, demográficos e sociais, entre outros.

MINISTÉRIO DA CIÊNCIA E TECNOLOGIA – MCT. Disponível em: <http://www.mct.gov.br>. Acesso em: 5 jun. 2017.

MINISTÉRIO DA CIÊNCIA E TECNOLOGIA – MCT; CONSELHO NACIONAL DE DESENVOLVIMENTO CIENTÍFICO E TECNOLÓGICO – CPNQ; INSTITUTO BRASILEIRO DE INFORMAÇÃO EM CIÊNCIA E TECNOLOGIA – IBICT. *Prossiga*. Disponível em: <http://www.prossiga.br>. Acesso em: 5 jun. 2017.

MINISTÉRIO DA CULTURA (Brasil). *Biblioteca Nacional – catálogo de monografias*: 1982-1997. 2. ed. [Rio de Janeiro]: Fundação Biblioteca Nacional: Potiron Informática, 1997. CD-ROM. Com 216.968 registros, inclui as obras incorporadas ao acervo da Biblioteca Nacional por processos automatizados no período de 1982 a 1997, assim como a totalidade das obras raras dos séculos XV e XVI e parte do acervo raro dos séculos XVII a XIX.

______. Disponível em: <http://www.minc.gov.br>. Acesso em: 5 jun. 2017.

______. *Fundação Biblioteca Nacional*. Disponível em: <http://www.bn.br>. Acesso em: 5 jun. 2017. Acervo *on-line* da Biblioteca Nacional, além de uma série de outros recursos.

______. *Secretaria de Educação a Distância – SEED*. Disponível em: <http://www.mec.gov.br/seed/default.shtm>. Acesso em: 6 set. 2003.

MINISTÉRIO DA EDUCAÇÃO – MEC. Disponível em: <http://www.mec.gov.br>. Acesso em: 5 jun. 2017.

MOLES, Abraham. *A criação científica*. 3. ed. São Paulo: Perspectiva, 1998.

MOTOYAMA, Shozo et al. 500 anos de ciência e tecnologia no Brasil. *Pesquisa FAPESP*, São Paulo, n. 52, abr. 2000. Suplemento especial. Procura cobrir, em poucas páginas, alguns aspectos importantes da história da ciência e da tecnologia no país, com referência bibliográfica.

MUNGER, David et al. *Researching online*. 3rd ed. [S.l.]: Longman, 2000. Orientação para os estudantes fazerem pesquisa na internet.

NATIONAL GEOGRAPHIC MAGAZINE. Disponível em: <http://www.nationalgeographic.com/ngm/index.html>. Acesso em: 5 jun. 2017.

NATIONAL OPEN UNIVERSITY. Taiwan. Disponível em: <http://www.nou.edu.tw>. Acesso em: 5 jun. 2017.

NATIONAL SCIENCE FOUNDATION – NSF. Arlington, Virginia, USA. Disponível em: <http://www.nsf.gov>. Acesso em: 5 jun. 2017.

NATURE. Disponível em: <http://www.nature.com>. Acesso em: 5 jun. 2017. Uma das mais importantes revistas sobre ciências do mundo.

NEVILLE, Robert. As contribuições de Charles S. Peirce para a filosofia da religião contemporânea. *Cognitio*: revista de filosofia do Centro de Estudos do Pragmatismo da PUC-SP, São Paulo, ano 2, p. 147-160, 2001.

NEW SCIENTIST. Disponível em: <http://www.newscientist.com>. Acesso em: 5 jun. 2017. Uma das mais renomadas revistas científicas do mundo.

NEW YORK UNIVERSITY. *Gallatin School of Individualized Study*. Disponível em: <http://www.nyu.edu/gallatin/index.html>. Acesso em: 5 jun. 2017.

NIETZSCHE, Friedrich Wilhelm. *Obras incompletas*: Friedrich Wilhelm Nietzsche. Tradução de Rubens Rodrigues Torres Filho. 3. ed. São Paulo: Abril Cultural, 1983. (Coleção Os Pensadores).

NISKIER, Arnaldo. *Educação a distância*: a tecnologia da esperança; políticas e estratégias para a implantação de um sistema nacional de educação aberta e a distância. 2. ed. São Paulo: Loyola, 2000. Aborda a educação à distância no Brasil a partir de diversos ângulos: legal, histórico, comparativo (experiência no exterior), filosófico etc.

______. *Educação brasileira*: 500 anos de história. 2. ed. Rio de Janeiro: Consultor, 1995. Panorama da educação brasileira, desde o descobrimento até parte do governo Fernando Henrique.

NOLT, John; ROHATYN, Dennis. *Lógica*. Tradução de Mineko Yamashita. São Paulo: McGraw-Hill, 1991. Texto introdutório de Lógica que aborda os argumentos, o cálculo proposicional e dos predicados, tabelas-verdade, dedução e indução, probabilidade e falácias, entre outros assuntos, com uma série de exercícios resolvidos.

NORTHROP, F. S. Introdução aos problemas da filosofia natural. In: HEISENBERG, Werner. *Física e filosofia*. Tradução de Jorge Leal Ferreira. 4. ed. Brasília: Humanidades, 1999. (Métis). Introdução extensa ao livro de Heisenberg.

NORTON, Peter. *Introdução à informática*. Tradução de Maria Claudia Santos Ribeiro Ratto. São Paulo: Makron Books, 1996. Mais de 600 páginas de introdução aos diversos aspectos da informática (*hardware*, *software*, programação etc.) numa linguagem acessível.

NORWEGIAN ASSOCIATION FOR DISTANCE EDUCATION – NADE. Disponível em: <http://www.nade-nff.no> Acesso em: 5 jun. 2017.

NOVA meta da Fapesp: projeto aeroespacial. *Jornal do Brasil online*, Rio de Janeiro, 30 jul. 2000. Disponível em: <http://jbonline.terra.com.br>.

NUNBERG, Geoffrey (Ed.). *The future of the book*. Berkeley: University of California Press, 1996. Reúne trabalhos interessantíssimos, apresentados durante uma conferência no Center for Semiotic and Cognitive Studies da Universidade de San Marino, em 1994, que procuram responder à pergunta "Qual o futuro do livro?" das mais diversas perspectivas: histórica, técnica, sociológica, legal etc. Apesar de os ensaios já estarem datados (foram originalmente escritos antes da explosão da web), eles se destacam pela paciência com que exploram a questão e pela profundidade de algumas reflexões.

O BRASIL resgata a sua história. *Pesquisa FAPESP*, São Paulo, n. 57, set. 2000. Suplemento especial.

O ESTADO de S. Paulo. Disponível em: <http://www.estadao.com.br>. Acesso em: 5 jun. 2017.

O GLOBO *on-line*. Disponível em: <http://www.oglobo.com.br>. Acesso em: 5 jun. 2017.

OLIVEIRA, Fátima Bayma. *Pós-graduação*: educação e mercado de trabalho. Campinas, SP: Papirus, 1995.

OPEN LEARNING FOUNDATION. Disponível em: <http://www.olf.ac.uk>. Acesso em: 5 jun. 2017.

OPEN UNIVERSITEIT. Nederland. Disponível em: <http://www.ou.nl>. Acesso em: 5 jun. 2017.

ORGANIZAÇÃO DAS NAÇÕES UNIDAS PARA A EDUCAÇÃO, A CIÊNCIA E A CULTURA – UNESCO. Disponível em: <http://www.unesco.org>. Acesso em: 5 jun. 2017.

ORGANIZAÇÃO MUNDIAL DE SAÚDE – OMS. Disponível em: <http://www.who.int>. Acesso em: 5 jun. 2017.

ORGANISATION EUROPÉENNE POUR LA RECHERCHE NUCLÉAIRE – CERN. Disponível em: <http://cern.web.cern.ch/CERN>. Acesso em: 5 jun. 2017. Centro europeu de pesquisas nucleares.

PALMQUIST, Mike; ZIMMERMAN, Donald E. *Writing with a computer*. Boston: Allyn and Bacon, 1999. Fornece orientações sobre como utilizar com eficiência o computador durante o processo de redação.

PARANÁ. *Instituto Paranaense de Desenvolvimento Econômico e Social – Ipardes*. Disponível em: <http://www.ipardes.gov.br>. Acesso em: 5 jun. 2017. Autarquia vinculada à Secretaria de Estado do Planejamento e Coordenação Geral, realiza pesquisas e estudos e elabora projetos e programas sobre o desenvolvimento da economia estadual.

PECK, Terrance W. (Ed.). *Directories in print*. 23rd ed. Detroit: Gale, 2003. 3v.

PEIRCE, Charles Sanders. *The collected papers of Charles Sanders Peirce*. Editorial introduction by John Deely. Charlottesville: InteLex, 1994. CD-ROM. Electronic edition, reproducing v. 1-6 edited by Charles Hartshorne and Paul Weiss (Cambridge, MA: Harvard University Press, 1931-1935), v. 7-8 edited by Arthur W. Burks (same publisher, 1958).

PESQUISA FAPESP: publicação mensal da Fundação de Amparo à Pesquisa do Estado de São Paulo (disponível também *on-line* por meio de http://www.fapesp.br). Traz resultados de pesquisas financiadas pela Fapesp, assim como diversas discussões sobre ciências no país.

PIAGET, Jean. *O estruturalismo*. Tradução de Moacir Renato de Amorim. 3. ed. São Paulo: Difel, 1979. Aborda o estruturalismo nas diferentes ciências: matemática e lógica, física e biologia, psicologia, linguística, ciências sociais e filosofia.

POPPER, Karl R. *A lógica da pesquisa científica*. Tradução de Leonidas Hegenberg e Octanny Silveira da Mota. 7. ed. São Paulo: Cultrix, 1998. Publicada originalmente em alemão (*Logik der Forschung*, 1934) e revista pelo autor para a publicação em língua inglesa (*Logic of scientific discovery*, 1956), é uma obra de referência em lógica da ciência. Nela, Popper expõe vários conceitos (como os de corroboração, probabilidade, testabilidade e falseabilidade, entre outros) que o tornaram um dos nomes mais importantes na discussão sobre metodologia científica.

______. *Conjectures and refutations*: the growth of scientific knowledge. New York: Basic Books, 1965.

PROCEEDINGS of the National Academy of Sciences of the United States of America. Disponível em: <http://www.pnas.org>. Acesso em: 5 jun. 2017. De importância mundial e muito citado, publica trabalhos apresentados em eventos organizados pela academia.

PROJETO Virtus. Disponível em: <http://www.virtus.ufpe.br/site/index.html>. Acesso em: 11 maio 2007.

QUARKXPRESS. Disponível em: <http://www.quark.com>. Acesso em: 5 jun. 2017.

REDE NACIONAL DE ENSINO E PESQUISA – RNP. Disponível em: <http://www.rnp.br>. Acesso em: 5 jun. 2017.

REVISTA BRASILEIRA DE EDUCAÇÃO A DISTÂNCIA. Rio de Janeiro: Instituto de Pesquisas Avançadas em Educação (IPAE), 1994- . Bimestral. Discute temas relacionados à educação a distância, além de apresentar um cronograma com eventos relacionados à educação e informática. ISSN 0104-4141.

REVISTA DA SOCIEDADE BRASILEIRA DA HISTÓRIA DA CIÊNCIA. Rio de Janeiro: Sociedade Brasileira da História da Ciência, 1985.

RIO GRANDE DO SUL. Secretaria da Coordenação e Planejamento. *Fundação de Economia e Estatística Siegfried Emanuel Heuser – FEE*. Disponível em: <http://www.fee.tche.br>. Acesso em: 5 jun. 2017. Órgão de apoio operacional ao planejamento estadual, realiza estudos, pesquisas e análises sobre a economia e a sociedade no Rio Grande do Sul.

RITTO, Antonio Carlos de Azevedo; MACHADO FILHO, Nery. *A caminho da escola virtual*: um ensaio carioca. Rio de Janeiro: Consultor: Faculdade Carioca, 1995. Expõe o projeto da Escola Virtual, na Faculdade Carioca.

ROBERTS, Royston M. *Descobertas acidentais em ciências*. Tradução de André Oliveira Mattos. 2. ed. Campinas, SP: Papirus, 1995.

ROBINSON, Andrew. *The story of writing*: alphabets, hieroglyphs and pictograms. Londres: Thames and Hudson, 1995. História da escrita e dos alfabetos, repleto de ilustrações e fotos.

RODRIGUES, Dawn; RODRIGUES, Raymond J. *The research paper and the World Wide Web*. 2. ed. Upper Saddle River, NJ: Prentice-Hall, 2000. Fornece orientação para a produção de um trabalho de pesquisa acadêmico e as possibilidades oferecidas pela *web*.

RUSSELL, Stuart; NORVIG, Peter. *Artificial intelligence*: a modern approach. Englewood Cliffs, NJ: Prentice Hall, 1995. Texto didático que procura (na época em que foi publicado) cobrir todos os campos relacionados à inteligência artificial. Segunda edição publicada em 2003.

SACCONI, Luiz Antonio. *Não confunda*. São Paulo: Nossa Ed., 1990. Lista e discute erros comuns em língua portuguesa.

SALOMON, Délcio Vieira. *Como fazer uma monografia*. 4. ed. São Paulo: Martins Fontes, 1996. (Ensino Superior). Não discute informática e tem uma organização menos clara do que outros textos similares, mas é um texto crítico e reflexivo, com várias referências bibliográficas, e aborda assuntos em geral não cobertos por outros textos de metodologia (por exemplo, a eficiência nos estudos e na leitura).

SAMMONS, Martha C. *The internet writer's handbook*. Needham Heights, MA: Allyn and Bacon, 1999.

SANTOS, João Almeida; PARRA FILHO, Domingos. *Metodologia científica*. São Paulo: Futura, 1998. Apesar de ignorar por completo o uso da tecnologia da informação, é um texto claro e acessível de metodologia científica, abordando uma variedade de assuntos e técnicas (métodos específicos de diversas ciências, técnicas estatísticas, considerações filosóficas, estrutura e desenvolvimento de monografias etc.) até certo ponto difíceis de se imaginar estarem organizadas em apenas um volume.

SÃO PAULO (Estado). Casa Civil. *Fundação do Desenvolvimento Administrativo – Fundap*. Disponível em: <http://www.fundap.sp.gov.br>. Acesso em: 6 set. 2003. Realiza projetos e pesquisas em diversos setores da administração pública.

______. Secretaria de Estado dos Negócios de Economia e Planejamento. *Fundação Sistema Estadual de Análise de Dados - Seade*. Disponível em: <http://www.seade.gov.br>. Acesso em: 5 jun. 2017. Acervo de informações socioeconômicas e demográficas sobre o Estado de São Paulo e centro de produção, tratamento, análise e disseminação dessas informações.

SARAIVA mega *site*. Disponível em: <http://www.saraiva.com.br>. Acesso em: 5 jun. 2017. Livraria e editora *on-line*.

SARAIVAJUR. Disponível em: <http:www.saraivajur.com.br>. Acesso em: 5 jun. 2017.

SAUSSURE, Ferdinand de. *Curso de linguística geral*. Tradução de Antônio Chelini, José Paulo Paes e Izidoro Blikstein. 17. ed. São Paulo: Cultrix, 1993.

SCHAFF, Adam. *A sociedade informática*. Tradução de Carlos Eduardo João Machado e Luiz Arturo Obojes. 4. ed. São Paulo: Ed. UNESP: Brasiliense, 1995. Estudo otimista das consequências da revolução da informática, abordando a sociedade da informação com base em diversos aspectos: educação, cultura, emprego, estilo de vida, política, religião etc.

SCIENCE *on-line*. Disponível em: <http://sciencemag.org>. Acesso em: 5 jun. 2017.

SCIENTIFIC AMERICAN. Disponível em: <http://www.sciam.com>. Acesso em: 5 jun. 2017. Revista de divulgação científica de destaque internacional.

SCIENTIFIC AMERICAN BRASIL. São Paulo: Duetto, 2002- . Publicação sob licença da Scientific American que aborda temas atuais de ciências.

SENCHUK, Dennis. Investigação e experiência na tradição pragmática. *Cognitio*: revista de filosofia do Centro de Estudos do Pragmatismo da PUC-SP, São Paulo, ano 2, p. 176-192, 2001.

SILVEIRA, Nelson. Fapesp na liderança da ciência no Brasil. *Jornal do Brasil online*, Rio de Janeiro, 30 jul. 2000. Disponível em: <http://jbonline.terra.com.br>.

SMIT, Johanna W.; MACAMBYRA, Marina M. *Tratamento de multimídia*. São Paulo: APB, 1997. (Ensaios APB, 40). Interessante manual, editado em março de 1997 pela Associação Paulista de Bibliotecários, que não se propõe a discutir regras de catalogação, mas sim a apresentar e discutir as categorias de informação necessárias para a representação descritiva dos documentos multimídia.

SMITH, Mike U.; SCHARMANN, Lawrence. Definning versus describing the nature of science: a pragmatic analysis for classroom teachers and science educators. *Science Education*, v. 83, n. 4, p. 493-509, 1999. [Tradução nossa.]

SMITHSONIAN, INSTITUTION. Disponível em: <http://www.si.edu>. Acesso em: 5 jun. 2017. Engloba, dentre outros locais e recursos, importantes museus nacionais e galerias (localizados na capital Washington e em Nova York).

SOCIEDADE BRASILEIRA PARA O PROGRESSO DA CIÊNCIA – SBPC. São Paulo. Disponível em: <http://www.sbpcnet.org.br>. Acesso em: 5 jun. 2017.

STANFORD UNIVERSITY. Disponível em: <http://www.stanford.edu>. Acesso em: 5 jun. 2017.

______. *CS 106A*: Programming Methodology. Disponível em: <http://www.stanford.edu>. Acesso em: 5 jun. 2017.

STEWART, Arthur Franklin. *Elements of knowledge*: pragmatism, logic, and inquiry. Rev. and expanded ed. Nashville: Vanderbilt University Press, 1997. (Lamar philosophical studies, 3).

STRUIK, Dirk J. *História concisa das matemáticas*. Tradução de João Cosme Santos Guerreiro. 2. ed. rev. e ampl. Lisboa: Gradiva, 1992. Texto menor que o de Eves sobre a história da matemática.

SUBMARINO. Disponível em: <http://www.submarino.com.br>. Acesso em: 5 jun. 2017. Livraria eletrônica.

THE AMERICAN Heritage dictionary of the English language. 4th ed. Boston: Houghton Mifflin, 2000. Disponível também em CD-ROM e *on-line* em: <https://ahdictionary.com>.

THE GUGGENHEIM MUSEUM AND FOUNDATION. Disponível em: <https://www.guggenheim.org>. Acesso em: 5 jun. 2017.

THE MCGRAW-HILL encyclopedia of science and technology. Disponível em: <http://www.accessscience.com>. Acesso em: 5 jun. 2017. Acesso *on-line* a importante enciclopédia de ciência e tecnologia, com atualização diária.

THE NEW York Times on the web. Disponível em: <http://www.nytimes.com>. Acesso em: 5 jun. 2017.

THE NORWEGIAN EXECUTIVE BOARD FOR DISTANCE EDUCATION AT UNIVERSITY AND COLLEGE LEVEL – SOFF. Norway. Disponível em: <http://www.soff.uit.no/eng-info.htm>. Acesso em: 6 set. 2003.

THE OPEN POLYTECHNIC OF NEW ZELAND. Disponível em: <http://www.openpolytechnic.co.nz>. Acesso em: 5 jun. 2017.

THE OPEN UNIVERSITY. UK. Disponível em: <http://www.open.ac.uk>. Acesso em: 5 jun. 2017.

THE ROCKEFELLER Foundation. New York. Disponível em: <https://www.rockefellerfoundation.org>. Acesso em: 5 jun. 2017.

THE ROYAL Society. London. Disponível em: <https://royalsociety.org>. Acesso em: 5 jun. 2017. Academia científica nacional do Reino Unido.

THE WENNER-GREN Foundation for Anthropological Research. New York. Disponível em: <http://www.wennergren.org>. Acesso em: 5 jun. 2017. Fundação privada que suporta pesquisa básica em todos os ramos da antropologia.

TIME magazine. Disponível em: <http://pathfinder.com/time>. Acesso em: 5 jun. 2017.

UNIFESP virtual. Disponível em: <http://www.virtual.unifesp.br>. Acesso em: 12 mar. 2003.

UNIVERSIDAD ESTATAL A DISTANCIA – UNED. Costa Rica. Disponível em: <http://www.uned.ac.cr>. Acesso em: 5 jun. 2017.

UNIVERSIDAD NACIONAL DE EDUCACIÓN A DISTANCIA – UNED. Disponível em: <http://www.uned.es>. Acesso em: 5 jun. 2017.

UNIVERSIDADE ABERTA. Disponível em: <http://www.univ-ab.pt>. Acesso em: 5 jun. 2017.

UNIVERSIDADE DE SÃO PAULO – USP. Disponível em: <www.usp.br>. Acesso em: 5 jun. 2017.

______.*Projeto universidade aberta à terceira idade*. Disponível em: <http://www.usp.br>. Acesso em: 5 jun. 2017.

UNIVERSITAS TERBUKA OPEN LEARNING UNIVERSITY. Disponível em: <http://www.ut.ac.id>. Acesso em: 5 jun. 2017.

UNIVERSITY OF CALIFORNIA, BERKELEY. UC Berkely Extension online. *Center for media and independent learning*. Disponível em: <http://extension.berkeley.edu/static/online>. Acesso em: 5 jun. 2017.

UNIVERSITY OF SOUTH AFRICA – UNISA. Disponível em: <http://www.unisa.ac.za>. Acesso em: 5 jun. 2017.

VESALIUS DE BRUXELAS, Andreas. *De humani corporis fabrica*. Epitome. Tabulae sex. Tradução de Pedro Carlos Piantino Lemos e Maria Cristina Vilhena Carnevale. São Paulo: Ateliê: Imprensa Oficial do Estado; Campinas, SP: Ed. Unicamp, 2002. Tradução da versão em inglês do latim.

VITAE. Disponível em: <http://www.vitae.org.br>. Acesso em: 12 jan. 2003.

VITANZA, Victor J. *Writing for the World Wide Web*. Boston: Allyn and Bacon, 1998.

WALKER, Janice R.; RUSZKIEWICZ, John J. *Writing@online.edu*. [S.l]: Longman, 2000. Guia para o trabalho com fontes acessadas eletronicamente.

______; TAYLOR, Todd. *The Columbia guide to online style*. New York: Columbia University Press, 1998. Renomado guia de como utilizar referências bibliográficas, citações, notas etc. a textos da internet.

WEBCT. Disponível em: <http://www.webct.com>. Acesso em: 15 abr. 2003.

WIENER, Norbert. *Cibernética e sociedade*: o uso humano dos seres humanos. Tradução de José Paulo Paes. São Paulo: Cultrix, [1984?].

WILDMAN, Wesley. *Cross-Cultural Comparative Religious Ideas Project (CRIP)*. Disponível em: <http://people.bu.edu/wwildman/WeirdWildWeb/proj_crip.htm>. Acesso em: 5 jun. 2017.

WORLD INTELLECTUAL PROPERTY ORGANIZATION – WIPO. Disponível em: <http://www.wipo.org>. Acesso em: 5 jun. 2017.

XANEDU.COM. Disponível em: <http://www.xanedu.com>. Acesso em: 5 jun. 2017.

YAHOO Brasil. Disponível em: <http://br.yahoo.com>. Acesso em: 5 jun. 2017. *Site* de busca na internet, extremamente rápido e eficiente para pesquisas acadêmicas.

ZENTRUM FUR FERNSTUDIEN UNIVERSITÄT. Linz. Disponível em: <http://www.fernstudien.at/content/e124318/e165174>. Acesso em: 5 jun. 2017.

Índice Remissivo

A

B

C

D

G

H

I

M

N

O

P

Q

R

S

T

V

W

U